Hendrik Radatz
Knut Rickmeyer

Handbuch für den Geometrieunterricht an Grundschulen

Schroedel Schulbuchverlag

Autoren:
Dr. Hendrik Radatz, Professor für Didaktik der Mathematik an der Georg-August-Universität, Göttingen
Knut Rickmeyer, Akademischer Rat im Lehrgebiet Mathematik und ihre Didaktik an der Universität Hannover, Fachbereich Erziehungswissenschaften I.

CIP - Kurztitelaufnahme der Deutschen Bibliothek

Radatz, Hendrik:
Handbuch für den Geometrieunterricht an Grundschulen / Hendrik Radatz; Knut Rickmeyer. –
Hannover: Schroedel Schulbuchverl., 1991
    ISBN 3-507-34040-2
NE: Rickmeyer, Knut

ISBN 3-507-**34040**-2

© 1991 Schroedel Schulbuchverlag GmbH, Hannover

Alle Rechte vorbehalten. Dieses Werk sowie einzelne Teile desselben sind urheberrechtlich geschützt. Jede Verwertung in anderen als den gesetzlich zugelassenen Fällen ist ohne vorherige schriftliche Zustimmung des Verlages nicht zulässig.

Zeichnungen: Wolfgang Freitag

Herstellung: Kleins Druck- und Verlagsanstalt,
4540 Lengerich (Westfalen)

Inhaltsverzeichnis

Vorbemerkung 4

0. **Anregungen, Beispiele und Arbeitsblätter** I

1. **Begründungen, Aufgaben und Ziele des Geometrieunterrichts in der Grundschule**
   1.1 Warum Geometrie in der Grundschule? 7
   1.2 Aufgaben und Ziele der Grundschulgeometrie 8
   1.3 Geometrische Inhaltsbereiche als fachinhaltliche Ziele 9

2. **Zur geometrischen Begriffsbildung und Gestaltung des Geometrieunterrichts**
   2.1 Die Entwicklung geometrischer Begriffe und des geometrischen Denkens 11
   2.2 Visuelle Wahrnehmungsfähigkeiten 15
   2.3 Prinzipien und Hinweise zur Gestaltung des Geometrieunterrichts 18

3. **Inhaltliche Anregungen, Erfahrungsbereiche und Lernmodelle**
   3.1 Erfahrungsfelder zur Umwelterschließung 19
       3.1.1 Vorhaben - fächerübergreifende Themen 20
       3.1.2 Einzelthemen - Untersuchungen 26
   3.2 Handlungserfahrungen mit Körperformen 33
       3.2.1 Rund um den Würfel: Bauen und Zeichnen 33
       3.2.2 Rund um den Quader: Bauen und Zeichnen 46
       3.2.3 Herstellen von Modellen und Netzen 52
   3.3 Handlungserfahrungen mit ebenen Figuren 61
       3.3.1 Legen und Zeichnen von Grundformen 61
       3.3.2 Auslegen und Flächeninhalt 69
       3.3.3 Falten - Schneiden - Legen: Wege zur Symmetrie 79
       3.3.4 Kurven, Netze und Wege 102
   3.4 Aktivitäten am Geo-Brett 113
   3.5 Geometrie am Computer: LOGO 121

4. **Übungen, Fähigkeiten und Fertigkeiten**
   4.1 Förderung visueller Wahrnehmungsfähigkeiten 128
   4.2 Kopfgeometrie und Raumorientierung 144
   4.3 Umgang mit Schablonen und Zeichengeräten 153

Vorschlag zu einem Stoffverteilungsplan 165
Materialanregungen für eine Matheecke 168
Literaturverzeichnis 178
Sachwortverzeichnis 183
Bildquellenverzeichnis 185

Für A. und M.

sowie _____

(schreiben Sie bitte Ihren Namen hierhin!)

Vorbemerkung

Hinweise und Anregungen zur Behandlung geometrischer Themenkreise in der Primarerziehung sind nicht neu. Schon COMENIUS (1592 - 1670), PESTALOZZI (1746 - 1827), FRÖBEL (1782 - 1852) und andere Pädagogen forderten die Aufnahme entsprechender Inhalte in den Unterricht, allerdings bis Ende der 60er Jahre dieses Jahrhunderts ohne nennenswerte Realisierung in der Unterrichtspraxis. Im Rahmen der Reformbemühungen des Mathematikunterrichts in der Grundschule, verbunden mit der Kenntnisnahme und Interpretation PIAGETscher Befunde zur Entwicklung des räumlichen Denkens, wurde die Geometrie ein wichtiger Bestandteil des mathematischen Grundschulcurriculums. Heute weisen nahezu alle Rahmenrichtlinien neben den Bereichen "Arithmetik" und "Sachrechnen / Größen" die "Geometrie" als einen gleichberechtigten Themenkreis der ersten vier Schuljahre aus, zum Teil sogar verbunden mit expliziten Angaben über Richtstundenzahlen. So fordert etwa der Bildungsplan des Landes Baden-Württemberg von 1984 einen Anteil von bis zu 20% der Mathematikstunden für Geometrie in allen Grundschuljahren.

Es gibt sehr viele gewichtige *Begründungen* dafür, daß geometrische Themen und Aktivitäten in der Grundschule wünschenswert und sogar notwendig sind. Dennoch spielt die Geometrie bis heute in der alltäglichen Unterrichtspraxis ein eher stiefmütterliches Dasein. Zu selten können Grundschüler geometrische Erfahrungen sammeln und ihre Kenntnisse vertiefen, beschränkt sich doch die Geometrie oft auf wenige Stunden am Ende des Schuljahres kurz vor Ferienbeginn. Für diese sehr bedauerliche Realität vermuten wir folgende Gründe:

– Die allermeisten Grundschullehrerinnen halten die arithmetischen Themen traditionsgemäß für wichtiger und erarbeiten erst vollständig dieses Pensum, so daß für die Geometrie oft keine Zeit mehr bleibt.

– In den Schulbüchern stehen die Geometrieteile i. d. R. isoliert und ein wenig zusammenhanglos. Die entsprechenden Seiten bzw. Kapitel lassen sich leicht überspringen.

– Geometrie ist arbeitsaufwendiger und umständlicher zu unterrichten, man kann sich halt nicht auf ein Schulbuch beschränken, sondern es müssen Materialien, Arbeitsblätter und eigene Ideen bereitgestellt werden.

– Die wenigsten Lehrer / Lehrerinnen, die Grundschulmathematik zur Zeit unterrichten (müssen), haben in ihrer Ausbildung Mathematik als Fach gewählt. Die meisten Grundschullehrer sind mathematikdidaktische Autodidakten. Aber auch die sog. "Fachlehrer" haben sich bei Ihrer Ausbildung vor ca. 30 Jahren nur selten mit geometrischen Problemstellungen auseinandersetzen können. So ist die fachdidaktische und auch die fachliche Unsicherheit bzgl. Geometrie vielfach sehr groß.

– Bei Rechenarbeiten hat man durch eine subjektive Punkteverteilung die Möglichkeit einer Beschreibung des Leistungsstandes und als Lehrerin auch das Gefühl einer objektiven Leistungsbeurteilung. Geometrische Leistungen der Schüler sind dagegen schwer abprüfbar bzw. zensierbar.

– Könnte es auch sein, daß das Arbeiten mit geometrischen Materialien für einige Kollegen / Kolleginnen eine zu große Unruhe in den Unterricht bringt?

Kurz: Die derzeitige *Situation* des Geometrieunterrichts ist überaus unbefriedigend. Sie wird der

Bedeutung dieses für den einzelnen Schüler überaus wichtigen Unterrichtsbereiches nur selten gerecht. Geometrische Fähigkeiten und geometrisches Denken sind notwendige Grundlagen für die Erschließung der vorwiegend räumlichen Umwelt durch das Kind sowie für die kognitive Entwicklung. Aber auch gerade für die arithmetischen Anforderungen (Entwicklung des Zahlbegriffs, die Erweiterung des Zahlenraumes oder das Verständnis der Rechenoperation) bilden geometrische Kenntnisse und Fähigkeiten wichtige Grundlagen, sollen an all den vielen Materialien und Darstellungen Vorstellungen entwickelt und Beziehungen erkannt werden. Zudem lassen sich aktuelle Intentionen der Grundschuldidaktik wie offener Unterricht oder Lernen in Sinnzusammenhängen im Mathematikunterricht sicher eher über Geometrie als über die Arithmetik anstreben und realisieren.

Trotz der zuvor beschriebenen recht unbefriedigenden Ausgangslage wenden wir uns mit dem vorliegenden Handbuch an Grundschullehrerinnen und -lehrer mit der Hoffnung, daß die vielfältigen Beispiele und Aufgaben anregen und möglicherweise Hilfen sind für den eigenen Geometrieunterricht.

Die *Inhalte* des Handbuchs gliedern sich in vier Hauptabschnitte. Nach einigen einleitenden Anregungen und Arbeitsblättern werden im ersten Abschnitt die Begründungen und die Ziele des Geometrieunterrichts in der Grundschule diskutiert, ergänzt durch die Auflistung der wichtigsten Inhaltsbereiche bzw. fundamentalen geometrischen Themen dieser Schulstufe. Im zweiten Abschnitt gehen wir ein auf die Erkenntnisse zur Entwicklung des geometrischen Denkens und sich daraus evtl. ergebende Prinzipien zur Gestaltung des Unterrichts. Der dritte Handbuchabschnitt wird im wesentlichen bestimmt durch die inhaltlichen Ziele der Grundschulgeometrie, die keinen geschlossenen Lehrgang bildet. Geometrische Aktivitäten, Handlungserfahrungen, Betrachtungen und Anwendungen sind insbesondere möglich zu geometrischen Körpern, ebenen Figuren, Bewegungen und Symmetrien, zu Untersuchungen von Flächen sowie zu Netzen, Kurven und Wegen. Dabei bemühen wir uns, jeweils auch Sach- bzw. Realitätsbezüge aufzuzeigen. Der dritte Abschnitt wird abgeschlossen durch Anregungen zum Arbeiten mit zwei Arbeitsmitteln: Dem klassischen Geobrett sowie dem Computer.

Im vierten Teil des Handbuches werden Möglichkeiten aufgezeigt zur Förderung von Fähigkeiten und Fertigkeiten, die deutlich über die Grenzen des Mathematikunterrichts hinaus wirksam sind: Visuelle Wahrnehmungsförderung und Raumorientierung, Umgang mit Zeichengeräten, geometrische Spiele als Anlässe sozialen Lernens u.a.

Am Ende des Handbuches bieten wir neben einem ausführlichen Literaturverzeichnis und Sachwortregister auch Materialanregungen für eine Mathe-Ecke im Klassenzimmer sowie einen Vorschlag für einen Stoffverteilungsplan über die Schuljahre 1 bis 4 an. Dazu ein paar grundsätzliche Bemerkungen:

Gerade am Themenkreis Geometrie wird nach der Überarbeitung der Lehrpläne der 80er-Jahre in den einzelnen Bundesländern recht kleinstaatliches Denken deutlich. So lassen sich nicht nur große Unterschiede bei der zeitlichen Zuordnung der Unterrichtsinhalte feststellen, sondern insbesondere auch bei der Gewichtung des Umfanges der Geometrie im Mathematikunterricht der Grundschule. Aktivitäten, Themen, Begriffe u.a., die in einem Bundesland festgelegt worden sind, fehlen oft im Nachbarland gänzlich. Begründungen dafür werden in den einzelnen Lehrplänen nicht gegeben, so daß man die deutlichen Unterschiede nur als Produkt der mit regionalen Experten mehr oder minder zufällig zusammengesetzten Lehrplankommissionen erklären kann. Warum sonst sollte ein Grundschüler in Hamburg andere Unterrichtsinhalte kennenlernen als etwa in Lübeck, wieder andere in Ulm, Wietzenhausen, Friedland usf.? Das hat u.a. auch zur Folge gehabt, daß sich seit einigen Jahren die 3 "großen" Schulbuchverlage den Markt teilen, weil nur sie es sich leisten können - bei steigenden Schulbuchkosten für die Eltern -, die verschiedenen Regionalausgaben anzubieten. In einer Zeit europäischer Integration kann man für die anstehenden Lehrpläne der 90er Jahre nur hoffen, daß sich ein wenig mehr Einheitlichkeit gegenüber dem isoliert-konföderalistischem Denken durchsetzt. Brauchen wir in der Bundesrepublik Deutschland eigentlich noch sechzehn verschiedene Lehrpläne für den Mathematikunterricht an Grundschulen?

Es wird wohl kaum möglich und wenig sinnvoll sein, das vorliegende Buch in einem Zug durchzulesen; es sollte ein Handbuch zum Nachschlagen und zum Anregen sein, wobei der Lehrer / die Lehrerin eine Auswahl bei den Inhalten treffen muß.

Wodurch sind wir angeregt und beeinflußt worden? Bewußt sind uns die curricularen Lehrjahre beim Mitgestalten von "alef", den Formenspielarbeitsblättern und dem Körperspiel. Aber auch die verblüffenden Leistungen vieler Grundschüler bei geometrischen Tätigkeiten und ihre große Freude daran sowie das große Interesse und oft die Begeisterung der allermeisten Lehrerinnen und Lehrer während geometrischer Fortbildungsveranstaltungen. Natürlich müssen die vielen interessanten Modelle und Entwürfe von unseren Fachkollegen erwähnt werden, insbesondere aus der holländischen Mathematikdidaktik.

Wir würden uns sehr freuen, wenn Sie uns über Erfahrungen mit diesem Buch bzw. mit der Anwendung der Arbeitsvorschläge im eigenen Unterricht schreiben würden.

H.R. & K.R. (im Sommer 1990)

0. Anregungen, Beispiele und Arbeitsblätter

0.1 Geschicktes Zählen

1) Mit wie vielen Würfeln wurde jeweils gebaut?

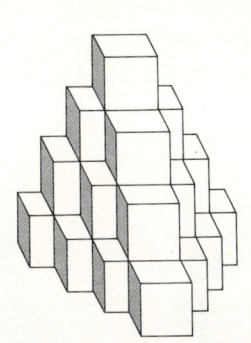
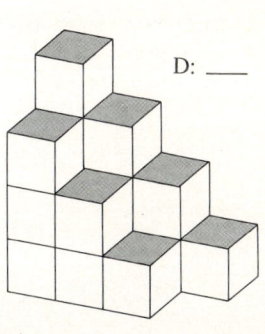

A: ___   B: ___   C: ___   D: ___

2) Wie viele Würfel wurden bereits verbaut? Wie viele Würfel müssen noch eingebaut werden, damit ein Quader entsteht?

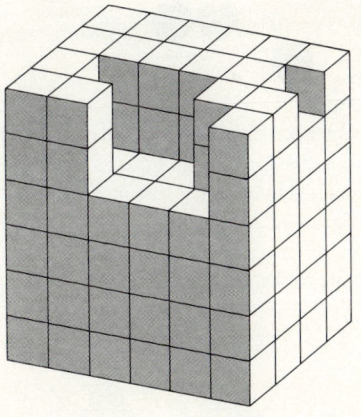

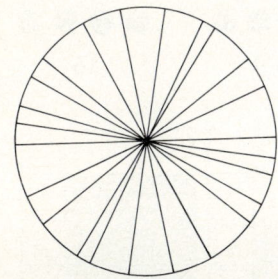
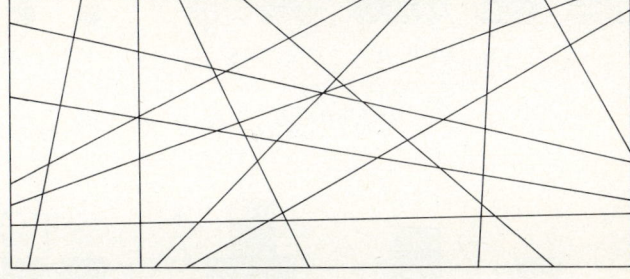

3) Wie viele Linien im Kreis?   Wie viele Linien im Rechteck?

II

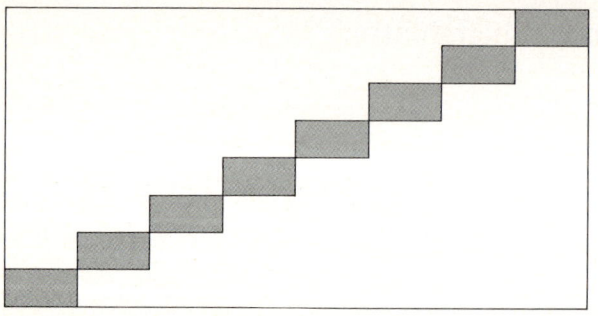 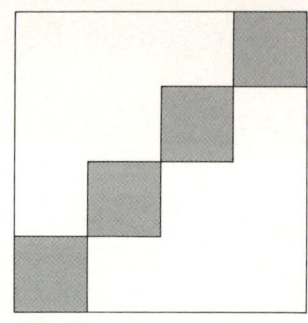

4) Wie viele kleine Rechtecke passen in das große?   Wie viele kleine Quadrate passen in das große?

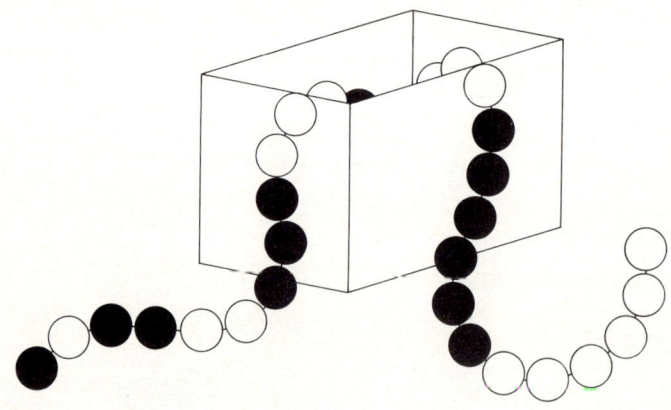

5) (a) Wie viele schwarze Kugeln befinden sich im Kasten?
   (b) Wie viele weiße Kugeln befinden sich im Kasten?
   (c) Wie viele Kugeln befinden sich insgesamt im Kasten?
   (d) Erfinde dazu eine neue Aufgabe!

6) Wie heißen die nächsten drei Zahlen?

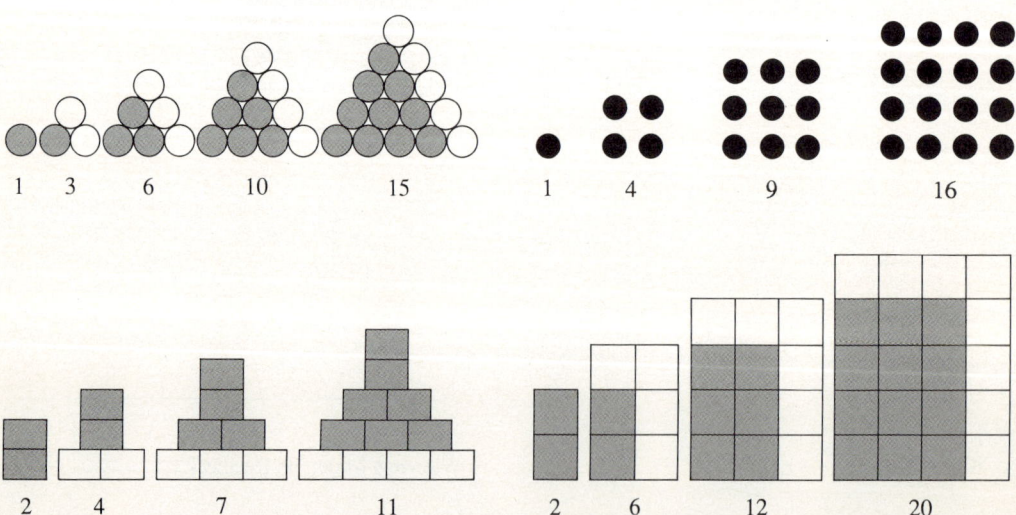

0.2 Welches Kleidungsstück gehört zu welchem Schnittmuster?

0.3 Backstube

Kopiere diese Seite. – Schneide dann die Backstube aus und falte die Seitenwände hoch. Klebe sie an den Klebestreifen fest. Bohre ein Loch in das Türfenster und schaue von außen in das Zimmer!

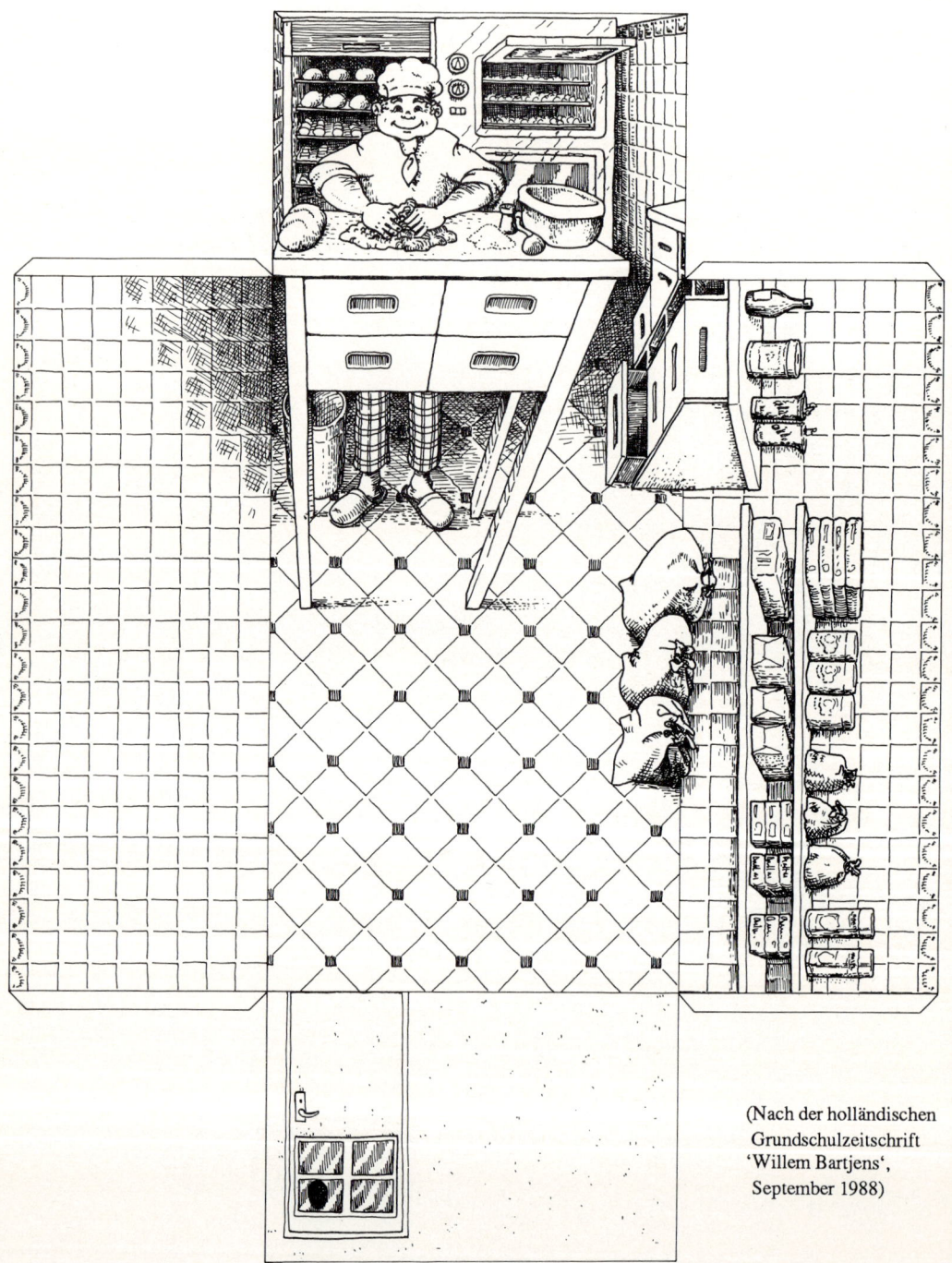

(Nach der holländischen Grundschulzeitschrift 'Willem Bartjens', September 1988)

0.4 Betrachten - Nachdenken - Überlegen

1) Wer steht wo?

* Lore steht vor Jan, aber auch vor Ilka und ...
* Susi steht hinter Hein, aber auch hinter Ilka und ...
* Wer steht vor dem Kind, daß hinter Jan steht?
* Du stehst in einer Warteschlange beim Bäcker. Vor dir stehen 5 Leute und hinter dir noch 6 Leute. Wie viele stehen insgesamt in der Schlange?

2) Der Teich von Bauer Brunke
Bauer Brunke besitzt einen quadratischen Teich, an dessen vier Ecken je eine alte Eiche steht.
Er möchte die Fläche des Teiches verdoppeln.
Dabei sollen aber die vier alten Eichen stehen bleiben.

3) Frau Dröge hat ein altes Handtuch mit Blumenmuster:
Sie will das Handtuch in sieben Putzlappen zerschneiden,
so daß auf jeden Lappen genau eine Blume kommt. –
Frau Dröge überlegt: " Mit drei geraden Schnitten komme ich aus!"

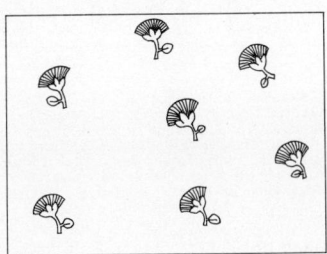

0.5 Zur Geometrie der Blätter

Betrachte, beschreibe, vergleiche, sammele, presse, zeichne ...
Blattformen, Ränder, Blattadernetze ...

BLATT.

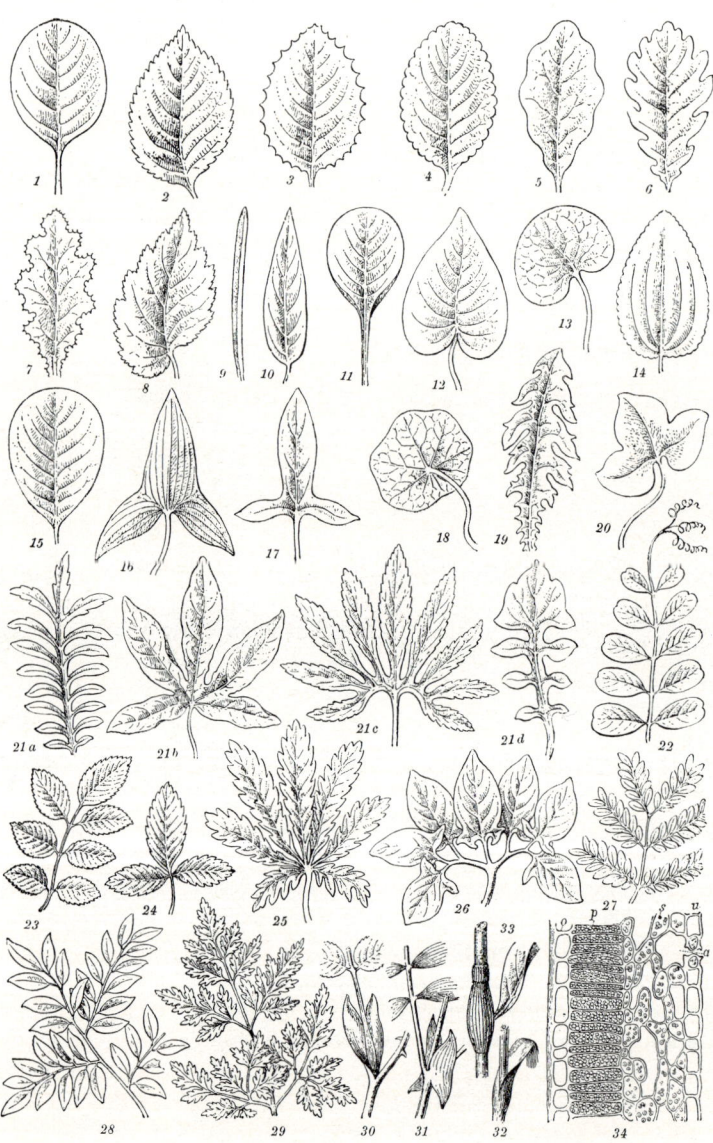

1. Ganzrandig. 2. Gesägt. 3. Gezähnt. 4. Gekerbt. 5. Ausgeschweift. 6. Buchtig. 7. Ausgefressen. 8. Doppelt gesägt. 9. Lineal. 10. Lanzettlich. 11. Spatelförmig. 12. Herzförmig. 13. Nierenförmig. 14. Eiförmig. 15. Umgekehrt eiförmig. 16. Pfeilförmig. 17. Spießförmig. 18. Schildförmig. 19. Schrotsägeförmig. 20. Dreilappig. 21a. Fiederförmig, b. Handförmig, c. Fußförmig, d. Leierförmig geteilt. 22. Paarig gefiedert. 23. Unpaarig gefiedert. 24. Dreizählig. 25. Handförmig. 26. Fußförmig. 27—29. Doppelt zusammengesetzt. 30. 31. Nebenblätter. 32. Blattscheide. 33. Blatt-Tute. 34. Querschnitt durch das Blatt einer Buche. a. Spaltöffnung. p. Palissadenparenchym. s. Schwammparenchym. o. und u. Obere und untere Epidermis.

Brockhaus' Conversations-Lexikon. 13.Auflage (1882)

0.6 Aus Zeitungsrätselecken

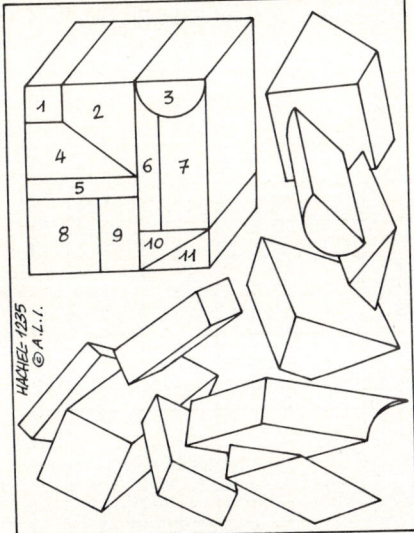

Welches Teil fehlt, um den großen Würfel oben links zu vervollständigen?

Wie viele schwarze, weiße und graue Felder fehlen noch, um das Quadraht aufzufüllen?

Welches der schneebedeckten Häuser stellt das Sommerfoto oben links dar?

Welcher der vier Würfel wurde aus dem Netz oben gebaut?

Eine Schlüsselfrage

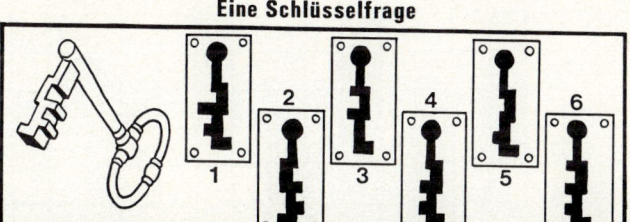

Zu welchem Schloß paßt der Schlüssel?

0.7 Flächengrößen / Kosten

Beispiele:

Bestimme die Größen der Flächen!

Diese Stücke Kosten:

5 Pfennige   20 Pfennige

Wie teuer sind die anderen Stücke?

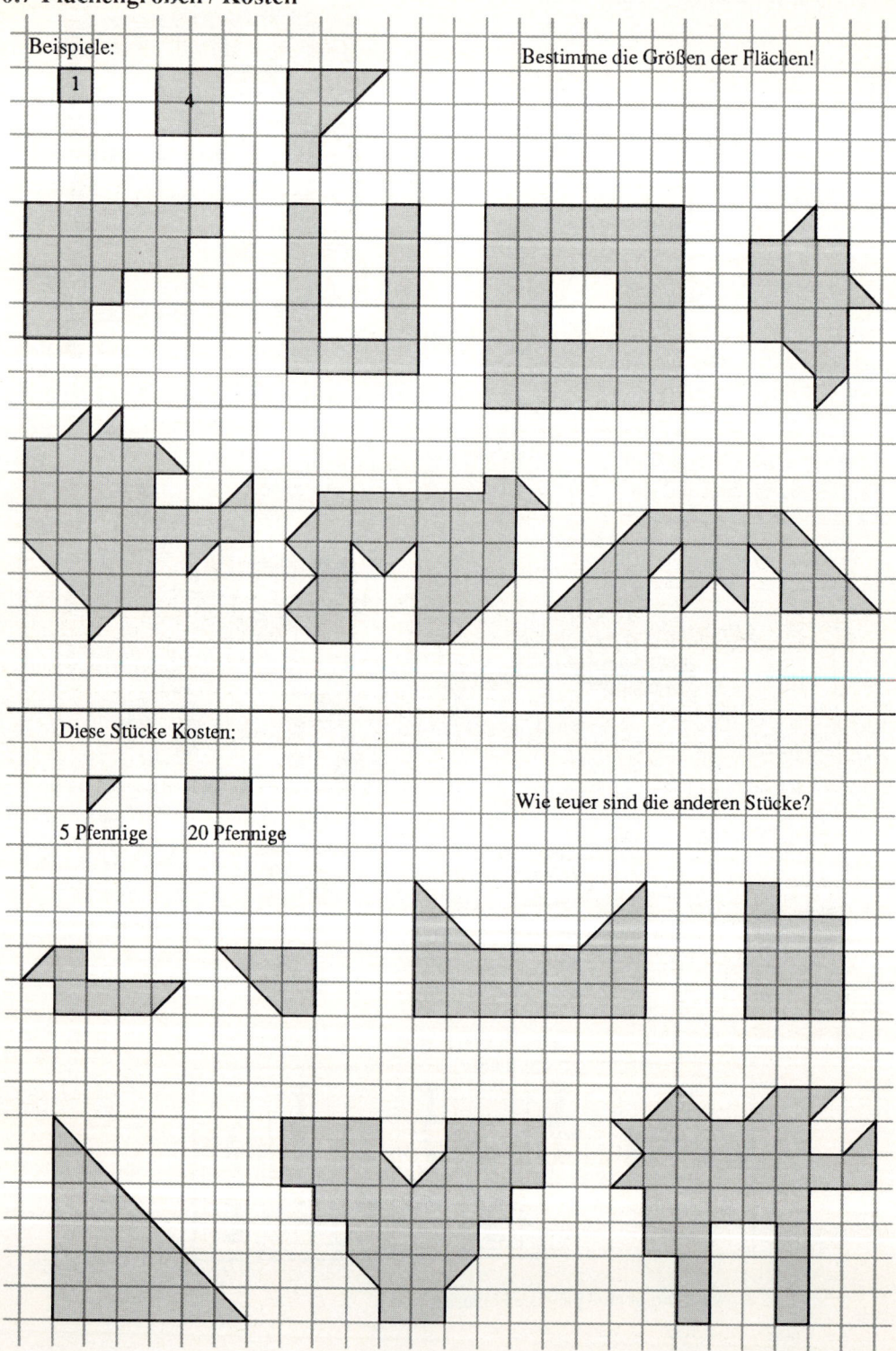

0.8 Ähnliche Figuren

Mit 4 Quadraten läßt sich ein größeres Quadrat legen:

Das geht auch mit gleichseitigen Dreiecken:

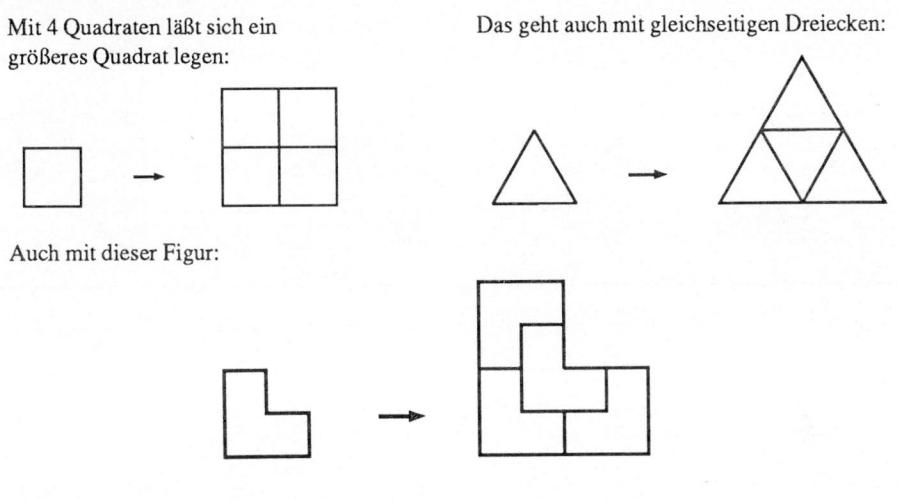

Auch mit dieser Figur:

Kann man immer ähnliche Figuren legen? - Schneide jeweils vier gleiche Figuren aus und versuche daraus eine ähnliche Figur zu legen!

X

0.9 Vergrößern - Verkleinern

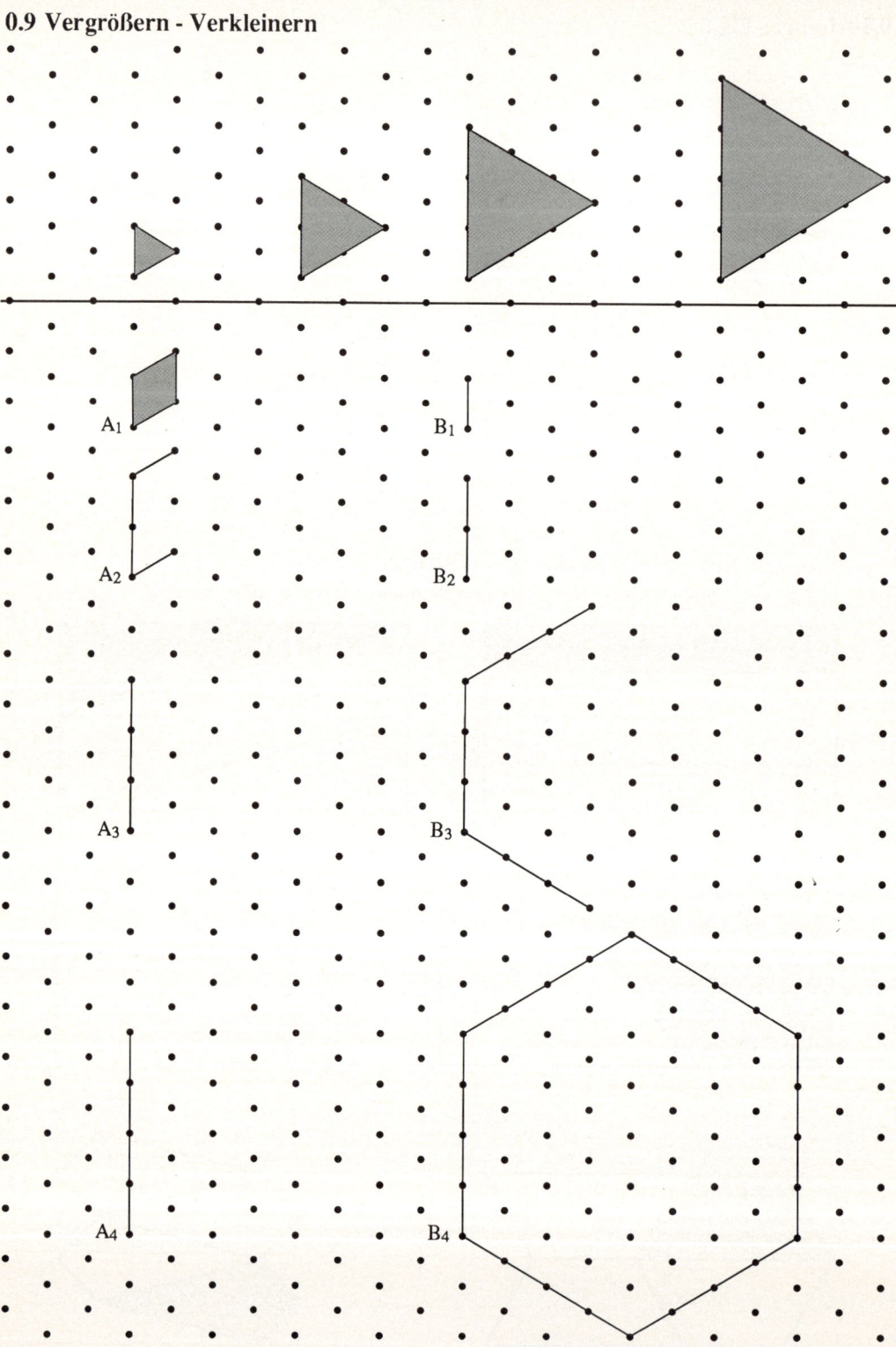

0.10 Gitter - City

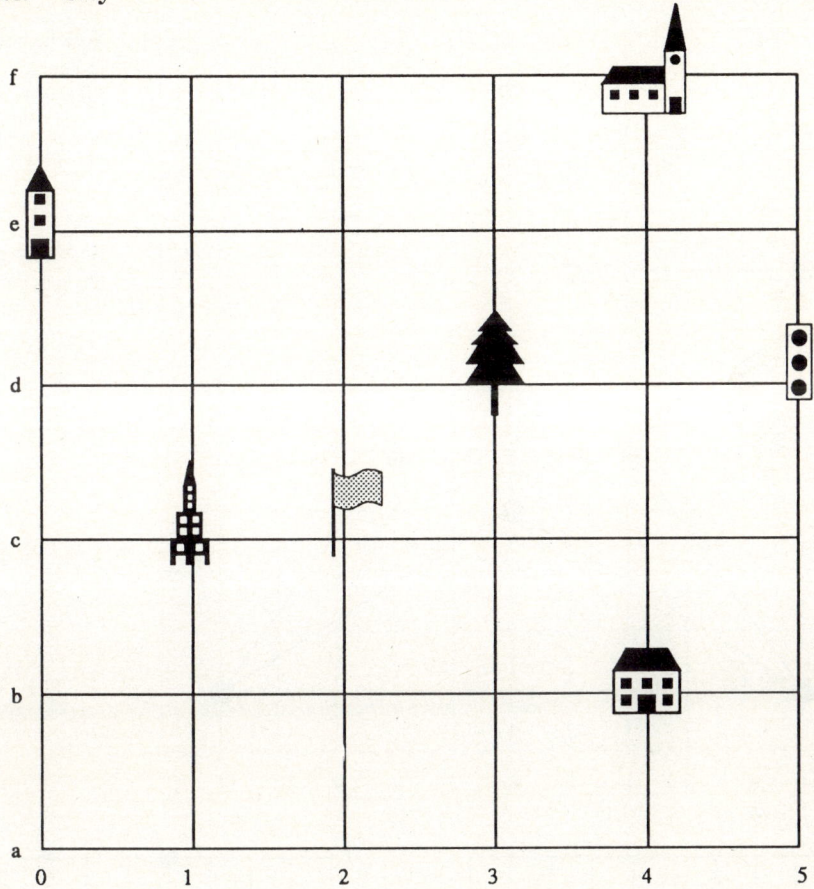

Gitter–City liegt in Amerika. In dieser Stadt werden die Straßen nach Zahlen oder nach Buchstaben benannt. So kann man die Straßenkreuzungen sehr einfach finden und bestimmen.

Dieser schöne Baum 🌲 steht an der Kreuzung der Straße „3" mit der Straße „d", kurz (3,d).

Wo genau liegt: 🌲 (3,d) 🏰 ( ) 🚩 ( ) 🏠 ( ) 🏭 ( ) ⛪ ( ) 🚦 ( )

Zeichne Bäume ◯ an die folgenden Kreuzungen: (0,b), (3,e), (5,f), (2,e), (1,a)

Von 🚩 nach 🏠 gibt es drei kurze Wege (2,c) → (3,c) → (4,c) → (4,b)
(2,c) → (2,b) → (3,b) → (4,b) und
(2,c) → (3,c) → (3,b) → (4,b)

Suche kurze Wege von ⛪ nach 🏰. Wie viele verschiedene Wege findest Du?

0.11 Figuren zeichnen - Geheimschrift lesen

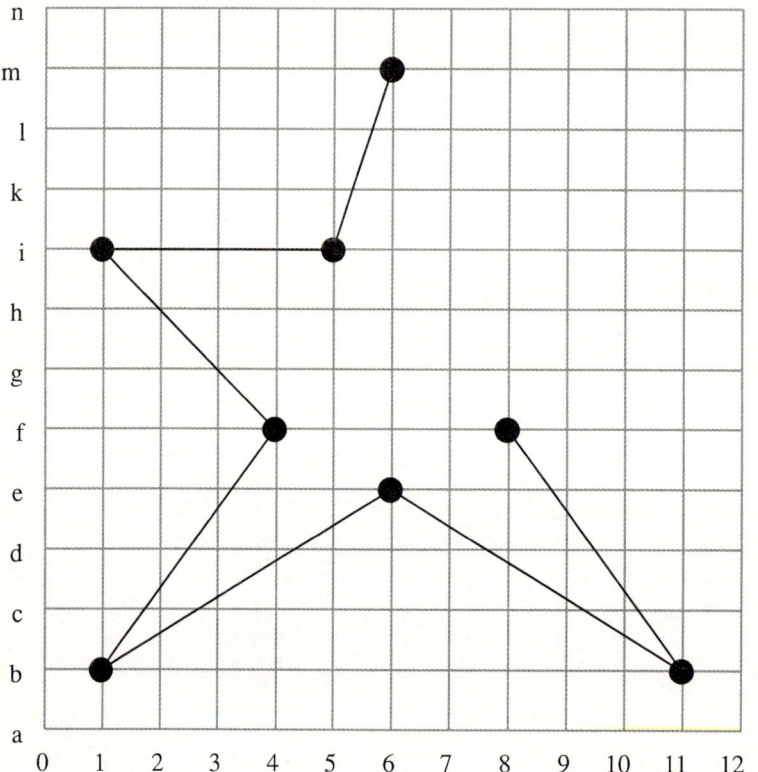

Welche beiden Punkte fehlen noch, damit ein Stern entsteht?

(,)   (,)

Bestimme auch die übrigen Punkte!

(,)   (,)
(,)   (,)
(,)   (,)
(,)   (,)

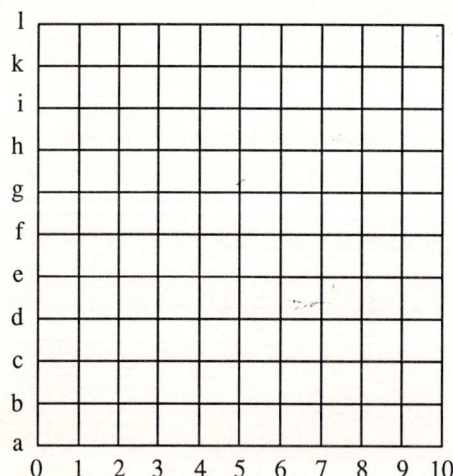

Bestimme die folgenden Punkte und verbinde sie in dieser Reihenfolge:
(1,b) (1,e) (2,f) (2,g) (3,g) (5,i) (9,e) (9,b) (6,b)
(6,d) (5,d) (5,b) und zum Schluß wieder (1,b).
Was ist entstanden?

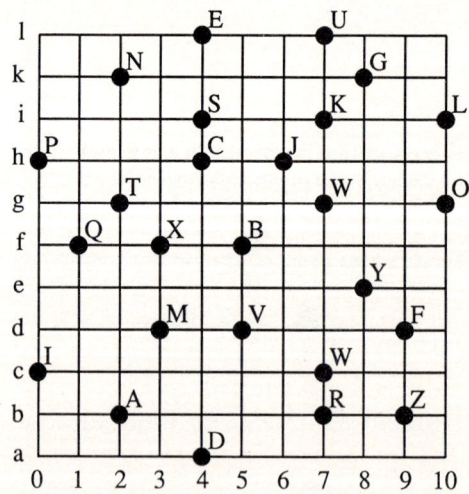

Wie heißt dieser Satz?
(0;c) (4,h) (7,c)   (3,d) (2,b) (8,k)
(8,k) (4,l) (10,g) (3,d) (4,l) (2,g) (7,b) (0,c) (4,l).
Schreibe in Geheimschrift an deinen Nachbarn!

0.12 Geometrie für die Mädchen?

Die Mädchen und auch die Knaben, die etwas Geschick zum Schneidern haben, können durch Faltschnitte leicht Schürzen, Kleidchen, Turn- und Badeanzüge oder Schnittmuster zu solchen gewinnen.

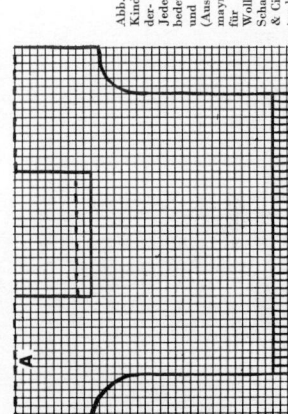

Abb. 92

Unterleibchen für Kinder (Alter 5 bis 6 Jahre), gestrickt in Pikeemuster. Material: 80 g Schachenmayr Nomotta-Seidenwolle Nr. 2000, weiß. Nach dem Schnittmuster der Abb. 93 fertigt man sich einen Schnitt in richtiger Größe an.

Stricken: 112 Maschen aufnehmen, dann 3 cm Bündchen stricken, 1 Masche r., 1 l. Vorder- und Rückenteil werden in einem Stück, das an den Achseln zusammenhängt, in folgendem Pikeemuster gestrickt:

1. Reihe: 5 linke Maschen, 1 verdrehte rechte Masche, 5 linke Maschen usw.
2. Reihe: 5 rechte Maschen, 1 verdrehte linke Masche, 5 rechte Maschen usw.
3. und 5. Reihe wie die erste — 4. und 6. Reihe wie die zweite.
7. Reihe: die 3. Masche der 5 linken Maschen verdreht rechts stricken, die nächsten 5 links usw.

Dieser Mustersatz (1.—7. Reihe) wird fortlaufend wiederholt.
Der Halsausschnitt des Rückenteils wird, wie die gestrichelte Linie des Schnittes zeigt, 2 cm höher gestrickt. Vorder- und Rückenteil werden an

Abb. 93 Kinderleibchen, Vorder- und Rückenteil. Jedes kleine Quadrat bedeutet 1 cm in Höhe und Breite. (Aus: Die Schachenmayrin. Monatsschrift für Anfertigung von Wollsachen. Verlag: Schachenmayr, Mann & Cie., Salach, Württemberg.)

Formenkundliches für Mädchen

Wenn die Mädchen einen Kaffeewärmer herstellen wollen, müssen sie sich überlegen, welche Form er bekommen soll. Wir wollen ihnen dabei helfen. Ihr seht (1. Fig. in Abb. 89) die Kanne im Grundriß. Welche Grundflächen werden sich am besten eignen? (Abb. 89, Fig. 2—6.) Welche Raumformen ließen sich über den Grundflächen aufbauen?

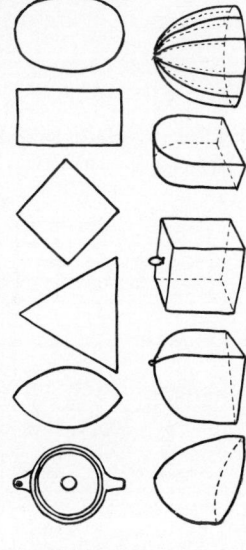

Abb. 89. Kaffeewärmer.

Am besten macht ihr euch kleine Modelle aus Papier, das ihr mit Nadeln oder Büroklammern zusammenhaltet. Wenn ihr den Kaffeewärmer aus Stoff arbeitet, probiert gut aus, wie ihr die Teilstücke am günstigsten ausschneiden könnt, so daß ihr möglichst wenig Stoff braucht. Die Teile können aber auch gehäkelt oder gestrickt werden.

Denkt euch, die Mädchen sollten ein Kissen arbeiten, und zwar soll es diesmal ein kreisrundes Kissen sein. Die Form einer ganz niedrigen Säule sein. Die Kissenplatte soll durch eine hübsche Aufteilung in verschiedenen Farben geschmückt werden. Macht einmal Entwürfe dazu! Am besten kommt ihr, wenn ihr die einzelnen Teile aus Buntpapier ausschneidet, damit ihr auch gleich die Wirkung der Farben beurteilen könnt. Die Abbildungen 91 und 92 sollen nur Anregungen sein, ihr findet sicher noch andere und schönere Muster.

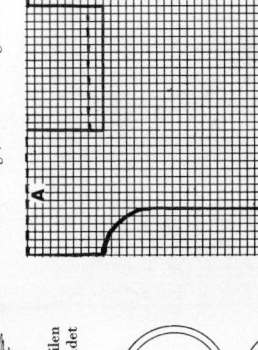

Abb. 90

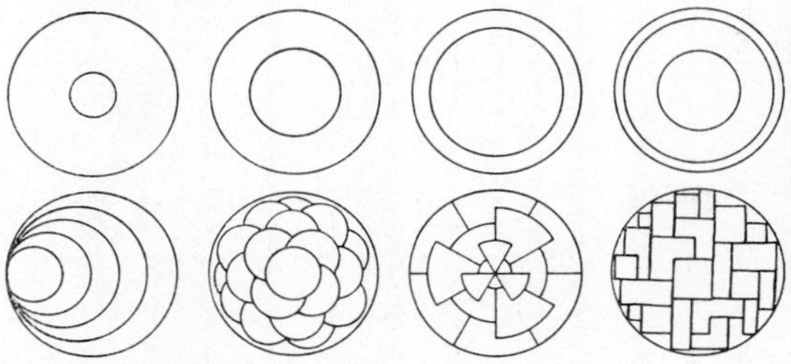

Abb. 91. Aufteilungen einer Kreisfläche.

Aus Müller, A.v.a. (ca.1925). ins Land der Formen. Huhle, Dresden.

0.13 Beziehungen im Raum

"Wo ist der Unterschied?" aus einem anderen Blickwinkel

Der Künstler hat hier zweimal die gleiche Szene gezeichnet, aber den Winkel verändert, aus der sie betrachtet wird. Außerdem hat er die Szene ein kleines bißchen abgewandelt, so daß die Bilder in sieben Punkten nicht übereinstimmen.

Kannst Du die Unterschiede entdecken?

Wo ist der Unterschied?

Das Bild auf der rechten Seite zeigt die gleiche Szene wie das Bild auf der linken Seite, ist aber das Spiegelbild des ersten. Aber auch abgesehen davon sind die beiden Bilder nicht vollkommen gleich. Wenn Du genau hinschaust, wirst Du sechs Unterschiede feststellen. Kannst Du sie alle entdecken?

nach GARDNER, 1981

1. Begründungen, Aufgaben und Ziele des Geometrieunterrichts in der Grundschule

... da wurde mir klar, daß wir etwas versäumen, unwiderruflich verpassen, wenn wir Kinder im Grundschulalter nicht der Geometrie zuführen.
H. Freudenthal, 1981

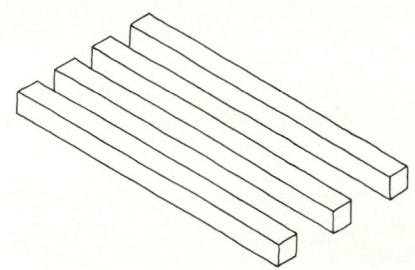

1.1 Warum Geometrie in der Grundschule?

Als Konsens der Rahmenrichtlinien oder der Grundschullehrpläne verschiedener Bundesländer läßt sich wohl das pädagogisches Ziel bzw. die zentrale Aufgabe der Grundschularbeit festhalten, möglichst alle Schüler unter Berücksichtigung ihrer individuellen Voraussetzungen und Erfahrungen bei der Entfaltung kognitiver, sozialer, musischer und praktischer Fähigkeiten zu fördern. Zum Erreichen dieses Zieles werden in den allgemeinen Präambeln viele allgemeindidaktische Grundsätze aufgelistet, schlagwortartig etwa Forderungen der Lernfreude, Lebensnähe, des spielerischen Lernens, Differenzierens und Förderns, der Selbständigkeit, des entdeckenden Lernens u.v.a.m., in jüngerer Zeit erweitert um Forderungen nach offenem Unterricht, Lernen in Sinnzusammenhängen, mehr Praxisbezogenheit und Anwendungsorientierung. All diese schönen Ideen sollen ja in der alltäglichen Unterrichtspraxis auf dem Hintergrund inhaltlicher Ziele der einzelnen Fächer konkretisiert werden, d.h. sie müssen sich über die Inhalte der einzelnen Unterrichtsfächer realisieren lassen. Die folgende Feststellung ist sicher keine subjektive Übertreibung: Wohl kaum ein anderer Inhaltsbereich des Grundschulgesamtcurriculums ist besser geeignet, die allgemeinen Ziele dieser Schulstufe zu erreichen bzw. die angedeuteten pädagogischen Grundsätze zu verwirklichen als die Geometrie im Rahmen des Mathematikunterrichts.

Für die nachfolgenden Ergänzungen wird kein Anspruch auf Vollständigkeit erhoben:

- Fast jedes Denken, jede kognitive Kompetenz bedient sich visueller, d.h. geometrischer Stützen. Die *intellektuelle Entwicklung* ist eng verbunden mit den Fähigkeiten, visuell dargebotene Informationen aufzunehmen, zu analysieren, zu speichern, mit ihnen in der Vorstellung zu operieren u. a.. So sind visuell-geometrische Erfahrungen und ein entsprechendes Können von grundlegender Bedeutung für die kognitive Entwicklung des einzelnen Schülers.

- Das Unterrichten von Geometrie leistet einen wichtigen Beitrag für die *Fähigkeitsentwicklung des einzelnen Kindes, seine Lebens- bzw. Erfahrungsumwelt zu erschließen.* Ein wesentlicher Aspekt der Umwelt ist ihre vorwiegend geometrische Struktur, die ohne Kompetenzen einer Raumvorstellung oder der visuellen Informationsaufnahme und Informationsverarbeitung nur schwer erkannt oder durchdrungen werden kann. Diese notwendigen Fähigkeiten entwickeln sich nicht von selbst; es bedarf der Anregung, der Förderung und insbesondere der geometrischen Erfahrungen sowie Übungen im Vor- und Grundschulalter.

- So können geometrische Aktivitäten in der Grundschule oft sehr viel stärker und effektiver zur Orientierung des Schülers in seiner Lebenswirklichkeit beitragen als etwa die Arithmetik / das Rechnen. *Anwendungsorientierung* wie auch *Strukturorientierung* lassen sich in geometrischen Teilen des Mathematikunterrichts realisieren, indem Alltagsprobleme aufgezeigt und Sinnzusammenhänge deutlich werden.

- Der Geometrieunterricht eignet sich in besonderer Weise zur *Verfolgung fachübergreifender aber auch fachbezogener Lernziele*. Da wären neben den grundlegend kognitiven Fähigkeiten wie Vergleichen, Unterscheiden, Ordnen, Sortieren, Abstrahieren, Verallgemeinern ... zu nennen: Selbständig-kreativ handeln, Argumentieren üben, Erfahrungen im Problemlösen sammeln, Sprache und Ausdrucksverhalten bereichern sowie präzisieren, soziales Lernen praktizieren u. a. m.

Abschließend soll das ‚WARUM' auch im Hinblick auf eher fachbezogene Aufgaben des Mathematikunterrichts beantwortet werden:

- Geometrische Komponenten finden sich in allen *Bereichen mathematischen Denkens*. Handlungserfahrungen im schulischen und außerschulischen Umfeld, Darstellungen, Veranschaulichungen, Diagramme ... bilden eine Verständigungsgrundlage in der Arithmetik, bei Teilbarkeitsfragen, Zufallsexperimenten, Anwendungen u. a. Ohne geometrisches Denken lassen sich im Mathematikunterricht kaum Vorstellungen entwickeln, mathematische Begriffe und Beziehungen verinnerlichen und so mit Einsicht in viele Bereiche des arithmetischen Denkens gewinnen.

- Über den Geometrieunterricht können *positive Einstellungen* zum Fach Mathematik vermittelt werden. Das konkrete Handeln mit Materialien, der ‚Spielcharakter' vieler Aufgaben und Probleme sowie der vergleichsweise geringe Zeitaufwand für einen Lösungsversuch motivieren die allermeisten Schüler. Hinzu kommen die Effekte eines kompensatorischen oder differenzierenden Mathematikunterrichts: Oft haben Schüler mit Lernschwierigkeiten im Rechnen besondere Erfolgserlebnisse beim handelnden Lösen geometrischer Aufgaben.

So kann der Geometrieunterricht bei Schülern und Lehrerinnen zu einer veränderten Haltung und Einstellung zur Mathematik führen, was sich auf den Mathematikunterricht insgesamt positiv auswirkt. Zudem erlauben geometrische Themenkreise im Grundschulunterricht, wichtige Prinzipien des Lehr- und Lernprogramms zu realisieren, wie

– aktives und entdeckendes Lernen,

– produktives Üben,

– handlungsorientiertes Lernen.

1.2 Aufgaben und Ziele der Grundschulgeometrie

Kein ausreichender Grund wäre es, Geometrie zu betreiben, weil das vielleicht vielen Kindern Spaß macht. Auch der Hinweis auf die innermathematische Bedeutung der Geometrie wäre für die Grundschule kaum von Belang.
H. Winter, 1971

Bereits im vorangehenden Kapitel sind mehrfach die Möglichkeiten angesprochen worden, über geometrische Tätigkeiten und Erfahrungen in der Grundschule gerade die allgemeinen, fachübergreifenden Ziele dieser Schulform zu erreichen. Dieses Thema wird im vorliegenden Handbuch auf der theoretischen Ebene bewußt knapp gehalten zugunsten der unterrichtspraktischen Modelle und Beispiele. Es sei verwiesen auf die grundlegende Diskussion der Ziele im Zusammenhang mit der Reform des Grundschulmathematikunterrichts vor ca. 20 Jahren (siehe u.a. BAUERSFELD 1967, WINTER 1971).

Versteht man Denken im Sinne PIAGETs als verinnerlichtes Handeln oder wie AEBLI als ‚Ordnen des Tuns', dann wird die Bedeutung des konkreten Handelns mit geometrischen Elementen besonders im Vor- und Grundschulalter deutlich. Gerade geometrische Aufgabenstellungen erlauben das *Entwickeln spezifischer Denkweisen* (z.B. das Aufsuchen von Regeln und Beziehungen, das Zerlegen in leichter lösbare Teilprobleme, das Wechselspiel zwischen einem kreativen Probieren und systematischen Problemlösen) und die *Förderung grundlegender, kognitiver Kompetenzen* (z.B. Einzelfähigkeiten der visuellen Wahrnehmung, das räumliche Vorstellungsvermögen und das räumliche Denkenkönnen). Diese eine Ebene der Ziele und Aufgaben des Geometrieunterrichts in der Grundschule muß ergänzt werden durch den wichtigen Aspekt der *Umwelterschließung*. Hierbei liegt das Ziel im Explizitmachen von Umweltsituationen bzw. -beziehungen unter geometrischen Gesichtspunkten durch

- Anknüpfen an unmittelbare, konkrete Erfahrungen der Schüler,

- behutsames Herausarbeiten bzw. Deutlichmachen geometrischer Ordnungen, Beziehungen oder Gliederungen in der Umwelt und

- auch die Anwendung geometrischer Kenntnisse und Fertigkeiten auf Probleme oder Aufgaben in der außerschulischen Realität.

Selbstverständlich leistet ein Geometrieunterricht in der Grundschule einen bedeutsamen Beitrag, ganz im Sinne eines spiraligen Curriculums, wichtige Grundlagen für den systematischen Geometrieunterricht in der Sekundarstufe zu schaffen. Das kann aber nicht seine zentrale Aufgabe sein, etwa als eine Art Vorstufe bzw. Propädeutik primär den späteren Geometrieunterricht vorzubereiten. Ein derartiges Hauptziel würde sicher die Begrifflichkeit verfrühen und das Berechnen von Figuren und Körpern in den Vordergrund stellen. Wegen der anfangs genannten Begründungen und Aufgaben kommt dem Geometrieunterricht in der Grundschule eine eigenständige Bedeutung zu, die auch durch die zahlreichen fachübergreifenden Beziehungen und Möglichkeiten (Raumerfahrungen und Raumgestaltung in der Kunst, naturkundliches Lernen in der Umwelt, geographische Aspekte des Sachunterrichts u. a. m.) verstärkt wird. Die Grundschüler sollen das Geometrisieren lernen, ihre Raumerfahrungen vertiefen und geometrische Verfahren und Techniken erproben. Gleichgewichtig tritt neben diese inhaltlichen Aspekte das Fördern einer positiven Einstellung und das Wecken einer motivierten bzw. interessierten Bereitschaft, sich mit geometrischen Fragestellungen auseinanderzusetzen. So muß die Geometrie als ein besonders gut geeignetes Feld für konstruktives Lernen, handelndes Erproben und Anwenden nicht nur für die Grundschüler wichtig und sinnvoll sein. Voraussetzung für Geometrie in den ersten vier Schuljahren ist, daß die Grundschullehrerin von der Wichtigkeit und pädagogischen Notwendigkeit dieses Erfahrungsbereiches für die Schüler überzeugt ist, und daß sie die Gleichwichtigkeit der Geometrie neben Arithmetik und Anwendungen bedenkt bzw. in ihrer täglichen Unterrichtsarbeit realisiert, wie es im übrigen alle Lehrpläne vorschreiben. Leider hat FREUDENTHAL (1981) mit seiner Formulierung wohl immer noch Recht: "Leitziel für den Geometrieunterricht auf der Grundschule sei es, daß Geometrie unterrichtet werde."

1.3 Geometrische Inhaltsbereiche als fachinhaltliche Lernziele

Zur Zeit wird in unserer Grundschule ausschließlich Arithmetik betrieben.
H. Bauersfeld 1967

Im Vergleich zu den wesentlichen Teilen der Arithmetik bildet die Grundschulgeometrie keinen hierarchisch geordneten oder gar geschlossenen Lehrgang. Die einzelnen Themen können nicht nur unabhängig voneinander in den Mathematikunterricht eingebracht werden, sie sind auch relativ flexibel über die einzelnen Schuljahre verteilbar. Dennoch ist es sinnvoll und notwendig, einzelne inhaltliche Erfahrungsbereiche eher zum Schulanfang, andere mehr in der späteren Grundschulzeit aufzunehmen. Aus diesem Grund findet die Leserin am Ende des vorliegenden Handbuches den Vorschlag eines Stoffverteilungsplanes für die Geometrie in der Grundschule, der sich auch an den Empfehlungen der meisten Rahmenrichtlinien orientiert.

Ohne Anspruch auf Vollständigkeit erfolgt in diesem Abschnitt nur die Auflistung der einzelnen Inhaltsbereiche, die geometrische Tätigkeiten und Erfahrungen ermöglichen. Diese Inhalte sind keine zufällig zustandegekommene Sammlung, sondern sie orientieren sich an den fundamentalen geometrischen Ideen.

Rahmenthemen:

Geometrische Qualitätsbegriffe
Qualitätsbegriffe wie dick, dünn, breit, schmal, eckig, rund, gewellt, gezackt, groß, klein, hoch, tief, glatt, rauh, spitz, stumpf, lang, kurz, gerade, schräg, schief usw. sind in der Regel mehrdeutig und nur eine der verschiedenen Bedeutungsinhalte eines Wortes ist geometrisch im engeren Sinne.

Räumliche Beziehungen
in der Umwelt (wie z.B. dahinter, daneben, darüber, darunter, davor, dazwischen, links von, rechts von, oben, unten, benachbart, gegenüber usw.; aber auch länger als, dicker als, höher als, senkrecht zu, parallel zu, waagerecht u.a.) erkennen, benennen, beschreiben und als Orientierungen nutzen.

Ebene Figuren und Formen
wie Quadrate, Rechtecke, Dreiecke, Kreise erkennen, legen, herstellen, zusammensetzen und nach Eigenschaften unterscheiden.

Körperformen
wie Würfel, Quader, Kugeln in der Umwelt auffinden, benennen, unterscheiden und als Modelle herstellen.

Symmetrieeigenschaften
insbesondere der Achsensymmetrie aber auch der Dreh- und der Schubsymmetrie entdecken, erkennen und bei Handlungserfahrungen anwenden bzw. nutzen.

Abbildungen und Bewegungen
an und mit Objekten (z. B. vergrößern - verkleinern, drehen - verschieben - klappen - spiegeln, zerlegen - zusammensetzen - umformen) ausführen und im Hinblick auf die Eigenschaften betrachten.

Netze und Wege, Strecken und Linien
unter räumlichen Beziehungen erkennen, beschreiben und zeichnerisch darstellen.

Geometrische Größen
beim Messen von Strecken, Flächen und Körpern kennenlernen und mit ihrer Hilfe vergleichen sowie ordnen.

Geometrisches Zeichnen
mit Lineal, Geodreieck, Zirkel und Schablonen. Besonders wichtig im Grundschulalter ist ein frühzeitiges Anleiten zum freihändigen Zeichnen geometrischer Figuren.

Diese geometrischen Inhaltsbereiche sind nicht als isolierte, streng voneinander getrennte Themen eines Geometrieunterrichts in der Grundschule zu sehen. Zwischen ihnen bestehen auch im Unterricht vielfältige Zusammenhänge, die verstärkt werden durch das didaktische Prinzip eines möglichst ‚erfahrungs- und umweltbezogenen Lernens'.

Der Geometrieunterricht in der Grundschule muß eben, wie WINTER (1971) es prägnant formuliert, *problem-* und *nicht strukturorientiert* sein.

2. Zur geometrischen Begriffsbildung und Gestaltung des Geometrieunterrichts

Wie kann man es denn verantworten, Fähigkeiten des Kindes vier Jahre lang brach liegen zu lassen, die sich im Vorschulalter schon entwickelten? Das Kind hat gebaut, gelegt, experimentiert und auf diese Weise im Raum Erfahrungen gesammelt, die fortgesetzt werden müssen.
H. Besuden 1973

2.1 Zur Entwicklung geometrischer Begriffe und des geometrischen Denkens

In diesem Abschnitt beschränken wir uns auf eine exemplarische, kurze Darstellung und Diskussion zweier Theorien zum Geometrielernen: Der Erkenntnistheorie von PIAGET zur Repräsentation des Raumes bei Kindern im Vor- und Grundschulalter (PIAGET/INHELDER 1971; vgl. dazu auch STEINER 1973, ELLROTT/SCHINDLER 1975 oder ANDELFINGER 1976) sowie der Stufentheorie von van HIELE-GELDOF zur Entwicklung geometrischen Denkens (VAN HIELE-GELDOF 1958; vgl. dazu CROWLEY 1987).

PIAGETS Untersuchungen bilden bis heute die wichtigste Erkenntnisgrundlage für das Verständnis geometrischen Lernens. Zu PIAGETS Experimenten gibt es zahllose Nachfolgeuntersuchungen, wobei von punktuellen Modifikationen abgesehen Piagets Ergebnisse für Kinder bis zum Alter von ca. 10 Jahren konzeptionell grundsätzlich bestätigt wurden. Für PIAGET kann die Entwicklung geometrischer Begriffe nicht durch ein Ablesen von Eigenschaften erfolgen, sondern nur über Handlungserfahrungen an Materialien oder im realen Raum.

Nachfolgend als Beispiel einer der Versuche PIAGETS, wobei die Kinder aufgefordert wurden, Figuren abzuzeichnen wie:

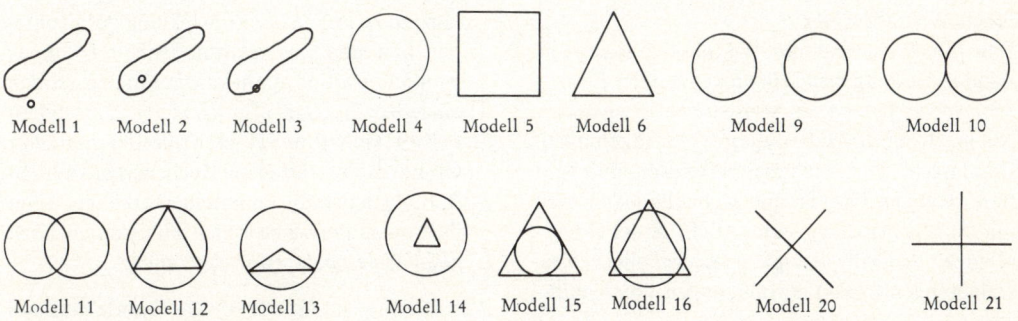

Einige Lösungsversuche eines Vierjährigen:

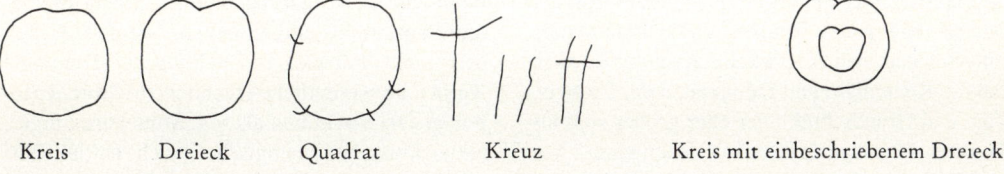

PIAGETS Erkenntnisse zusammenfassend lassen sich gewisse Stadien oder Stufen der Entwicklung bei den Kindern feststellen:

Vorschulalter bis ca. 5./6. Lebensjahr
Die Kinder entwickeln eine Reihe topologischer Fähigkeiten und verstehen Eigenschaften bzw. Beziehungen wie offen-geschlossen, innen-außen, zwischen u.a. Dagegen sind Elemente der projektiven Geometrie (z.B. perspektivisches Sehen) oder der euklidschen Geometrie (z.B. Längeninvarianz, Flächeninvarianz, Beziehungen zwischen Teil und Ganzem erkennen) kaum entwickelt. Gerade die metrischen Probleme bereiten große Schwierigkeiten (vgl. z.B. die von einem Vierjährigen abgezeichneten Figuren in der obigen Abb.).

Grundschulalter im 1./2. Schuljahr bis ca. 7./8. Lebensjahr
Die topologischen Beziehungen werden in ihrem Verständnis verfestigt; hinzu kommen das qualitativ richtige Erkennen perspektivischer Veränderungen und die Differenzierung des projektiven Sehens. Speziell werden die notwendigen Grundlagen der Längen- und Flächenmessung erkannt, räumliche Lagen gesehen und Körperformen können nach ihren Eigenschaften unterschieden werden. Auch geometrische Abbildungen werden zunehmend sicherer ausgeführt.

Grundschulalter im 3./4. Schuljahr bis ca. 10. Lebensjahr
Das projektive und das euklidische Raumverständnis ist weitgehend entwickelt. Lagen, Distanzen, Abwicklungen u. a. werden richtig wiedergegeben, Kongruenzabbildungen (Spiegelungen, Drehungen, Verschiebungen) werden durchgeführt. Längen, Flächen und Volumen lassen sich mit Einheitsmaßen messen. Am Ende der Grundschulzeit steht die Fähigkeit, maßstäbliche Verkleinerungen bzw. Vergrößerungen durchzuführen.

Die Alterszuweisungen bei der obigen Tabelle darf man nicht zu starr sehen. Wie in allen Fähigkeitsbereichen gibt es sicher auch bzgl. der Durchdringung des Raumes große individuelle Unterschiede. Außerdem kann vermutet werden, daß die Kenntnisse und Fähigkeiten der heutigen Vor- und Grundschulkinder eher größer sind als die ihrer Alterskameraden, mit denen PIAGET vor ca. 45 Jahren gearbeitet hat.

Auf dem Hintergrund der Untersuchungsergebnisse Piagets müssen drei Punkte besonders hervorgehoben werden:

– Die Entwicklung geometrischer Kenntnisse und Fähigkeiten beginnt bereits im Vorschulalter, so daß auch hier räumliche Handlungserfahrungen überaus sinnvoll und hilfreich wären. Das wäre erst recht im Grundschulalter notwendig, da das Verständnis grundlegender geometrischer Begriffe sehr früh abgeschlossen ist. Eine Grundschule ohne Geometrie würde die Förderung eines für die Umwelterschließung und kognitive Entwicklung zentral wichtigen Fähigkeitsbereiches vernachlässigen, oft zugunsten zweifelhafter Fertigkeiten.

– Die Verinnerlichung geometrischer Begriffe muß im Grundschulalter über Handlungserfahrungen, über den Umgang mit vielfältigen, konkreten Materialien und Modellen erfolgen. Kinder müssen Entdeckungen machen, ihr Wissen konstruieren, neue Fähigkeiten anwenden, Geometrie betreiben. Geometrie kann man nicht aus einem Schulbuch erlesen oder ersehen bzw. aus einem Lehrervortrag erhören. Zudem ist es wenig zweckmäßig, geometrische Themenkreise in der Grundschulmathematik als Spiralcurriculum anzuordnen.

– PIAGETS Erkenntnisse machen die engen Beziehungen zwischen der Entwicklung des geometrischen und des arithmetischen Denkens deutlich. Da sind einmal die Parallelen auf den einzelnen Stufen der Entwicklung. Zum andern lassen sich die Schwierigkeiten mancher Grundschüler gerade mit Rechenarbeitsmitteln (z.B. Zahlenstrahl, Punktfelder) erklären, wenn ihre quantitativ-metrischen Fähigkeiten noch nicht ausreichend entwickelt sind.

Aus der Anwendung der PIAGET-Theorie entstand im Laufe der Reform des Mathematikunterrichts der Grundschule in den 70er Jahren eine intensive und manchmal heftige Diskussion zur Frage, ob topologische Aufgabenstellungen in den Mathematikunterricht aufgenommen werden sollten oder nicht. Für eine Behandlung der Topologie wurden im wesentlichen fachlich-strukturelle (topologische Strukturen als sog. Mutterstrukturen), entwicklungspsychologische (nach PIAGET entwickeln sich topologische Begriffe zuerst) und mehrere fachdidaktische Argumente angeführt (vgl. RADATZ/SCHIPPER 1983). Den Erfahrungen aus der Unterrichtspraxis und kritischen Analysen (vgl. SCHIPPER 1981/1, 1981/2) hielten diese Argumente jedoch kaum stand, zumal nach PIAGET/INHELDER die Entwicklung topologischer Begriffe im Schulkindalter weitgehend abgeschlossen ist. Wenn heute in den Geometrieunterricht auch topologische Themen aufgenommen werden, dann nicht wegen eines inhaltlichen Lernziels ‚Topologie', sondern um Möglichkeiten einer (topologischen) Umwelterschließung zu erfahren, um spezifische Probleme zu bearbeiten und besondere Entdeckungen zu machen.

Die Diskussion der zahlreichen Kritiken an der Theorie Piagets sowie den Versuchen einer zu strengen Anwendung auf die Gestaltung des Mathematikunterrichts würde in diesem Handbuch zu weit führen. Es sei verwiesen auf einige mathematikdidaktisch interessante Beiträge von BUSSMANN (1974), FREUDENTHAL (1973) oder VOLLRATH (1987). In diesem Handbuch wollen wir neben die Piagetsche Erkenntnistheorie zur Entwicklung geometrischer Begriffe und Beziehungen auch die Untersuchungen von VAN HIELE stellen und verschiedene Aspekte der visuellen Wahrnehmung diskutieren.

Das Modell des holländischen Ehepaares DINA VAN HIELE-GELDOF und PIERRE MARIE VAN HIELE zur Entwicklung des geometrischen Denkens wurde bei uns in der Mathematikdidaktik lange Zeit kaum beachtet oder diskutiert, obwohl es in anderen Ländern als Grundlage der Gestaltung des schulischen Geometrie-Curriculums dient. Das aus Unterrichtsversuchen entwickelte Modell (VAN HIELE-GELDOF 1958; vgl. dazu CROWLEY 1987) gliedert sich in fünf Stufen/Ebenen des geometrischen Verstehens, die jeweils besondere Charakteristika des Denkprozesses beschreiben. Nach den VAN HIELES können die Schüler im Sekundarstufenalter mehrere der Fähigkeitsstufen im Geometrieunterricht durchlaufen, wenn eine Förderung und Anregung durch geeignete unterrichtliche Maßnahmen erfolgt. So sehen die VAN HIELES im Vergleich zu PIAGET nicht so sehr eine Bedeutung in der altersgemäßen Entwicklung oder Reifung als vielmehr in den sinnvollen Methoden und Materialangeboten des Unterrichts. Im Grundschulalter werden die Kinder nur die ersten Stufen des VAN HIELE-Modells, das sich weitgehend an den Fähigkeiten älterer Schüler orientiert, erklimmen können. Nachfolgend die Stufen der Entwicklung des geometrischen Denkens, anfangs konkretisiert durch einige Beispiele:

Niveaustufe 0:
Anschauungsgebundenes Denken

Räumliche Beziehungen werden nur in der unmittelbaren Umgebung von den Schülern erfaßt, wobei geometrische Figuren als Ganzheiten gesehen werden, nicht jedoch im Hinblick auf Einzelheiten oder Eigenschaften. Geometrische Bezeichnungen bzw. Namen können gelernt werden und anschauliche Unterscheidungen zwischen ebenen Figuren oder Körperformen sind möglich, ohne daß spezifische Eigenschaften miteinander verglichen werden. Auf dieser Stufe ist das geometrische Arbeiten weitgehend materialgebunden.

Beispiel 1: Geometrische Formen werden unterschieden

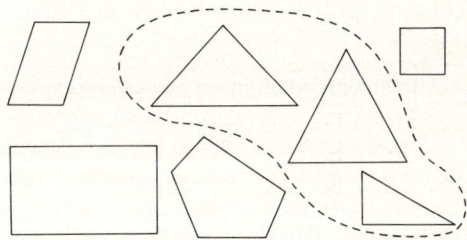

Beispiel 2: Geometrische Formen werden gelegt, eingefärbt, gefaltet ...

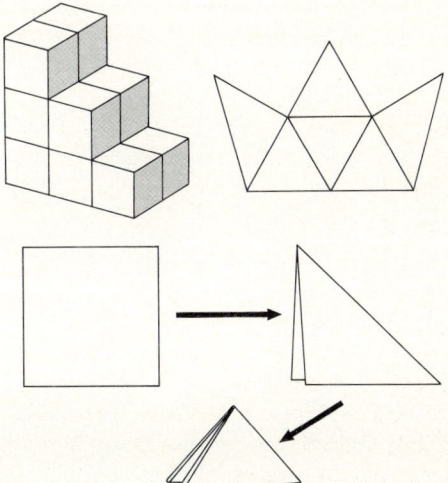

Beispiel 3: Geometrische Figuren werden ausgelegt, zusammengesetzt, zerlegt ...

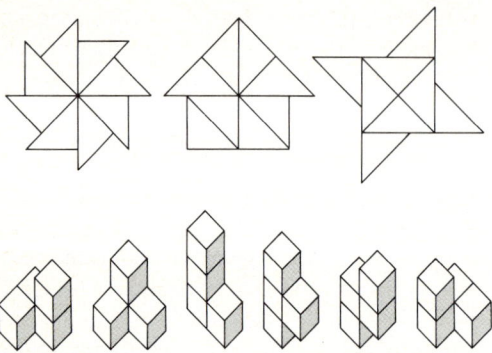

Beispiel 4: "Was ist das △ für eine Figur?" Schülerantworten: "Sieht aus wie ein Dach. Das ist ein Dreieck." u.ä. "Woher weißt Du das?" Schülerantworten: "Weil es wie ein Dreieck aussieht. Weil es ein Dreieck ist. Es hat 3 Ecken."

Niveaustufe 1:
Analysieren geometrischer Figuren und Beziehungen

Durch Handlungserfahrungen und genaueres Betrachten können Schüler Einzelaspekte geometrischer Figuren unterscheiden und feinere Klasseneinteilungen vornehmen (z.B. zwischen den Dreiecksformen). Jedoch sind Beziehungen zwischen Figuren (z.B Rechteck-Quadrat) und Eigenschaften oder Größen (z.B. Umfang- Flächeninhalt) noch nicht einsehbar.
Beispiel 1: Spiegelachsen in Figuren durch Falten, Legen u.a. herstellen bzw. bestimmen.

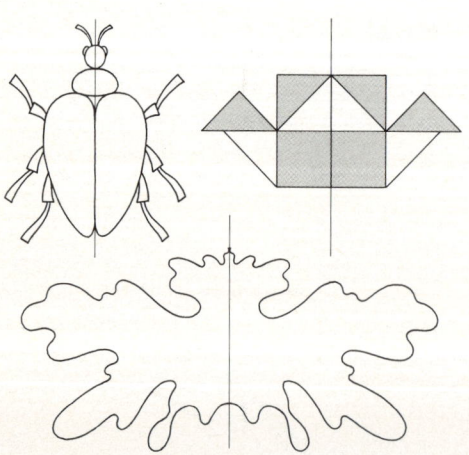

Beispiel 2: Geometrische Figuren durch Auflisten der Eigenschaften beschreiben, z.B. zum ‚Quadrat':
4 Seiten, die Seiten sind gleich lang. 4 Faltwinkel. 4 Faltachsen. Gegenüberliegenden Seiten sind parallel.

Beispiel 3: Körperformen unterscheiden nach den wichtigsten Eigenschaften.

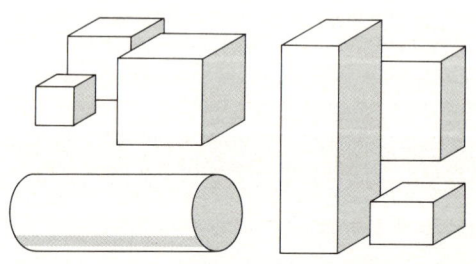

Beispiel 4: "Was ist das △ für eine Figur?" Schülerantwort: "Ein Dreieck mit zwei gleichlangen Seiten." "Woher weißt Du das?" Antwort: "Diese beiden Seiten sind gleich lang und diese beiden Winkel gleich groß."

Niveaustufe 2:
Erstes Ableiten und Schließen

Beziehungen zwischen den Eigenschaften einer Figur und den Eigenschaften verwandter Figuren können erkannt werden. Für die Schüler sind Klasseninklusionen möglich und geometrische Definitionen verständlich. Dieses Verständnis erwächst aus experimentellen Erfahrungen, nicht über geometrische Axiome.
Beispiel 1: Vergleich der Eigenschaften z.B. zwischen Quadrat und Rechteck und daraus schließen, daß jedes Quadrat auch ein Rechteck ist.

Beispiel 2: Bewußtes Verändern von Viereckformen am Geobrett.

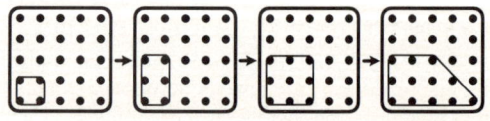

Beispiel 3: "Was ist das △ für eine Figur?" Schülerantwort: "Das ist ein gleichschenkliges Dreieck." "Woher weißt Du das?" Schülerantwort: "Durch Spiegeln/Falten fallen diese beiden Seiten/Winkel aufeinander. Sie sind gleich groß."

Die nachfolgenden zwei Niveaustufen sind erst recht nicht mehr relevant für das Geometrielernen im Grundschulalter. Sie sollen der Vollständigkeit halber kurz erwähnt werden:

Niveaustufe 3:
Geometrisches Schließen/ Deduktion

Schlußfolgerungen als Grundlagen eines geometrischen Systems werden verstanden und angewandt. Zwischen geometrischen Axiomen, Definitionen, Sätzen, Beweisen u. a. kann unterschieden werden.

Niveaustufe 4:
Strenge, abstrakte Geometrie

Arbeiten in einem Axiomensystem und Vergleichen bzgl. verschiedener geometrischer Theorien.

Von besonderer Bedeutung auf den ersten Stufen des geometrischen Denkens ist für die VAN HIELES das Sammeln von Erkenntnissen über Handlungserfahrungen mit konkreten Materialien (Falten, Schneiden, Auslegen, Zerlegen, Kleben, Bemalen, Pflastern, Einpassen usw.). Dabei kommt es darauf an, daß diese Materialien nicht einfach nur Spielzeuge sind, sondern daß die Grundschüler damit denkend handeln. So ist die nullte Stufe für die Schüler eine überaus wichtige Erfahrungsebene, und nur ansatzweise wird man in der Grundschule eine höhere Stufe anstreben (können).

2.2 Visuelle Wahrnehmungsfähigkeiten

Die skizzierten (-geometrischen-) Voraussetzungen ‚wachsen' nicht, um dann wie selbstverständlich zur Verfügung zu stehen. Ihr Aufbau kann auch nicht zufälligen und damit unkontrollierten Lernprozessen des Kindes überlassen bleiben.
H. Bauersfeld 1967

Der Erfolg in vielen Fächern der Grundschule hängt teilweise auch von den visuellen Wahrnehmungsfähigkeiten des einzelnen Schülers ab. Nicht nur bei geometrischen Aufgaben ist das visuelle Wahrnehmen relevant, auch beim Lesen- und Schreibenlernen sowie in der Arithmetik, etwa beim Erkennen und Operieren mit den vielen Darstellungen, Veranschaulichungen und Arbeitsmitteln. Man denke nur an die Fähigkeitsanforderungen, sich auf einer Seite der derzeit üblichen Mathematikschulbücher zurechtzufinden, selbst wenn man von der farblichen Überfülle absieht.

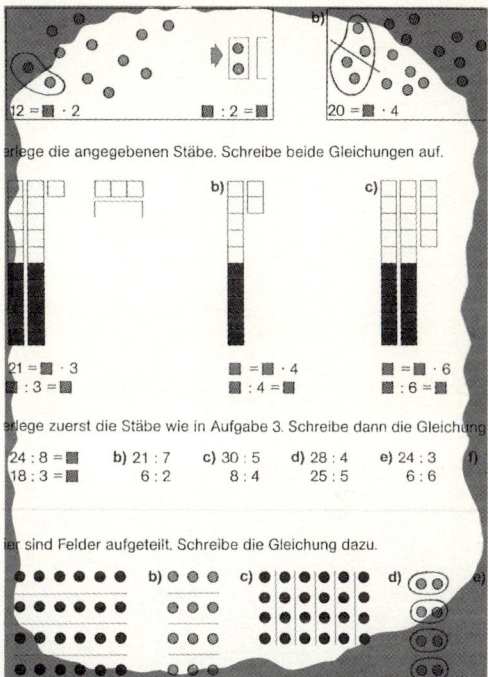

Visuelles Wahrnehmen bedeutet nicht nur das Sehen durch das Auge. Der Wahrnehmungsprozeß ist eng mit anderen Funktionen (Denken, Gedächtnis, Vorstellungen aber auch Sprache) verbunden. Zu wenige Anregungen und Erfahrungen in der Vorschulzeit oder gar Teilleistungsschwächen beim Erkennen, Operieren und Speichern visueller Informationen können sich sehr verhängnisvoll auf das Verstehen in den verschiedenen Unterrichtsfächern auswirken.

So besteht eine weitere Aufgabe geometrischen Tuns darin, das sog. ‚Sehverstehen' der Grundschüler gerade in den ersten Schuljahren zu entwickeln und zu fördern (einige Anregungen dazu im Kapitel 4.1.). Mit FROSTIG (1972) lassen sich fünf Bereiche der visuellen Wahrnehmung unterscheiden (vgl. auch REINARTZ/REINARTZ 1977 oder LORENZ 1985):

Visuomotorische Koordination ist die Fähigkeit, Sehen und Bewegungen des Körpers bzw. von Körperteilen miteinander zu koordinieren. Beispiele: Einen Ball fangen, etwas ausschneiden, mit geometrischen Formen hantieren, einen Faltwinkel genau falten.

Figur-Grund-Diskrimination ist die Fähigkeit, aus einem komplexeren optischen Hintergrund bzw.

einer Gesamtfigur eingebettete Teilfiguren zu erkennen und zu isolieren.

Beispiele:
Wo ist das Haus?

Beispiele (hier überlappend mit der Figur-Grund-Diskrimination):

Zeichne ins Heft. Wie viele Dreiecke findest du?

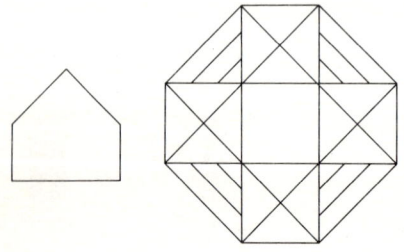

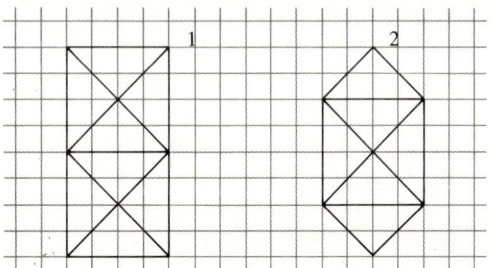

Nach Grundschulbüchern

Addiere die Ziffern auf einer Linie.

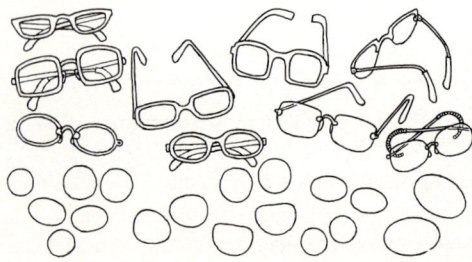

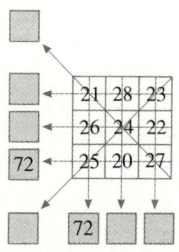

Wahrnehmungskonstanz bezeichnet die Fähigkeit, Figuren in verschiedenen Größen, Anordnungen, räumlichen Lagen oder Färbungen wiederzuerkennen und von anderen Figuren zu unterscheiden.

Beispiel:
Welche Dinge haben diese Form?   Quader   Kugel   Walze

Die Wahrnehmung der Raumlage wird verstanden als das Erkennen der Raum-Lage-Beziehung eines Gegenstandes zum Wahrnehmenden, beschreibbar mit geometrischen Beziehungen wie z. B. vor, hinter, oben, unten, links, rechts... (vgl. auch den bekannten Drei-Berge-Versuch von PIAGET).

Wahrnehmung räumlicher Beziehungen wird definiert als die Fähigkeit zur Analyse von Formen und Mustern oder z.B. von Linien- und Geradenstellungen. Hinzu kommt auch das Beschreibenkönnen der räumlichen Lage von Gegenständen zueinander.

Beispiele aus dem Arithmetikunterricht: Orientierungen und Operationen am Zahlenstrahl, in der Hundertertafel oder in Punktefeldern. Unterscheidenkönnen mathematischer Symbole wie > von<, $\xrightarrow{+5}$ von $\xleftarrow{-5}$.

Die Überschneidung mit der Fähigkeit der ‚Wahrnehmung räumlicher Beziehungen' wird deutlich.

Nach FROSTIG entwickeln sich diese Fähigkeiten weitgehend im Alter von 3 bis 7 Jahren. Jedoch gibt es in jeder Grundschulklasse Kinder, die noch auffällige Schwächen bei visuellen Wahrnehmungen zeigen bis hin zu Wahrnehmungsstörungen. Bei den meisten Kindern sind die Ursachen in mangelnder Anregung oder Übung zu suchen, somit in der Verzögerung der Fähigkeitsentwicklung. Hier liegt sicher eine zentrale Aufgabe der frühzeitigen Diagnose und Förderung gerade im Mathematikunterricht. Es gibt jedoch auch einige Kinder, deren visuelle Teilleistungsschwächen auf eine minimale cerebrale Dysfunktion (MCD) beruhen kann, so daß neben außerschulischen Fördermaßnahmen auch methodisch-curriculare Ausnahmeregelungen überlegt werden müssen (beim Rechnen z.B. der Verzicht auf viele verschiedene Darstellungen oder Arbeitsmittel, evtl. das Vorziehen der schriftlichen Addition/Subtraktion in das 2. Schuljahr u.a.; vgl. dazu LORENZ/RADATZ 1986 oder LORENZ 1989).

Über das Wahrnehmen hinaus geht die Fähigkeit des *visuellen Speicherns*, wobei visuell dargebotene Informationen aufgenommen, verarbeitet und im (visuellen) Gedächtnis einen bestimmten Zeitraum gespeichert werden müssen.

Ein Experiment als Beispiel:

Betrachten Sie bitte in Ruhe diese Punktmenge. Prägen Sie sich die Darstellung genau ein. Klappen Sie bitte das Buch zu und zählen Sie bis 20.

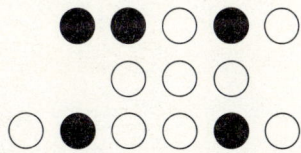

Nun zeichnen Sie die Punktdarstellung aus Ihrem (visuellen) Gedächtnis!

Derartige Anforderungen sind gerade im Mathematikunterricht recht zahlreich. Die Schüler müssen bildliche Darstellungen speichern, Vorstellungen aus Arbeitsmaterialien entwickeln; gesehene Ziffern, mathematische Zeichen oder ganze Aufgaben ‚im Kopf behalten'. Auch diese Fähigkeit entwickelt sich nicht ohne Anregungen und gezieltes Üben.

Seit jeher ist eines der obersten Ziele des Geometrieunterrichts die Förderung der *Raumvorstellung*. Die zuvor beschriebenen visuell-räumlichen Wahrnehmungsfähigkeiten bilden notwendige Voraussetzungen eines räumlichen Vorstellungsvermögens. Dieses kann in drei nicht voneinander unabhängige Teilaspekte unterteilt werden (vgl. BESUDEN 1979):

(1) räumliches Orientieren

als Fähigkeit, sich wirklich oder gedanklich im Raum orientieren zu können (z.B. als Autofahrer, Fußgänger, Wanderer).

(2) räumliches Vorstellen

als Fähigkeit, Objekte oder Beziehungen in der Vorstellung reproduzieren zu können (stellen Sie sich eine rosa Kuh vor, die nach links schaut und Gras frißt).

(3) räumliches Denken

als die Fähigkeit, mit Vorstellungsinhalten gedanklich zu operieren, d.h. ihre Lage bzw. Beziehungen zueinander in der Vorstellung zu verändern (denken Sie an die vorgestellte rosa Kuh von (2) oben: Lassen Sie diese Kuh in Ihrer Vorstellung eine Drehung um 180^0 machen und jetzt nach rechts fressen).

Gerade das visuell-räumliche Denken stellt eine hohe kognitive Anforderung dar. Dennoch erwarten wir oft schon von Grundschülern das räumliche Vorstellen- und Operierenkönnen. Zum Beispiel eine Addition oder Subtraktion im Zahlenraum bis 20 in der Vorstellung an einer Rechenkette oder am Zahlenstrahl auszuführen.

2.3 Prinzipien zur Gestaltung des Geometrieunterrichts in der Grundschule

Will man die Geometrie als logisches System dem Schüler auferlegen, so kann man sie in der Tat abschaffen.
H. Freudenthal 1973

Die Grundzüge der Unterrichtsgestaltung sind an einigen Stellen des Handbuches bereits angesprochen worden, sie werden zudem in den meisten Lehrplänen bzw. Rahmenrichtlinien breit diskutiert, so daß sie hier nur stichwortartig aufgelistet und zusammgefaßt werden.

Geometrisches Lernen sollte (kann, muß ...)

- möglichst anknüpfen an reale Erfahrungen der Schüler aus ihrer Umwelt (*Umwelt- und Erfahrungsbezug*),

- hinführen zur Anwendung des Gelernten auf reale Probleme (*Anwendungsorientierung*),

- Handlungserfahrungen und praktische Tätigkeiten (Malen, Zeichnen, Legen, Bauen, Falten, Kleben, Drucken, Schneiden, Konstruieren u. v. a. m.) ermöglichen (*handelndes Lernen*),

- immer wieder *konstruktiv entdeckendes Lernen* sein,

- integriert sein in den gesamten Grundschulunterricht und verbunden mit vielen Themenkreisen anderer Fächer (Sachunterricht, Kunst) als *fächerübergreifendes Lernen*,

- in Verzahnung mit den anderen mathematischen Inhalten (Arithmetik, Sachunterricht, Größen) stattfinden (*inhaltlich-integrativ*),

- häufig spielerisch oder sozial als Partner- bzw. Gruppenarbeit organisiert sein (*soziales Lernen*),

- sich in Modellen und geeigneten Materialien konkretisieren (*materialintensives Lernen*),

- eine Binnendifferenzierung sowie individuelle Lernfortschritte ermöglichen (*Fördern und Differenzieren*),

- immer stattfinden können, wenn geometrische Spiele und Materialien in der Arbeits- oder Matheecke des Klassenraumes zur Verfügung stehen (*Lern- bzw. Handlungserfahrungen* ermöglichen),

- gerade auch durch kopfgeometrische Übungen und Aufgaben ein Bestandteil der täglichen Mathematikübungen sein (Übung der *räumlichen Vorstellungsfähigkeit*),

- sich verteilen über das ganze Schuljahr und nicht nur beschränken auf wenige Stunden vor den Großen Ferien (*Stoff-Verteilung*),

- auch wiederholt, geübt und vertieft werden (*wiederholendes Üben*),

- schließlich ein wichtiger inhaltlicher Bestandteil eines *offenen Grundschulunterrichts* sein.

3. Inhaltliche Anregungen, Erfahrungsbereiche und Lernmodelle

Geometrie-Unterricht kann nur sinnvoll sein, wenn man die Beziehungen der Geometrie zum erlebten Raum ausnutzt.
H. Freudenthal 1973

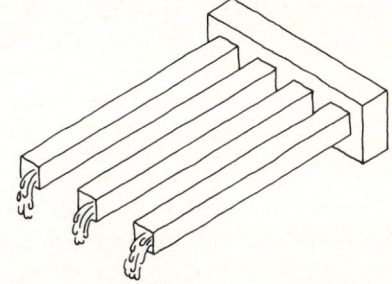

3.1 Erfahrungsfelder zur Umwelterschließung

• Aufgreifen von Vorerfahrungen des Kindes

Aller Unterricht und damit auch der in Geometrie der Grundschule sollte die Vorerfahrungen der Kinder aufgreifen, berücksichtigen und möglichst daran anknüpfen.

Viele geometrische Vorerfahrungen sammelt das Kind bereits im Vorschulalter beim Spielen, beim Reisen, im Kindergarten, im Haushalt u.a. Es gilt, sie zu vertiefen und zu hinterfragen:

– Warum kullern Erbsen oder Mandarinen vom Tisch, Bohnen oder Birnen kaum? ...

– Warum hat der Stuhl vier Beine und nicht drei? Warum haben die meisten Tische abgerundete ‚Ecken'? Warum sind Schränke eckig wie Quader und nicht gebogen wie ein Ei? ...

– Warum ist die Tasse rund und nicht eckig? Warum haben Eimer große runde Öffnungen und nicht kleine wie die Flaschen? Warum sind Kochflächen nicht quadratisch? ...

– Warum wird Milch überwiegend in quaderförmigen Verpackungen geliefert und nicht in kugelförmigen?

– Warum haben Früchte (Brötchen, Autos ...) runde und keine eckigen Formen? Warum sind viele Häuser, Bausteine, Wegplatten, ...quaderförmig?

– Warum entstehen kreisförmige Wellen bei einem ins Wasser geworfenen Stein? ...

Bereits im Kindergarten bzw. in der Vorschule werden geometrische Erfahrungen angezielt:

– Bauen von Höhlen, Häusern oder Spielecken mit Kartons und Kisten,

– Kneten mit Plastilin, Schneiden und Reißen, Falten und Kleben mit Papieren, Bauen mit Bauklötzen unterschiedlichster Form, ...

– Legen von Mustern und Figuren mit Teilen eines Legespiels, Stecken von Mustern, Puzzle legen, Memory spielen, Mosaike entwerfen, Muster sticken, ...

– hinzu können auch schon gezielte Übungen zur Förderung der visuellen Wahrnehmungsfähigkeiten kommen.

Bereits die ersten geometrischen Aktivitäten im Vorschulalter liefern Erfahrungen im Umgang mit Grundformen der Ebene und des Raumes, bieten Einsichten in Lagebeziehungen und Qualitätsbegriffe. Dabei bereitet der spielerische Umgang, das die Kreativität und die Phantasie fordernde Tun und Ausprobieren den Kindern Freude und stärkt ihr Selbstvertrauen in die eigenen Fähigkeiten.

• Weiterführung im Unterricht

Die Umwelterschließung steht nicht nur am Anfang der unterrichtlichen Arbeit, ist nicht nur Ausgangs- und Anknüpfungspunkt im Geometrieunterricht. Kindliche Erfahrungsfelder sollten immer wieder aufgegriffen und abwechseln mit der Arbeit an Modellen bzw. geometrischen Lernmaterialien.In den meisten der inhaltlich bestimmten Kapitel des Handbuches werden am Anfang *Beispiele für erfahrungs- und umweltbezogenes Lernen* angeboten. Die nachfolgenden Anregungen in diesem Kapitel sind thematisch nicht von der Geometrie her bestimmt. Sie bieten Möglichkeiten des fächerübergreifenden Lernens, wobei das Geometrisieren jeweils ein Aspekt ist.

3.1.1 Vorhaben - fächerübergreifende Themen
Unser Schulweg

– Kinder, die einen gemeinsamen Schulweg haben, sitzen in Tischgruppen zusammen und bauen (z.B. mit den Geostadt-Steinen) diesen Weg nach: Straßen werden auf den Tisch mit Kreide gezeichnet, markante Gebäude zur Orientierung gebaut, Fußgängerüberwege und Ampelkreuzungen festgehalten, ... Anschließend können alle Kinder ihren Schulweg aus der ‚Vogelperspektive' zeichnen.

– Die Verkehrszeichen des Schulweges werden gesucht und geordnet: Es gibt dreieckige, runde, viereckige ... Zeichen, mit den Farben rot-weiß oder blau-weiß oder ... Was bedeuten diese Schilder? Wodurch unterscheiden sie sich? Haben gleiche Formen etwas gemeinsam?

– In unserer Stadt gibt es ältere und sog. moderne Häuser. Äußerlich unterscheiden sich diese Häuser oft ganz stark. Beschreibe diese Unterschiede. Warum gibt es in den älteren Häusern mehr runde Formen, Schnörkel, Erker ..., warum in den neueren oft nur rechte Winkel bzw. Rechteckformen? In welchem Haus möchtest du lieber wohnen? Warum?

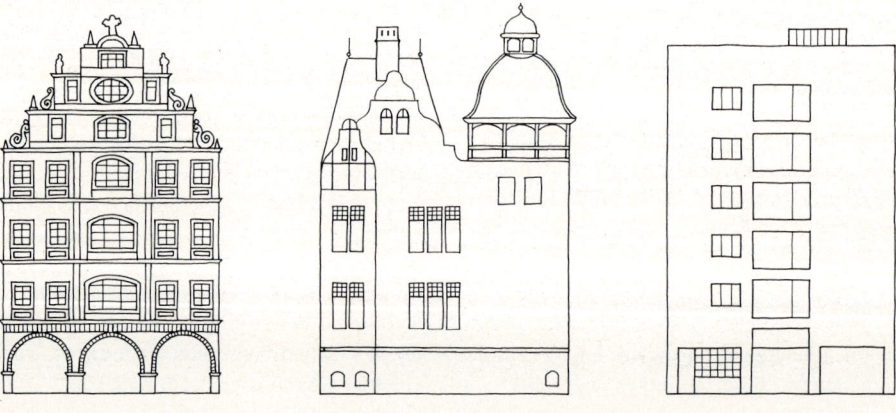

Wie kommt der Lastwagen durch die Stadt?

– Auf dem Schulweg in unserer Stadt kann man viele verschiedene Häuser sehen. Erkennst Du an ihnen geometrische Formen?

– Beschreibe Wege auf diesem Stadtbild.

Wandertage - Urlaubsreisen - Ausflüge
Wir lesen die Landkarte:

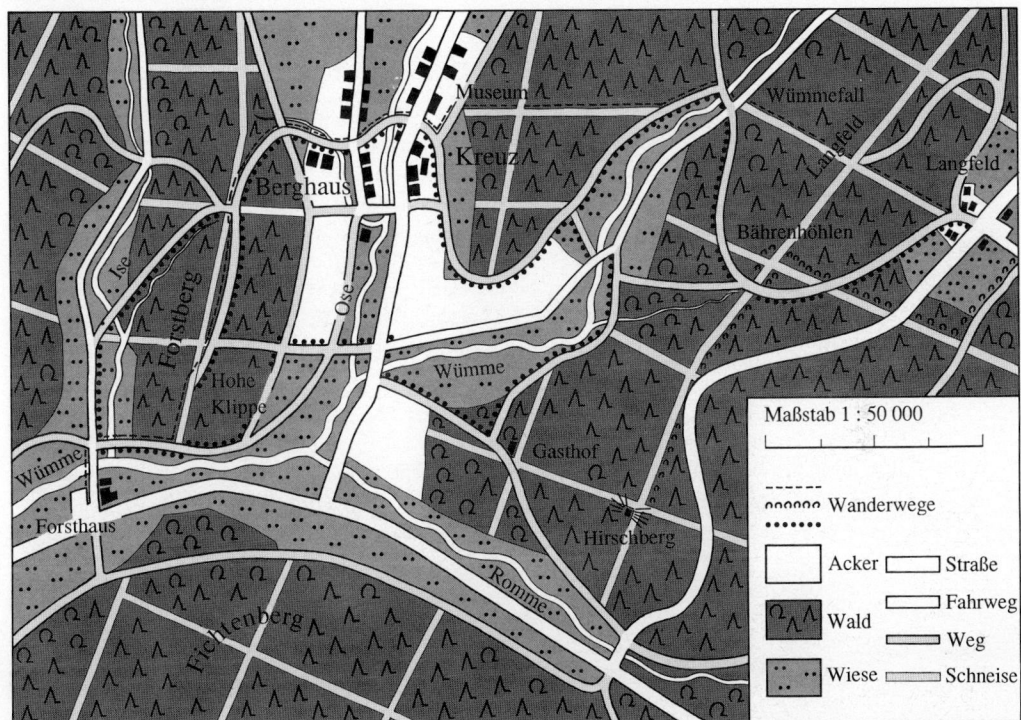

– Der Bus bringt uns zum Forsthaus und holt uns in Langfeld wieder ab. Wir überlegen und diskutieren Wanderwege. Würden wir auch einen Rundwanderweg schaffen? Wie viele Meter bzw. Kilometer können wir in einer Stunde gehen?

Wandermöglichkeiten

- Forsthaus - Berghaus - Wümmefall - Langfeld
- Forsthaus - Berghaus - Gasthof - Langfeld
- Forsthaus - Gasthof - Bärenhöhle - Langfeld
- Rundweg:

– Für die Wanderung fertigen wir eine Faustskizze an. Was muß auf der Skizze erkennbar sein, was können wir weglassen?

Beispiel:

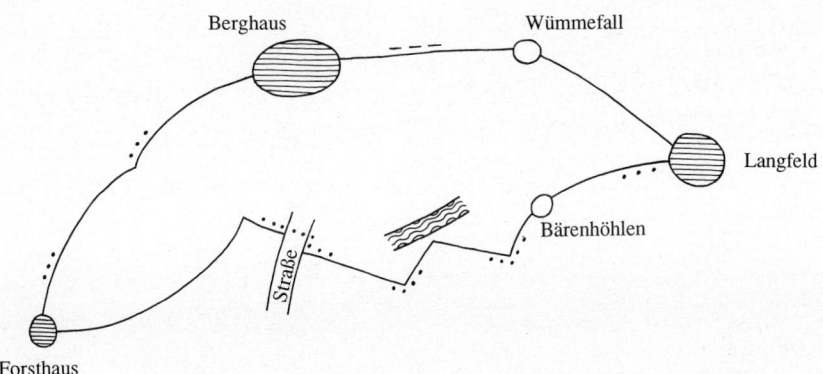

- Auf vielen Karten erkennt man bei den Bergen ganz deutlich die Höhenlinien. Welche Bedeutung haben sie? Wie kommen sie zustande?

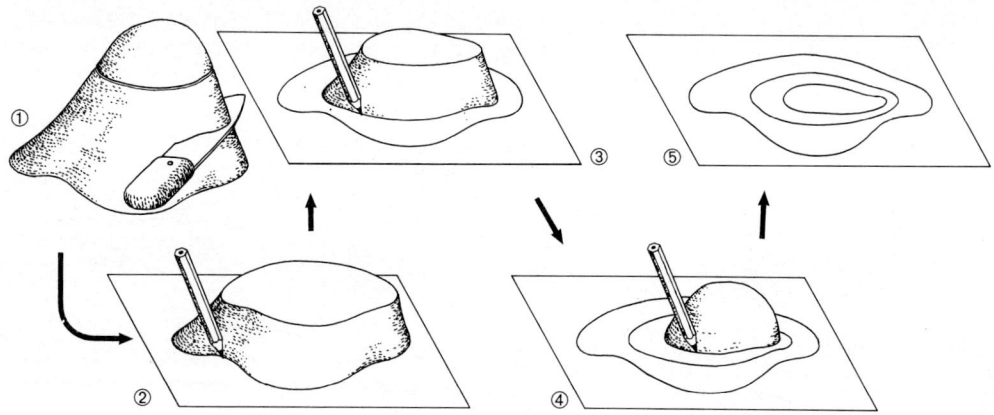

- Wir befinden uns beim Forsthaus und wollen auf den Aussichtsturm. Eine Gruppe geht den gestrichelten Wanderweg, eine andere Gruppe wandert über die Quelle zum Turm (Weg ▬).

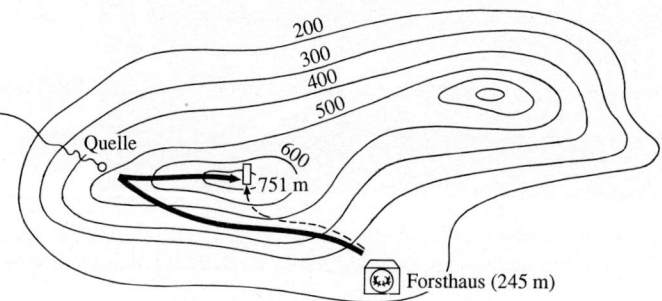

- Vergleiche beide Wege: Gemeinsamkeiten - Unterschiede, Vorteile - Nachteile...

Rund um die Geburtstagsfeier

- Tina hat Geburtstag und lädt ihre fünf Freundinnen ein. Sie schreibt die Einladungen selbst und faltet sie zu einem Brief.

- Tina stellt die Einladungen selbst zu. Sie möchte aber keinen Weg zweimal laufen. Wie kann sie gehen?

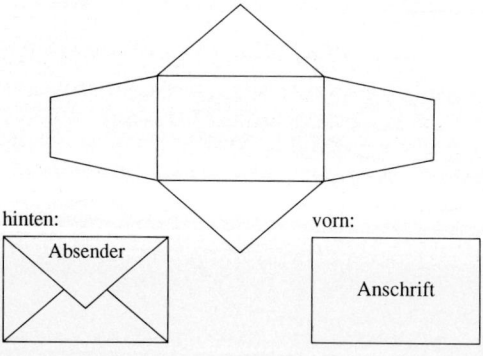
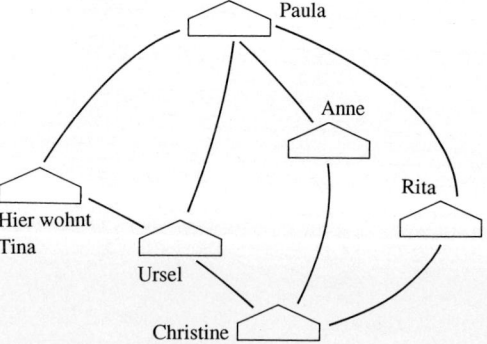

– Tina stellt die Geburtstagsgeschenke auf einen kleinen Tisch.
  Was mag wohl in den Verpackungen sein?

– Zum Geburtstagskakao gibt es auch Pflaumenkuchen. Tinas Mutter hat den Kuchen sehr merkwürdig in 6 Teile aufgeschnitten:
  Welches Stück würdest du dir aussuchen?

Paula und Ursel wollen das Spiel gleich ausprobieren.

Paula beginnt:

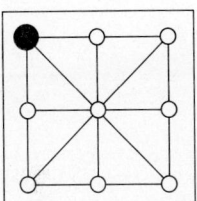

Ursel macht den 2. Zug

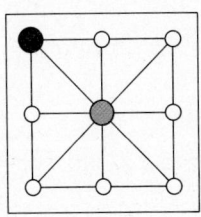

– Unter den Geburtstagsgeschenken befindet sich ein Mühlespiel für Anfänger mit Steckern in zwei Farben (● ◐) Wer drei Stecker seiner Farbe in einer Reihe, Spalte oder Diagonale hat, ist Sieger.

Nun ist Paula wieder an der Reihe. Wer wird gewinnen?

– Tina bringt ihre Gäste nach Hause. Sie möchte nun einen anderen Weg als beim Austragen der Einladungen nehmen.

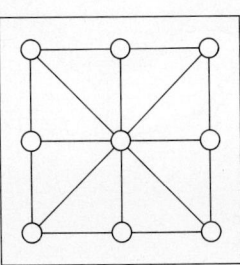

3.1.2 Einzelthemen – Untersuchungen

Kerzen selber gemacht

Material:

- Kerzenreste oder Beutelware Paraffin-Stearin
- Dochte in Bastelgeschäften erhältlich
- Blechdosen zum Schmelzen der Kerzenmasse
- Formen für die neue Kerze
- Holzstäbchen, Knete und Tesapack

Anleitung:

Zunächst wird die Form einer Sechsecksäule für die neue Kerze aus dickerem Karton hergestellt.

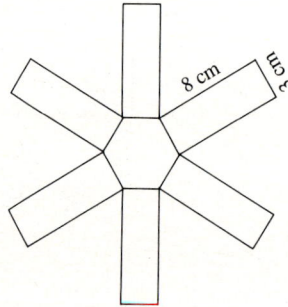

Das Netz wird ausgeschnitten und mit Tesapack an den Kanten zur Sechsecksäule zusammengeklebt. Zur Verstärkung Tesaband rund um die Säule kleben.

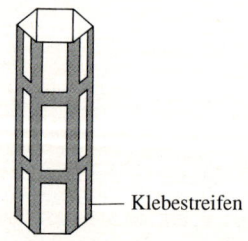

Klebestreifen

Nun wird der Docht eingeführt:

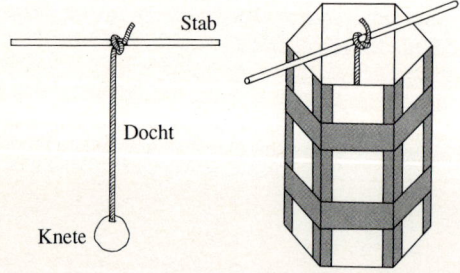

Zum Schluß werden Kerzenreste in einer Blechdose im Wasserbad bis zum Schmelzen erhitzt und dann langsam und vorsichtig in die Form gefüllt. Stehen verschiedene Farben zur Verfügung, läßt sich die Kerze aus Farbschichten aufbauen.

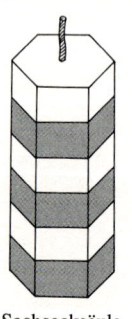

Sechsecksäule   Achtecksäule

Für Liebhaber: eine Dodekaeder-Kerze

Netz zum Ausschneiden. Eine Fläche für die Öffnung weglassen.

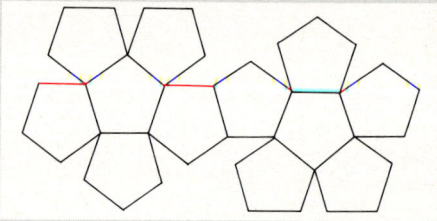

Fertige Dodekaederform.

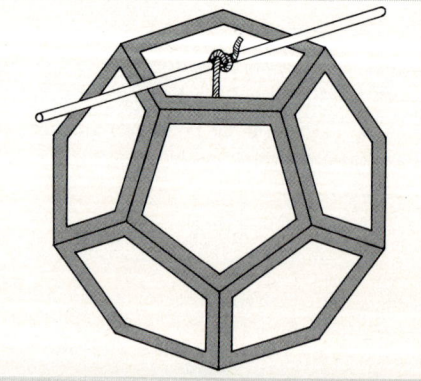

Ein oben offener Dodekaeder eignet sich auch als Windlicht.

Gefäße und Behälter

Gefäße und Behälter haben sehr viele verschiedene (geometrische) Formen, die für den jeweiligen Zweck praktisch bzw. funktionsgerecht sind.

– Vasen (Welche Blumen passen am besten dazu? Zeichne einen Strauß!)

– Eimer und sonstige Behälter (Welche Funktionen erfüllen sie?)

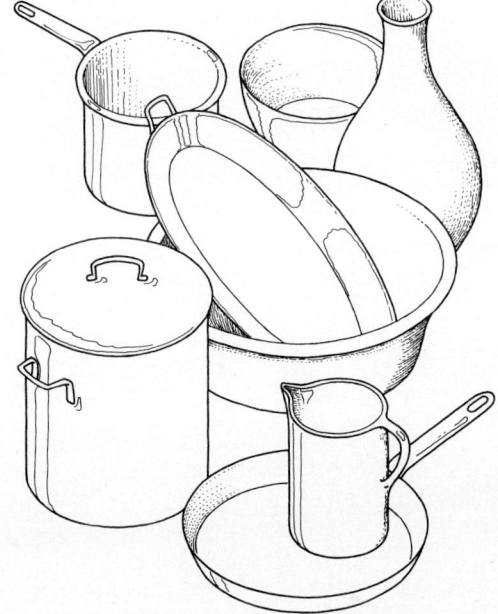

– Gläser, Becher, Tassen (Was trinkt man am besten woraus?)

– Welche Gießkanne ist besser geeignet?

- Mit Joghurtbechern Geräusche machen, eine Musikkapelle zusammenstellen!
- Es gibt viele weitere Möglichkeiten für Musik- oder Geräuschinstrumente. Erfinde sie und probiere aus!

mit Reis (Erbsen, Linsen, ...) füllen und mit Tesa zusammen kleben

als Trommel

mit Gummi und Knopf zum Schnippsen

mit Gummis zum Zupfen

zum Zusammenschlagen

mit dem Kamm als Ratsche

Zwischenbemerkung für die Leserin:

Bei der Schattengeometrie werden Eigenschaften von Figuren untersucht, die bei Abbildungen durch parallele Lichtstrahlen (angenähert durch Sonnenlicht) oder durch Punktlicht (angenähert durch eine Halogentaschenlampe) unverändert bleiben. Neben der Art und der Lage der Lichtquelle ist auch die gegenseitige Lage von Originalebene (Gegenstand) und Bildebene (Schatten des Gegenstandes) ausschlaggebend. Nachfolgend eine (mathematische) Übersicht über die Eigenschaften möglicher (Schatten-) Abbildungen und deren Bezeichnungen (vgl. BAUERSFELD u.a.: alef 4, Hannover 1972):

Originalebene (O) und Bildebene (B) liegen	parallel	parallel	nicht parallel	nicht parallel
Art des Lichts	Sonnenlicht	Punktlicht	Sonnenlicht	Punktlicht
Bleibt Parallelität erhalten?	ja	ja	ja	nein
Bleiben Winkelgrößen erhalten?	ja	ja	nein	nein
Bleiben Streckenlängen erhalten?	ja	nein	nein	nein
Mögliches Bild zu	□	□	□	▱	▱
Bezeichnung der Abbildung	kongruente Abb.	ähnliche Abb.	affine Abb.	projektive Abb.

Licht und Schatten
- Warum wandert der Schatten?

- Untersuche mit einer Taschenlampe die Schatten einer Streichholzschachtel, eines dreieckigen Plättchens, einer Kugel! Was kannst du beobachten?

- Wo und wie steht jeweils die Sonne?

- Wie mußt du ein quadratisches Plättchen in das Sonnenlicht (vor eine Taschenlampe) halten, damit der Schatten ein Viereck mit möglichst großem (kleinem) Flächeninhalt wird? Welche Viereckformen kann man als Schatten erzeugen?
- Hier sind Schattenbilder einiger Körper. Welche Körper könnten das sein?

- Schneide aus Pappe ein Quadrat aus. Bohre ein Loch durch den Mittelpunkt. Untersuche, ob das Loch auch Mittelpunkt der Schattenbilder bleibt!
- Zeichne mit einem schwarzen Stift Kurven und Linien auf eine Glasscheibe, z.B.:

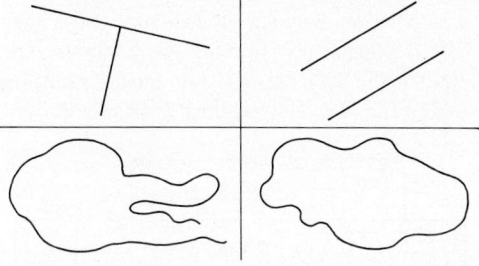

Untersuche, ob bei den Schattenbildern die Eigenschaften (geschlossene Kurve, offene Kurve, Parallelität, senkrecht zueinander sein) erhalten bleiben.

Bau eines Fernrohres, mit dem man um die Ecke sehen kann

Aus Spielerfahrungen wissen die Schüler, daß man Sonnenstrahlen (Lichtstrahlen) mit Hilfe eines Spiegels in verschiedene Richtungen lenken kann. Untersuchungen dazu:

- Wie muß man den Spiegel halten, damit die Sonnenstrahlen möglichst genau in einem rechten Winkel gespiegelt werden?
- Kann man die Sonnenstrahlen zur Sonne zurückspiegeln? Kann man das Spiegelbild mit einem zweiten Spiegel wieder ‚umleiten'? ...

Mit Hilfe eines Spiegelkastens (Periskop) kann man um die Ecke sehen. Die Strahlen fallen durch ein Fenster und treffen auf den dort befestigten, schrägen Spiegel. Dieser lenkt die Strahlen in einem rechten Winkel ab und lenkt sie auf einen zweiten schräggestellten Spiegel. Durch diesen kann man das Bild ‚um die Ecke' sehen.

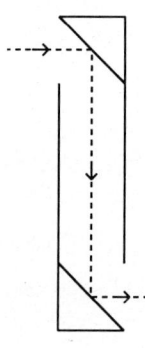

Material:

- Zwei gleich große, rechteckige Taschenspiegel (z.B. 7 cm lang und 4 cm breit),
- Pappe oder Karton,
- Alleskleber und Tesafilm.

Bauanleitung:

- Zeichne den Bauplan auf die Pappe und schneide ihn dann aus. Beachte die Klebestreifen! Falze die Knickstellen mit einem stumpfen Messer o.a. an einem Lineal entlang vor.

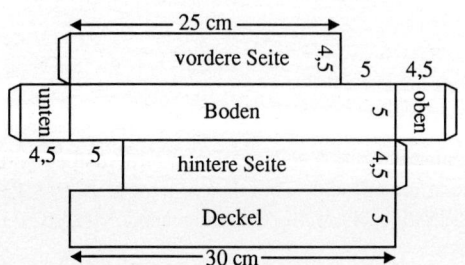

- Falte den Kasten und klebe bis auf den Deckel alle Wände zusammen.

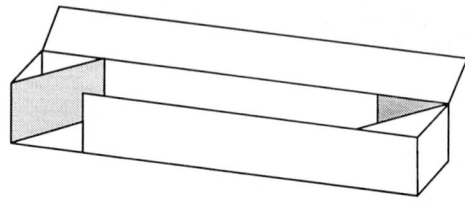

- Setze mit Hilfe des Tesafilms die beiden Spiegel ‚über Eck' ein (vgl. nachfolgende Skizze dazu). Klebe zuletzt den Deckel fest.

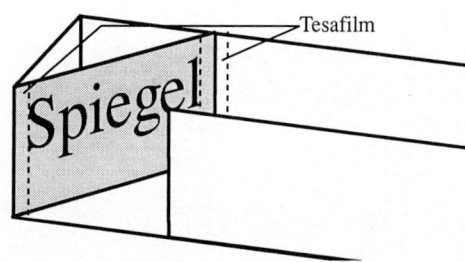

Schau mit dem Periskop aus dem Fenster, ohne daß dich jemand von draußen sehen kann. Beobachte damit scheue Tiere ... . Schau niemals mit dem Periskop in die Sonne! Warum nicht? Wann benötigt man in einem Unterseeboot ein Periskop?

Es gibt zahlreiche Erfahrungsfelder zur Umwelterschließung, wobei Gesichtspunkte mehrerer Unterrichtsfächer immer gleichzeitig berücksichtigt werden können. Derart fächerübergreifende Vorhaben ermöglichen Mathematiklernen in Sinnzusammenhängen und weniger als isoliertes Leistungsfach mit gekünstelten Anwendungen (Sachrechnen). Dabei wird auch deutlich, daß zur Umwelterschließung durch die Grundschüler eher geometrische Aspekte bzw. Einsichten notwendig sind als die arithmetischen (Rechnenkönnen). Ohne Frage ist das Erkennen der Beziehungen und Strukturen der Umwelt eine notwendige Voraussetzung für das selbständige Handelnkönnen des einzelnen.

Verpackungen

– In der Post sammeln sich viele verschiedene Pakete und Päckchen.
Welche geometrischen Körperformen kannst du erkennen? Was könnte in den einzelnen Päckchen sein?

– Ein Päckchen will richtig verpackt sein:

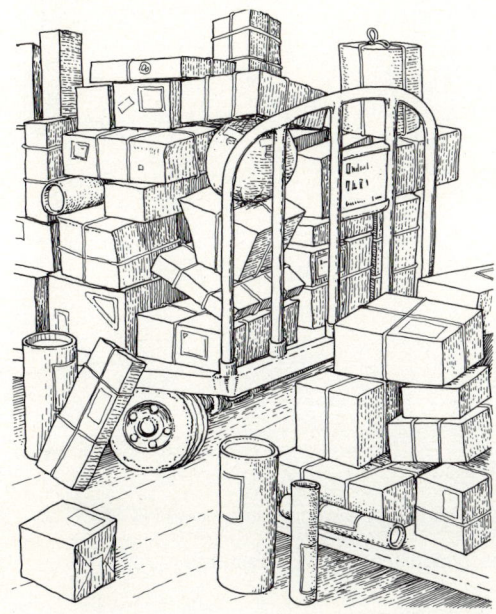

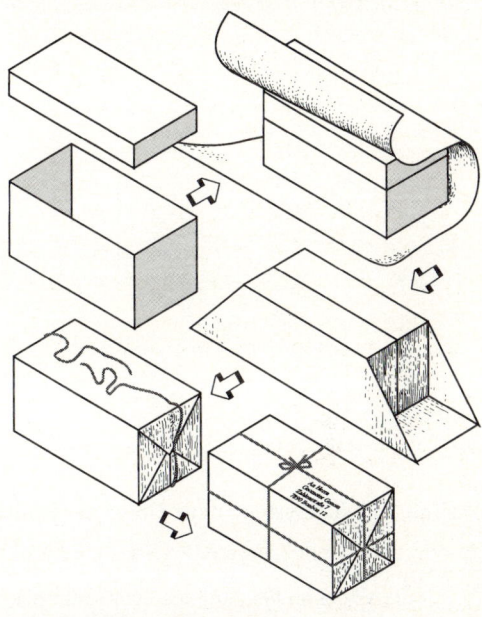

– Wir stellen eine Schachtel mit Deckel aus Kartonpapier her. Wie können wir das machen?

– Päckchen und Pakete sollten verschnürt werden. Wieviel Band muß man von der Bandrolle abmessen und abschneiden? Wieviel Band ist zum Verschnüren dieser Pakete notwendig?

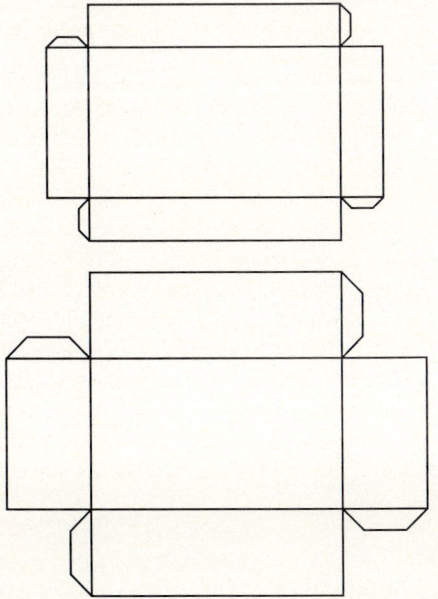

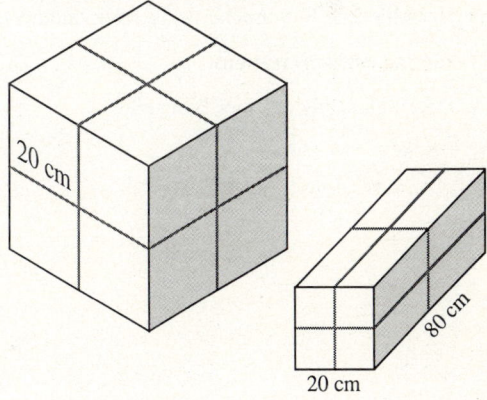

– Welche Abmessungen kann das Paket haben?
Verbrauch:
1,20 m Band

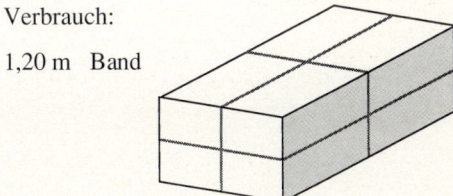

– Weihnachten verschenkt Jens drei Pakete. Er hat sie mit schönem Papier eingewickelt und möchte sie noch mit rotem Band verschnüren. Für jede Schleife an einem Päckchen benötigt er zusätzlich 50 cm Band.

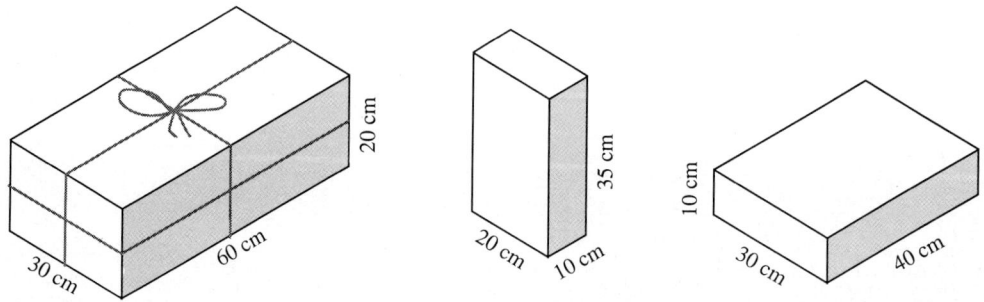

Weitere Erfahrungsfelder zur Umwelterschließung:

* Wir planen zum nächsten Schulfest eine Ausstellung.
* Für die Vögel im Winter bauen wir Futterplätze.
* Mein Zimmer soll neu eingerichtet werden (oder: Wir ziehen um).
* Auf dem Schulhof sollen Spielfelder, Spielmuster ... gezeichnet werden.
* Wir falten Papierflieger . Welches Modell fliegt am schnellsten, am weitesten...?
* Wir gestalten einen Spielplatz.
* Verschiedene Flugdrachen entwerfen und herstellen.
* Wir bauen ein Terrarium.
* Unterrichtsgang zu einer Baustelle.

u. v. a. m.

3.2 Handlungserfahrungen mit Körperformen

Ja, was ist Geometrie?... Schon das Ordnen von Raumerfahrungen ... ist Geometrie.
H. Freudenthal 1978

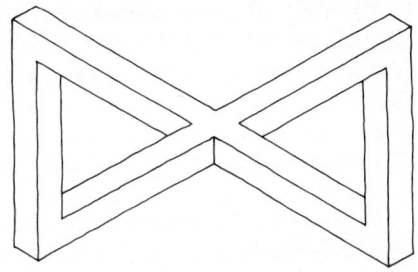

3.2.1 Rund um den Würfel: Bauen und Zeichnen

Beispiele für erfahrungs- und umweltbezogenes Lernen:

- Sortiere Gebrauchsgegenstände/Verpackungsmaterial nach der Form: Würfel, Quader, Kugel, Zylinder, Pyramide, Kegel. Beschreibe und vergleiche.

- Lege eine Kugel, ein Holzei, einen Würfel, einen Quader, ... auf ein Brett. Hebe das Brett an einer Seite hoch. Was beobachtest du?

- Knete Tiere, Häuser, ... aus Plastillin. Welche Formen treten dabei auf?

- Forme aus Plastillin einen Würfel und lege ihn in eine Schüssel voll Wasser. Der Würfel geht unter. Forme nun den Würfel zu einem offenen Kästchen mit dünner Wand. Lege das Kästchen vorsichtig auf das Wasser. Was fällt dir auf?

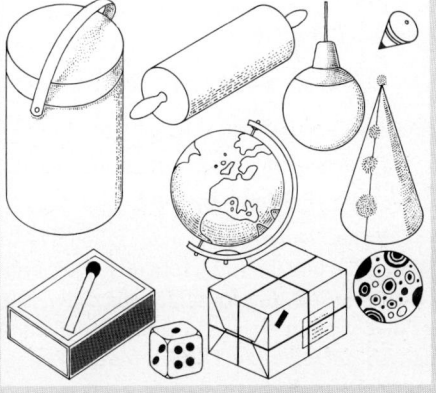

- Wo treten kugelförmige Gegenstände in unserer Umwelt auf? Apfelsine, Ball, Erbse, Murmel, ...

- Warum haben Tassen, Töpfe, Eimer, ... keine Würfel- oder Quaderform?

- Vergleiche einen Ball mit einem Ei: Der Ball ist gleichmäßig gekrümmt.

- Nenne Gegenstände der Umwelt, die die Form eines Würfels haben: Pflastersteine, Kisten, Kristalle (Kochsalz, Pyrit, ...), ...

- Was ist das: 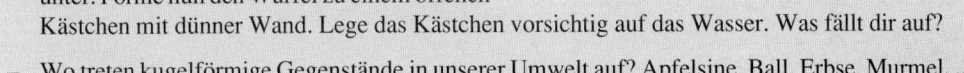 Sitzmöbel, Holzklotz, Würfel, Kiste, fehlerhafter Tennisball, ...

- Gibt es Dinge, die Würfel genannt werden, aber gar keine Würfel sind? Zuckerwürfel, Spielwürfel.

- Löse Kochsalz in einem Glas mit Wasser auf. Lege einen kleinen Stab auf das Glas und hänge daran einen Faden mit Knoten in die Lösung. Beim Verdunsten kristallisiert das Salz am Faden aus. Es entstehen lauter kleine Kochsalzkristalle in Würfelform.

- Suche und sammle Wörter/Sätze, in denen "Würfel" vorkommt: Würfelecke, Zuckerwürfel, Spielwürfel, Würfelspiel, würfeln, ...

- Suche und sammle Wörter/Sätze, in denen "Ecke" vorkommt: Hausecke, Eckzimmer, Zimmerecke, Spielecke, Käseecke, anecken, um die Ecke wohnen, um die Ecke bringen,...

Die Entwicklung der *Raumvorstellung* gehört zu den grundlegenden Aufgaben des Geometrieunterrichts. Dieser "soll dem Schüler helfen, sich in seiner von Formen, Figuren und Körpern mitbestimmten Umwelt mit Hilfe von Raumvorstellungen zurechtzufinden" (etwa: Rahmenrichtlinien Niedersachsen 1984, Seite 59). "Dabei ist unter Raumvorstellung nicht nur die statische Komponente des Sichvorstellenkönnens ebener und räumlicher Konfigurationen zu verstehen, sondern vor allem die dynamische Komponente" (FRIKKE/SCHWARTZE 1983, Seite 125). Diese umfaßt letztlich die Fähigkeit, Handlungen in Gedanken an vorgestellten Gegenständen auszuführen. In diesem Zusammenhang spricht man auch vom *geometrischen Denken*.

Eine gute Raumvorstellung ist auch in Beruf und Alltag von Vorteil, denken wir z.B. an das Zusammensetzen von Maschinenteilen, das Zusammennähen von Kleidungsstücken, das Aufstellen eines industrieverpackten Möbelstücks. Wer hat nicht schon beobachtet, daß das Auseinanderklappen eines Liegestuhls zu einem Abenteuer werden kann.

Die folgenden Anregungen und Übungen zur Entwicklung der Raumvorstellung dienen zugleich der Grundlegung wichtiger geometrischer Begriffe und Einsichten und setzen ein wenig Basteltalent voraus. Rohe Holzwürfel kann man aus einer Kantholzstange selbst herstellen oder auch kaufen (Firma Reinhard Hail, 7410 Reutlingen 28). Wer über das "Körperspiel" (BAUERSFELD 1973 a) verfügt, besitzt das nötige Material für viele Vorschläge.

3.2.1.1 Ein Unterrichtsbeispiel

Die folgende Unterrichtsstunde ist mehrfach im 3. und 4. Schuljahr mit großem Erfolg erprobt worden. Sie soll uns ermutigen, häufiger, besser regelmäßig geometrische Inhalte im Mathematikunterricht aufzugreifen. Danach werden Anregungen und Übungen angeboten, die einerseits dem Unterricht vorausgehen können, andererseits der Weiterführung dienen.

anschließend als Gebäude und stellte ein zweites Gebäude dazu (vgl. Foto 1).

Beide Gebäude wurden verglichen. Dabei tauchte der Begriff "Würfelturm" auf, der das Beschreiben der Unterschiede erleichterte: Beim Würfel-Gebäude gibt es neun gleich hohe Würfeltürme, beim anderen Gebäude sind die Würfeltürme nicht alle gleich hoch.

Foto 1: Sitzkreis: Die "Gebäude" werden verglichen.

 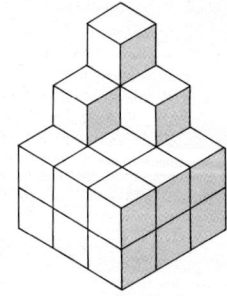

Die Stunde "Baupläne für Körper aus Würfeln" (vgl. RICKMEYER 1986) begann im *Sitzkreis* mit einer Wiederholung: Ecken, Kanten und Flächen wurden am Dreierwürfel (3x3x3-Würfel) noch einmal gezeigt. Die Lehrerin deutete den Würfel

Mit einem Hinweis auf die Tätigkeit von Architekten gab die Lehrerin den Anstoß zum Zeichnen eines Planes. Monika schlug vor: "Wir müssen den quadratischen Grundriß umrahmen." Andreas entgegnete: "Umrahmen reicht nicht." Die Frage nach dem Aussehen der Gebäudeunterseiten führte zu einer Ergänzung der Umrisse:

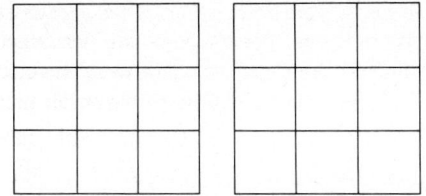

Doch die Unterschiede wurden erst deutlich, als Peter dazwischenrief: "Die kleinen Würfel zählen und dareinschreiben!" Er zeigte den anderen, wie er es meinte. Gemeinsam wurde dann weiter ausgefüllt:

3	3	3
3	3	3
3	3	3

4	3	2
3	2	2
2	2	2

Die Baupläne waren mit nur wenigen Hilfen von den Kindern angefertigt worden. Zur Vertiefung wurde der Plan eines weiteren Gebäudes erstellt und umgekehrt nach einem vorgegebenen Plan gebaut (Foto 2).

Hier siehst du 4 Baupläne. Überlege zuerst, wie die Gebäude aussehen. Baue dann.

a)

1	1	1	1	1
1	2	2	2	1
1	2	3	2	1
1	2	2	2	1
1	1	1	1	1

b)

2	2
2	2

c)

1	5
2	4
3	3
4	2
5	1

d)

				1
			1	2
		1	2	3
	1	2	3	4
1	2	3	4	5

Dann wurden die Aussagen durch Nachbauen überprüft. Jeweils ein Partner spielte den Architekten und verfolgte auf dem Bauplan, ob der andere richtig baute (Foto 3).

Foto 2: Sitzkreis: Kinder bauen mit Hilfe eines Bauplanes ein Gebäude.

Foto 3: Partnerarbeit: Der "Architekt" prüft, ob der Partner richtig baut.

Nun begann die *Partnerarbeit*. Jede Gruppe erhielt einen Satz Holzwürfel, jedes Kind einen fertigen Bauplan (vgl. Abb. oben rechts).

Es war erstaunlich, wie schnell die Kinder die Gebäude allein aufgrund der Baupläne erkannten: Pyramide (a); Zweierwürfel (b); Doppeltreppe, die beiden Teile sind identisch (c) und Seitwärtstreppe mit Ecken (d).

Wer mit dem Nachbauen fertig war, stellte eigene Gebäude her mit den zugehörigen Plänen. Mit viel Phantasie und Hingabe entstanden formenreiche Bauten (Foto 4).

Am Schluß der Stunde wurden an der Tafel zeichnerisch dargestellte Würfelkörper den entsprechenden Bauplänen zugeordnet (Foto 5).

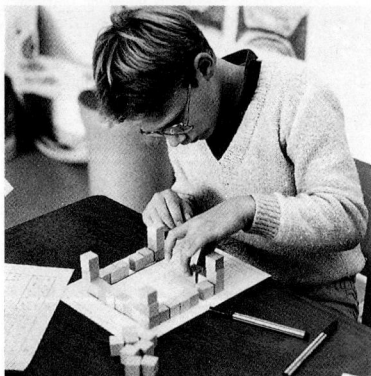

Foto 4: Einzelarbeit: "Der Burgenbauer".

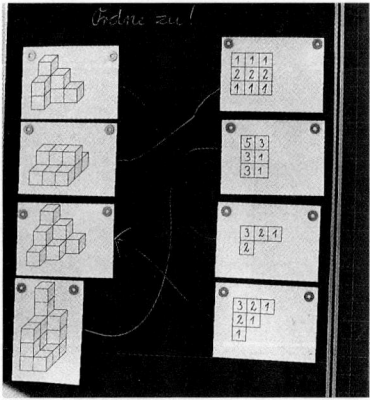

Foto 5: Tafelarbeit: An der Tafel werden gezeichnete Würfelkörper den Bauplänen zugeordnet.

Die Begründung für die jeweilige Zuordnung wurde mit Hilfe des Begriffs "Würfelturm" vorgenommen.
Der Verlauf der Stunde wurde nicht nur von fachinhaltlichen Lernzielen wie den Eigenschaften des Würfels oder der Vorbereitung des Begriffs "Volumen" bestimmt, sondern weitgehend von fachbezogenen und fachübergreifenden Zielen:

- Mit dem Vergleichen, Sortieren, Ordnen von Gegenständen werden Prozesse des *elementaren Denkverhaltens* angesprochen.

- Mit dem Entwerfen von Bauplänen wird ein *Verfahren zum Lösen eines geometrischen Problems* gewonnen.

- Das Beschreiben von Würfelkörpern und Lagebeziehungen schärft nicht nur die sprachlichen Mittel des einzelnen Kindes, sondern fördert insgesamt die *sprachliche Kommunikation* der Kinder untereinander.

- Das gemeinsame Angehen und Lösen eines Problems, das Einanderzuhören, das Miteinander- und Voneinanderlernen sind Grundelemente des *sozialen Lernens,* dienen dem gegenseitigen Verständnis und der gegenseitigen Rücksichtnahme.

- Das freie Bauen von Würfelkörpern fördert *Phantasie* und *Kreativität.*

- Das Übertragen von Körpern in Baupläne und umgekehrt vertieft die Fähigkeiten zur *Raumvorstellung.* Das erstaunlich schnelle und sichere Erkennen von Gebäuden allein aufgrund der Baupläne zeigt Ansätze zur *Kopfgeometrie* (vgl. Seite 144), denn das Erkennen verlangt u. a. die stückweise Konstruktion eines Körpers in der Vorstellung.

Male zuerst jeden der drei Körper verschiedenfarbig an.

Auf welchen Platz (Grundriß) kann man die Körper stellen?

Färbe den Platz in der Farbe des Körpers.

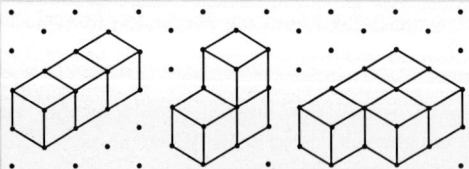
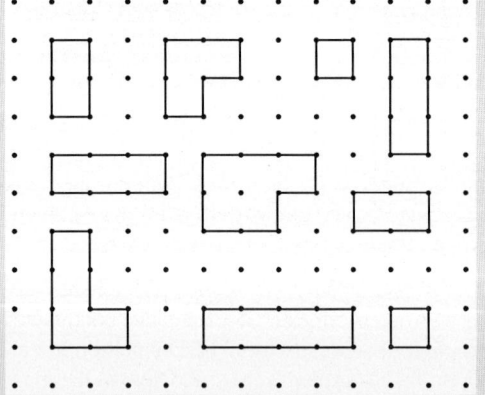

3.2.1.2 Was geht voraus?

Gemeint sind hier nicht die unmittelbaren Voraussetzungen für die soeben beschriebene Unterrichtsstunde aus dem 3./4. Schuljahr. Gemeint sind grundlegende geometrische Aktivitäten für die vorangehenden Schuljahre. Dabei dürfen die Anregungen und Übungen zur räumlichen Geometrie nicht isoliert gesehen werden, sondern verzahnt mit analogen Bemühungen in der Ebene.

Würfel und andere Körperformen

Bei Schuleintritt verfügen die Kinder in der Regel über sehr unterschiedliche Vorkenntnisse, da die Lernumgebungen sich oft erheblich voneinander unterscheiden. Deshalb ist es um so wichtiger, bestimmte Materialien in der Matheecke des Klassenzimmers bereitzuhalten, damit Erfahrungen nachgeholt, Lücken geschlossen werden können. Das erleichtert das Anknüpfen an das Vorwissen der Kinder. Anknüpfen bedeutet: wiederholen, bewußt machen, vertiefen. Dazu ein Beispiel aus dem Unterricht:

Im Sitzkreis liegen Bälle, Murmeln, Erbsen, Streichholz- und Seifenschachteln, Schuhkartons und würfelförmige Körper oder Verpackungen. Die Kinder vergleichen, unterscheiden, sortieren und begründen ihre Einteilung: Bälle, Murmeln und Erbsen gehören zusammen, weil sie rund sind. Die restlichen Dinge gehören zusammen, weil sie kantig und eckig sind. Behutsam werden die Eigenschaften versprachlicht.

Die obige Klassifizierung wird verfeinert: Kann man die eckigen Körper noch einmal in zwei Sorten einteilen? Beim Würfel sind alle Kanten gleich lang; usw.

Nenne weitere Dinge, die die Form eines Würfels, eines Quaders, einer Kugel haben.

Je nach Zielsetzung wird man weitere Körperformen einbeziehen.

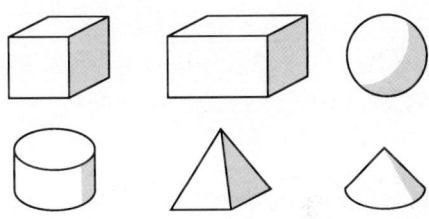

Daran können sich Übungen zum Erkennen und Beschreiben von Körpern anschließen: Ein Körper wird unter einem undurchsichtigen Tuch versteckt. Durch Abtasten wird der Name des Körpers bestimmt. Oder: Zwei Kinder sitzen Rücken an Rücken. Das eine Kind bekommt einen Körper in die Hand und muß ihn beschreiben, ohne den Namen zu erwähnen. Das andere Kind muß aufgrund dieser Beschreibung den Namen dann herausfinden.

Für die visuelle Wahrnehmungsfähigkeit sind auch Übungen bedeutsam, die das Wiedererkennen eines Körpers in verschiedenen Raumlagen schulen, wie das folgende dänische Beispiel verdeutlicht (nach BOLLERSLEV 1985):

Auch Übungen zum Erkennen der Raum-Lage-Beziehung eines Gegenstandes zum Wahrnehmenden fördern die visuelle Wahrnehmungsfähigkeit:

Auf dem Tisch liegt ein Blatt Papier, auf dem ein Würfel, ein Quader und ein Kegel stehen. Rolf: "Wenn ich von vorn schaue, steht der Kegel in der Mitte, der Würfel links hinter dem Kegel, der Quader rechts vor dem Kegel."

Schaue von hinten, von links, von rechts! Lisa sagt: "Von meinem Platz sehe ich den Quader links vor dem Kegel, ..." Wo steht Lisa? Natürlich lassen sich Würfel, Quader, Kegel ersetzen durch Turm, Kirche, Hochhaus, ...

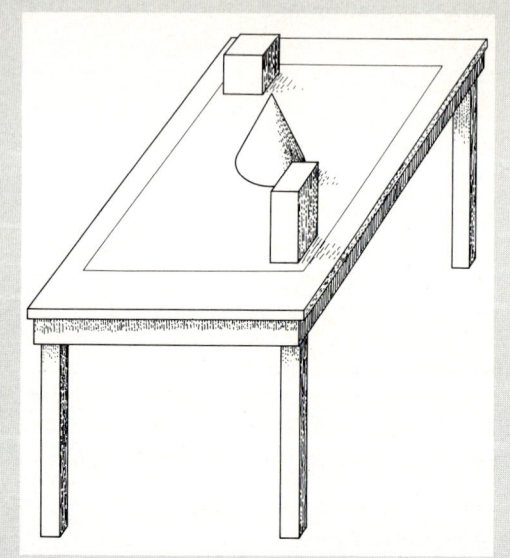

Freies Bauen mit Würfeln

Ausgangspunkt für das Entwickeln von Fähigkeiten und für das Gewinnen von Einsichten ist das Sammeln von Erfahrungen über das Handeln mit konkretem Material. Sehr schnell beginnen Kinder, Körper aus Würfeln zu bauen, die sie als Turm, Treppe, Pyramide, Auto oder Haus deuten.

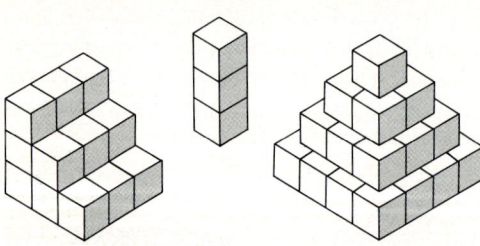

Kinder sind beim Bauen sehr erfinderisch, bauen aber auch nach, was sie am Nachbartisch sehen. Beim Nachbauen empfiehlt es sich, auch zeichnerische Vorlagen anzubieten. Hierbei wird insbesondere eine Verbindung zwischen der zweidimensionalen Darstellung und dem dreidimensionalen Gebilde gestiftet. Derartige Übungen verbessern zudem das Lesen von Zeichnungen.

Die Frage nach der Anzahl der Würfel für den Bau der Treppe dient nicht in erster Linie dem Zählen oder Rechnen, sondern soll noch einmal bewußt machen, wo überall Würfel in der Treppe auftreten: auch an Stellen, die nach Fertigstellung nicht mehr einsehbar sind.

Nahezu beiläufig erfahren oder wiederholen die Kinder, daß Würfel Ecken, Kanten und Flächen haben, daß bestimmte Kanten parallel bzw. senkrecht zueinander sind, ohne daß alle Begriffe hier schon thematisiert werden müssen.

Würfel aus Würfeln

Wir unterscheiden je nach Anzahl der Würfel an einer Kante Zweierwürfel, Dreierwürfel, usw.

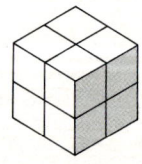 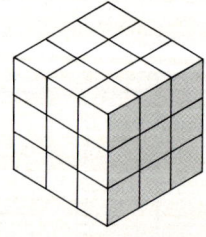

Die Tatsache, daß man 8 Würfel zum Bau des Zweierwürfels braucht und nicht etwa 4 Würfel, wie gelegentlich geäußert wird, ist offensichtlich nicht unmittelbar einleuchtend.

Aus wie vielen Würfeln besteht wohl der Dreierwürfel oder der Viererwürfel (Verzahnung mit Arithmetik)?

Es sei noch angemerkt, daß mit derartigen Aufgabenstellungen der grundlegende Vorgang des Messens bei der Volumenbestimmung im späteren 5. Schuljahr durch das Bauen und Zerlegen von Würfeln aus Würfeln auf handelnder Grundlage angebahnt wird.

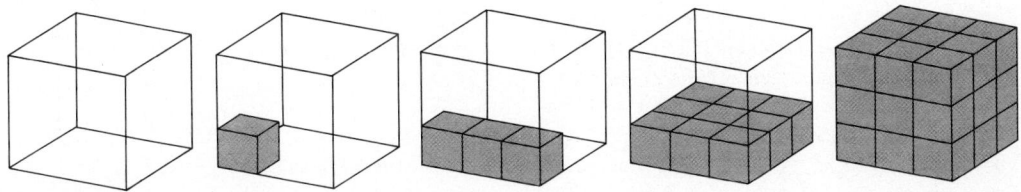

Anregungen rund um den Zweierwürfel

Zur Vorbereitung werden 8 Würfel zu einem Zweierwürfel zusammengestellt. Dieser Zweierwürfel wird nun rundum rot angestrichen, auch die Grundfläche! Die restlichen, innenliegenden Flächen werden gelb gefärbt.

Ohne das Material zu wechseln, lassen sich zahlreiche Aufgaben stellen: Baue einen Würfel, der rundum rot ist, der rundum gelb ist, dessen Flächen jeweils ein Schachbrettmuster aufweisen, usw. (vgl. dazu den Abschnitt "Materialien")

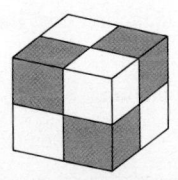

Findige werden sehr schnell weitere Möglichkeiten entdecken. Für die Entwicklung der Raumvorstellung ist es wesentlich, daß die Kinder vielfältige Erfahrungen zum Zusammensetzen, Zerlegen, Ordnen, Sortieren sammeln können.

Dabei sollte nicht nur nach vorgegebenen Regeln gebaut werden. Gerade diese Art von Aufgaben bietet dem Kinde die Chance, eigene Regeln, eigene Baumuster zu entwerfen und zu erproben. Hier kann das Kind seine *Kreativität* einbringen. Innere Differenzierung geht hier vom Kind aus!

---

(1) Male acht Holzwürfel so mit den Punktmustern,

an, daß jedes Punktmuster genau zweimal auftritt und gegenüberliegende Flächen die Augensumme 4 haben.

(2) Baue einen Zweierwürfel so, daß auf jeder Fläche jeder Teilwürfel dieselbe Augenzahl hat. Wie groß ist die Augensumme der Außenflächen beim Zweierwürfel? Wie groß ist die Augensumme der Innenflächen?

(3) Baue einen Zweierwürfel so, daß sich auf jeder Fläche dieselbe Augensumme ergibt.

(4) Erfinde selbst weitere Aufgaben!

(5) Male acht Holzwürfel jeweils wie einen Spielwürfel an mit den Punktmustern von 1 bis 6. Beachte, daß die Augensumme gegenüberliegender Flächen 7 betragen muß. Löse nun Aufgabe (2) und (3) mit diesen Würfeln.

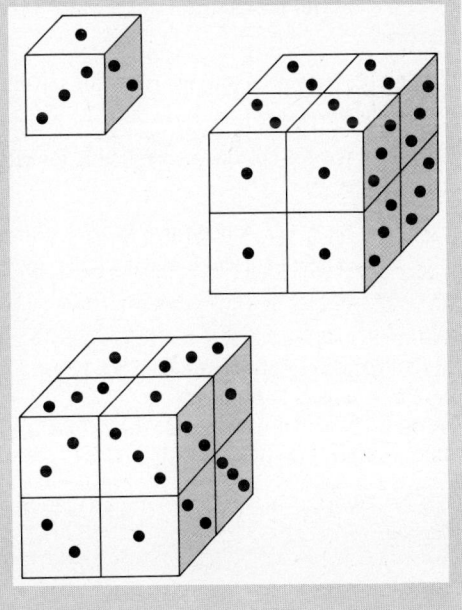

Anregungen rund um den Dreierwürfel

Zur Vorbereitung werden 27 Würfel zu einem Dreierwürfel zusammengestellt. Dieser Dreierwürfel wird rundum rot angestrichen. Die erste Aufgabe lautet dann: Baue einen rundum roten Dreierwürfel. Diese Tätigkeit liefert eine Reihe grundlegender Erfahrungen. Als Eckwürfel kommen nur solche mit drei roten Flächen in Frage. Die drei roten Flächen stoßen in einer Ecke zusammen. Die Kantenwürfel weisen zwei rote Flächen auf, die in einer Kante aneinandergrenzen. Flächenwürfel besitzen nur eine rote Fläche.

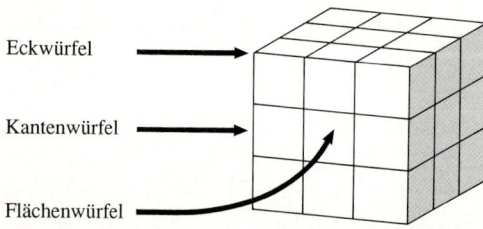

Kinder bemerken sehr bald, daß man beim Bauen keine roten Flächen verschwenden darf: "Hier haben wir eine rote Fläche verschenkt." "Der muß an der Ecke sein, den verbauen wir nicht." Die Kinder beginnen eine Strategie zu verfolgen: Sie sortieren die Würfel nach der Anzahl der roten Flächen.

Es gibt 8 Würfel (Eckwürfel) mit jeweils 3 roten Flächen.

Es gibt 12 Würfel (Kantenwürfel) mit jeweils 2 roten Flächen.

Es gibt 6 Würfel (Flächenwürfel) mit jeweils 1 roten Fläche.

Die Frage nach der Anzahl der Würfel mit drei roten Flächen zielt auf die Frage nach der Anzahl der Ecken, usw.

Bestimmt man nun die Anzahl der Würfel aller drei Sorten, so ergibt sich die Zahl 8 + 12 + 6 = 26. Der Dreierwürfel besteht jedoch aus 3 · 3 · 3 = 27 Würfeln. Beim Sortieren nach roten Flächen ist also ein Würfel vergessen worden:

Es gibt 1 Würfel (Innenwürfel) mit genau 0 roten Flächen.

Die Ergebnisse lassen sich in einer Tabelle zusammenfassen:

Anzahl der roten Flächen	0	1	2	3	4	5	6	7
Anzahl der Würfel	1	6	12	8	0	0	0	0

Warum gibt es eigentlich keinen Würfel mit 4, 5, 6 oder 7 roten Flächen?

Hier werden aber nicht nur Begriffe wie Würfel, Ecke, Kante und Fläche wieder aufgegriffen, nicht nur Kenntnisse zur Anzahl der Ecken usw. vertieft. Läßt man den Würfel in *Partnerarbeit* erstellen, ergeben sich zahlreiche Möglichkeiten zum Argumentieren, zum Begründen, zum gemeinsamen Entwickeln und Verfolgen von *Strategien:* Erst die Würfel nach der Anzahl roter Flächen sortieren, dann mit dem Bauen beginnen.

Auch beim Dreierwürfel läßt sich die Aufgabenstellung ohne Materialwechsel leicht variieren:

– Baue einen Dreierwürfel, der rundum nicht-rot ist.

Oder:

– Baue einen Dreierwürfel. Jede Fläche soll wie rechts abgebildet aussehen.

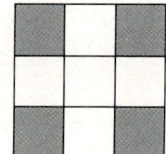

Weitere Flächenmuster:

Wie schon beim Zweierwürfel gibt es auch hier viele Möglichkeiten für kreatives Arbeiten. Auch hier bestimmt das Kind die innere Differenzierung: Je nach seinem Anspruch, seiner Fähigkeit wird es einfachere oder kompliziertere Muster entwerfen.

Verfügt man über mehrere Farben, sind der Phantasie kaum Grenzen gesetzt. Das "Körperspiel" enthält u. a. 27 Würfel, die man so zu einem Dreierwürfel zusammensetzen kann, daß dieser rundum ganz rot oder ganz gelb oder ganz blau ist. Natürlich kann man die obigen 27 Würfel auch selbst nach dem folgenden Färbeplan so einfärben (BAUERSFELD 1973 a, Seite 9).

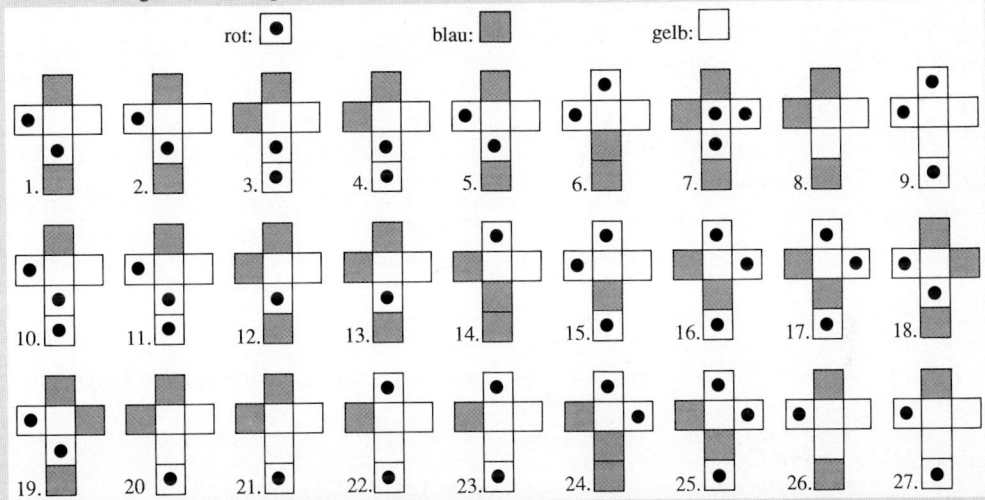

Auf den ersten Blick mag es erstaunlich sein, daß aus denselben 27 Würfeln einmal ein roter, einmal ein blauer und schließlich noch ein gelber Dreierwürfel entstehen kann. Eine schlichte Rechnung mag das erhellen. Einerseits besteht der Dreierwürfel aus 27 Teilwürfeln, die je sechs Flächen aufweisen. Insgesamt sind also 27 · 6 = 162 Flächen vorhanden, die zu färben sind. Andererseits hat der Dreierwürfel sechs Flächen mit je neun quadratischen Feldern. Folglich müssen 6 · 9 = 54 Flächen rot sein. Dasselbe würde für blau und gelb gelten, so daß 3 · 54 = 162 Flächen farbig sind. Der obige Färbeplan beweist die Existenz einer Einfärbung mit 3 verschiedenen Farben im angegebenen Sinne.

Nachbarwürfel

Zwei Würfel heißen *Nachbarwürfel* oder liegen *benachbart,* wenn sie eine volle Seitenfläche gemeinsam haben.

In dieser Anordnung hat jeder Würfel genau einen Nachbarwürfel.

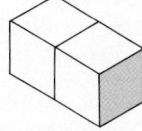

Hier haben zwei Würfel genau einen Nachbarwürfel; ein Würfel aber besitzt zwei Nachbarwürfel.

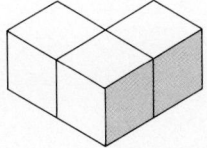

Baue nun einen Würfel aus kleineren Würfeln. Jeder kleine Würfel soll genau drei Nachbarwürfel besitzen. Das Ergebnis überrascht: Es ist der bekannte Zweierwürfel.

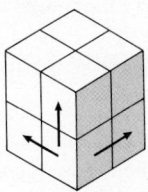

Das ermuntert zu fragen, ob auch beim Dreierwürfel alle Würfel drei Nachbarwürfel haben. Die nachfolgende Tabelle zeigt, daß die Verhältnisse hier anders liegen:

Anzahl der Nachbarwürfel	0	1	2	3	4	5	6	7
Anzahl der Würfel	0	0	0	8	12	6	1	0

Es gibt 8 Würfel mit jeweils 3 Nachbarwürfeln. (Eckwürfel)

Es gibt 12 Würfel mit jeweils 4 Nachbarwürfeln. (Kantenwürfel)

Es gibt 6 Würfel mit jeweils 5 Nachbarwürfeln. (Flächenwürfel)

Es gibt 1 Würfel mit 6 Nachbarwürfeln. (Innenwürfel)

Warum gibt es eigentlich keinen Würfel mit 0, 1, 2 oder 7 Nachbarn?

Vergleicht man diese Aufgabe mit der des rundum roten Dreierwürfels, so entdeckt man interessante Zusammenhänge: Die 8 Würfel, die drei rote Flächen aufweisen, haben auch jeweils drei nicht-rote Flächen. An diesen Flächen liegen die Nachbarwürfel. Die 12 Würfel mit zwei roten Flächen haben je vier nicht-rote Flächen. Das erklärt, warum es genau 12 Würfel mit vier Nachbarwürfeln gibt, usw.

3.2.1.3 Wie geht es weiter?

Die neue Idee, die in der Unterrichtsstunde entdeckt und entwickelt wird, ist das zeichnerische Darstellen von Körpern aus Würfeln. Der Umgang mit Bauplänen läßt nun vielfältige Aufgabenstellungen zu.

– Baue verschiedene Gebäude mit 4 Würfeln. Zeichne jeweils den zugehörigen Bauplan.

Diese Aufgabe zählt zu den *offenen Aufgaben*. Sie ist *offen hinsichtlich des Lösungsweges:* Durch einfaches Probieren gelangt jedes Kind sehr schnell zu mindestens einer Lösung. Natürlich kann man auf diesem Wege auch zu sämtlichen Lösungen gelangen.

Durch Ausdenken und Anwenden einer *Strategie* (hier: fallunterscheidende Konstruktion) findet man sämtliche Lösungen:

1. Fall: Das Gebäude steht auf einem Feld.

Eine Lösung: 4

2. Fall: Das Gebäude steht auf zwei Feldern.

Zwei Lösungen: 2 2   1 3

(Man beachte, daß

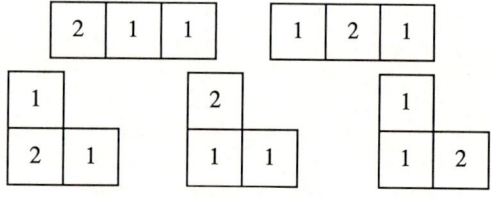

nur verschiedene Lagen desselben Gebäudes sind.)

3. Fall: Das Gebäude steht auf drei Feldern.

Fünf Lösungen:

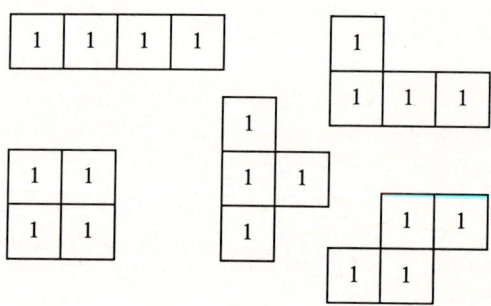

4. Fall: Das Gebäude steht auf vier Feldern.

Fünf Lösungen:

Insgesamt gibt es also 13 verschiedene Lösungen.

Die Aufgabe ist somit auch *offen hinsichtlich der Anzahl der Lösungen.* Jedes Kind findet Lösungen und hat sein Erfolgserlebnis.

Bei derartig offenen Aufgaben vollzieht sich die *Differenzierung* während der Bearbeitung und wird vom Kinde bestimmt.

Daneben ist die Aufgabe geeignet, die Einsicht in die Invarianz des Volumens zu fördern, die Einsicht, daß der Rauminhalt (hier) eines Würfelkörpers sich nicht ändert, wenn man die Würfel anders zusammensetzt (DAUMENLANG 1969).

– Betrachte den Bauplan und baue nach. Das Gebäude soll gestrichen werden. Wie viele quadratische Felder (ohne Unterseite) sind zu streichen? (20 Felder)

2	2
2	2

– Wie viele Felder sind hier zu streichen? Überlege erst am Bauplan. Baue dann und überprüfe dein Ergebnis.

2	3
2	

– Baue ein Gebäude mit einer Außenfläche von 11 Feldern.

– Baue die folgenden Gebäude nach:

| 1 | 1 | 1 | 1 | 1 | 1 | 1 | 1 |

Die Gebäude sollen in der angegebenen Reihenfolge gestrichen werden. Wie viele Felder sind jeweils zu streichen? (5, 8, 11, ...) Fällt dir etwas auf? (Mit jedem weiteren Würfel kommen drei Felder dazu).

Löst man sich von der Deutung als Gebäude und betrachtet die Würfelanordnungen einfach als Bausteine oder Körper, die rundum gestrichen werden, so zielen die obigen Aufgaben auf den Begriff *Oberfläche eines Körpers* und auf den fundamentalen Vorgang des Messens (der Oberfläche mit quadratischen Feldern).

Die Zahlenfolge zur letzten Aufgabe lautet dann 6, 10, 14, ... Mit jedem Würfel kommen vier Felder dazu.

Auf einen weiteren Vorteil des Arbeitens mit Würfeln und Bauplänen sei noch hingewiesen. Die Aufgaben erlauben eine zunehmende Abstraktion hinsichtlich der Anforderungen an die Raumvorstellung und eröffnen damit Möglichkeiten für eine methodische Differenzierung:

• Operieren an wirklichen Gegenständen. Etwa: Zählen der Felder am aufgestellten Gebäude;

• Operieren an nur im Bauplan gezeichneten Gebäuden; hier muß man sich wesentliche Teile des Gebäudes vorstellen, doch kann der Bauplan als Zählstütze dienen.

• Operieren an vorgestellten Gegenständen. Durch nachträgliches Bauen lassen sich Ergebnisse überprüfen, lassen sich Aspekte von Raumvorstellung kontrollieren. Hier zeichnen sich vorzügliche Ansatzpunkte für die Kopfgeometrie (vgl. Kapitel 4.2) ab.

– *Partnerarbeit:* Zwei Kinder sitzen Rücken an Rücken. Ein Kind baut mit Würfeln und beschreibt sein Vorgehen. Das andere Kind baut aufgrund der Beschreibung nach.

Aufgaben dieser Art, die ganz wesentlich sprachgebunden sind, deren Gelingen u. a. eine treffende Beschreibung voraussetzt, werden nicht von allen Kindern hinreichend bewältigt. Sie dienen der Differenzierung, zumal das Vertauschen von rechts und links zusätzliche Schwierigkeiten einbringt.

– Wie viele Kanten hat das Gebäude in Bauplan?

1	1	1
1	2	1
1	1	1

Wie schwer sind die Gebäude?
Ein Holzwürfel wiegt etwa 2 Gramm:

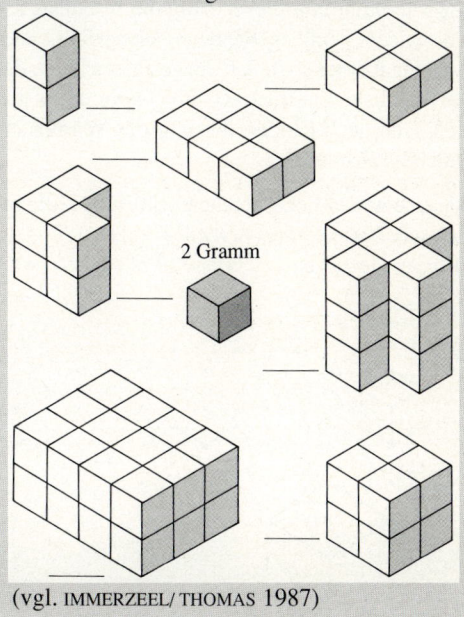

2 Gramm

(vgl. IMMERZEEL/ THOMAS 1987)

Wir zeichnen Körper

Das Zeichnen von Körpern will gelernt sein. Es stellt nicht nur höhere Anforderungen an das Raumvorstellungsvermögen, an visuelle Fähigkeiten, sondern ist auch von der Zeichenfertigkeit her anspruchsvoller.

Derek (11), Leslie (10) und David (11) wurden aufgefordert, einen vor ihnen stehenden Quader zu zeichnen:

Derek zeichnete:

Leslie zeichnete: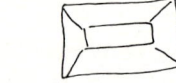

David zeichnete:

aus: WHEELER 1970, S. 126

– Zeichne aus Würfeln zusammengesetzte Körper.

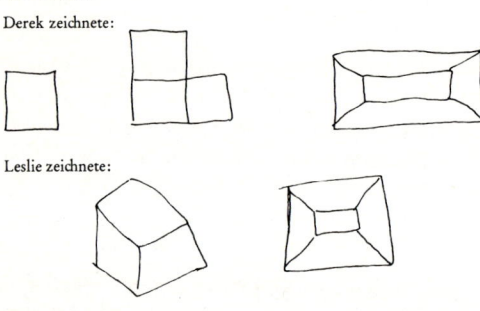

– Zeichne verschiedene Lagen eines Körpers im Raum:

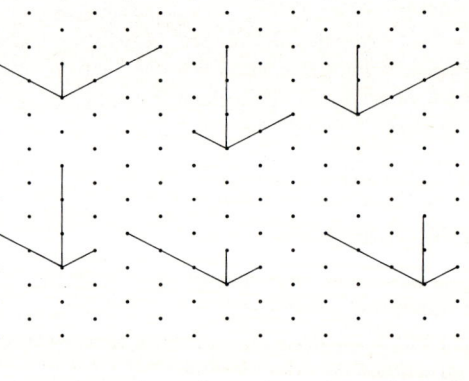

– Zeichne Würfel.

Die Durchführung dieser Aufgabe offenbart immer wieder, daß es Kindern schwerfällt, auch einfache Körper so in der Ebene zu zeichnen, daß der räumliche Eindruck erhalten bleibt. Ja, es gibt auch jetzt noch Kinder, die statt des Würfels ein Quadrat zeichnen.

Als eine wesentliche, zeichentechnische Hilfe hat sich das Dreieckgitter erwiesen (GILES 1973). Es löste geradezu Aha-Erlebnisse aus: "Ah, jetzt weiß ich es!"

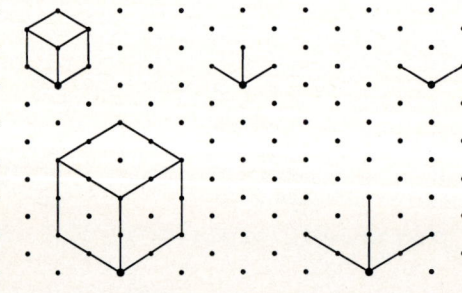

– Zeichne die Treppe ab; kannst du sie auch nach rechts zeichnen?

– Übertrage den gezeichneten Körper in den Bauplan.

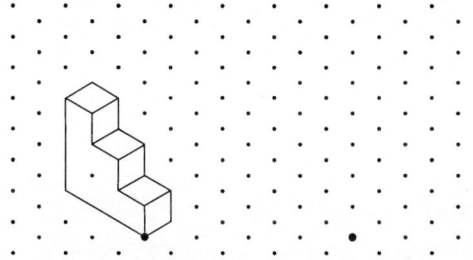

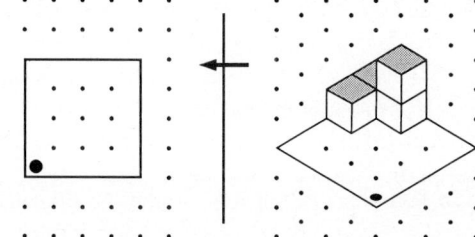

Von der Seite gesehen!

– Betrachte zunächst die Ansicht A. Aus wieviel Würfeln besteht die "Treppe"?

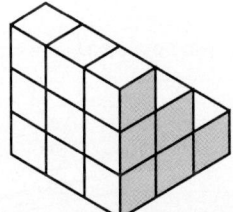

– Zeichne den Körper nach dem Bauplan. Du kannst Würfel zur Hilfe verwenden.

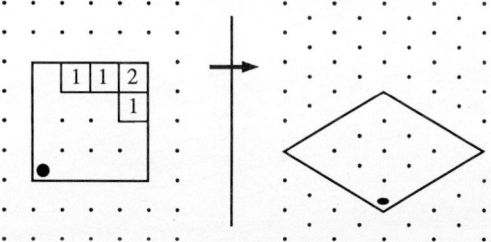

– Betrachte nun die Ansicht B. Aus wieviel Würfeln besteht die "Treppe" wirklich?

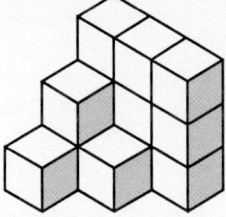

– Vergleiche den Bauplan auf dem Quadratgitter mit der Zeichnung auf dem Dreieckgitter.

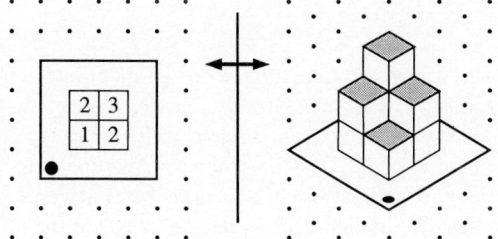

Zum besseren Verständnis sind die Deckflächen schraffiert. Der dicke schwarze Punkt gibt den Betrachter - Standort an.

3.2.2 Rund um den Quader: Bauen und Zeichnen

Selbst in Parlamenten trifft man diese Unschärfe im Auffassen und Benennen geometrischer Grundfiguren an: So wird überliefert, daß im alten Preußischen Landtag laut Wahlordnung bei Abstimmungen die Wahlzettel in einen "viereckigen" Kasten gesteckt werden mußten, was ein mathematisch versiertes Landtagsmitglied zu Protesten veranlaßte, weil doch jeder Quader 8 Ecken hat. Man einigte sich darauf, daß die Wahlurne viereckig im Sinne der Wahlordnung" sei.
H. Bauersfeld 1972

Beispiele für erfahrungs- und umweltbezogenes Lernen:

– Nenne Gegenstände der Umwelt, die die Form eines Quaders haben: Ziegelstein, Zuckerwürfel, Streichholzschachtel, Kartenspiel, Keksdose, Milchverpackung, Holzbrett, Radiergummi, Taschenbuch, Ranzen, Schrank, Koffer, Klassenraum, Schreibblock,...

– Warum sind Ziegelsteine quaderförmig und nicht würfelförmig?

– Warum werden Mauern so gebaut   und nicht so?

– Warum haben Mauersteine ungefähr folgende Maße:

– Warum haben Schränke (Häuser, Bücher, Platten, Fliesen, Treppenstufen, ... annähernd Quaderform und keine Würfelform oder gar Kugelform?

– Nenne Gegenstände, die nicht quaderförmig sind. Warum sind sie nicht quaderförmig?

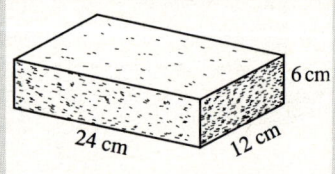

Untersuche Holzwürfel und Holzquader auf ihre Eignung zum Würfeln: Schreibe dazu die Zahlen 1 bis 6 auf die Flächen. Stelle fest, welche Zahlen beim Würfeln mit dem Würfel, mit dem Quader besonders häufig auftreten. Woran liegt das?

Streichholzschachteln, Seifenschachteln, Zahnpastaschachteln, ... haben die Form eines Quaders. Zahlreiche Waren werden in quaderförmigen Verpackungen angeboten wie Milch, Butter, Traubensaft, Waschmittel, usw. Im Vergleich mit dem Würfel stellen die Kinder fest, daß der Quader zwar auch 8 Ecken, 12 Kanten und 6 Flächen hat, daß die Kanten aber nicht alle gleichlang und die Flächen nicht alle gleich groß sind. Vielmehr gibt es im allgemeinen Fall drei Sorten gleich langer Kanten und ebenso viele Sorten gleich großer Flächen.

Die folgenden Anregungen dienen nicht nur der Einsicht, daß sich Quader in der Form sehr unterscheiden können, sondern auch – unter fachübergreifenden Gesichtspunkten – dem konstruktiven, kombinatorischen Denken beim Untersuchen der Fälle, dem kreativen Handeln beim Erfinden eigener Aufgabenstellungen und Konfigurationen.

Schließlich unterstützt das Herstellen und Diskutieren der verschiedenen Körper die Entwicklung der *räumlichen Vorstellung* und hier insbesondere auch die *visuelle Wahrnehmungsfähigkeit* mit ihren Komponenten *Wahrnehmung der Raumlage* und *Wahrnehmung räumlicher Beziehungen* (vgl. Seite 16).

Etliche der Aufgaben mit Würfeln lassen sich auf Quader übertragen. So kann man auch mit Streichholzschachteln Körper bauen. Dabei sollen immer gleich große Seitenflächen aneinanderliegen:

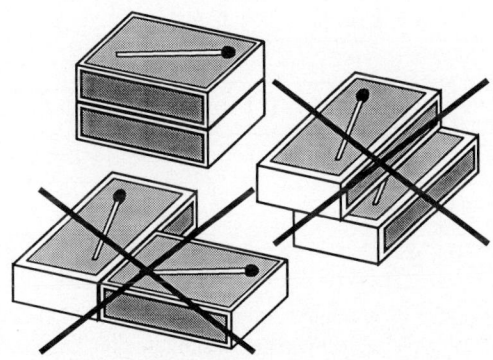

- Baue mit zwei Streichholzschachteln alle möglichen Körper. Gibt es mehr als die hier gezeichneten Quader?

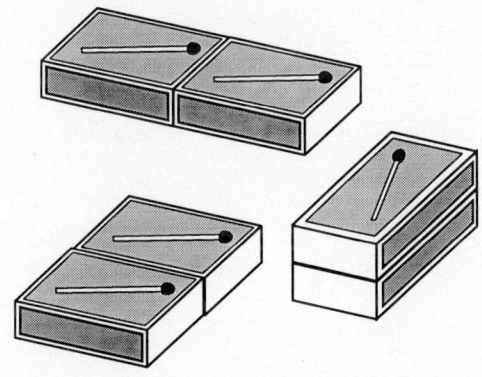

Es gibt Kinder, die z. B. den linken Quader nicht liegend, sondern aufrecht bauen:

 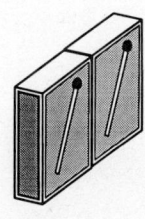

Natürlich handelt es sich immer um denselben Quader, nur in einer anderen Lage. Beschränken wir uns auf eine Lageart – die Schachteln liegen immer mit ihrer großen Fläche auf – lassen sich die Ergebnisse wiederum in einem Bauplan festhalten:

1	1

1	2
1	

- Baue Quader aus 3 Streichholzschachteln. Analog zur letzten Aufgabe gibt es auch hier nur drei Lösungen.
  Läßt man bei dieser Aufgabe beliebige Körper als "Bauwerke" zu, so gibt es noch zwei weitere Lösungen:

	1
1	1

1	2

- Baue Quader aus 4 Streichholzschachteln.

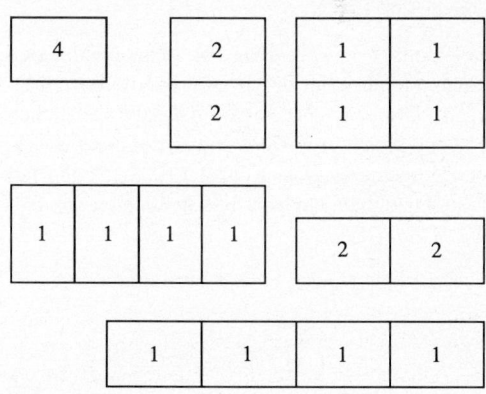

Die Lösungen zeigen, daß Quader recht unterschiedlich aussehen können.

– Baue nun Quader aus 4 Würfeln. Vergleiche die Lösungen mit denen der vorherigen Aufgabe.

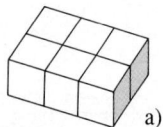 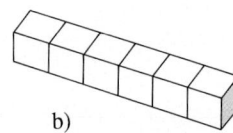

Beim genaueren Hinsehen bestimmen jeweils zwei Zeichnungen denselben Quader. Es gibt also nur zwei verschiedene Lösungen beim Quader aus 4 Würfeln. Beim Quader aus 4 Quadern dagegen sechs verschiedene Lösungen. Woran liegt das?

– Baue einen Quader aus 6 Würfeln.
Diese Aufgabe läßt zwei Lösungen zu:

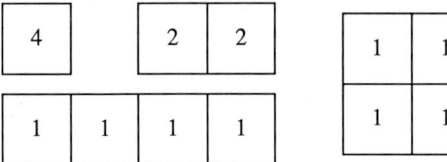

Abbildung (a) zeigt den allgemeinen Fall des Quaders mit drei Paaren gleich großer Flächen und drei Paaren gleich langer Kanten (hier: 1· 2 · 3 - Quader).

Der Quader in Abbildung (b) unterscheidet sich vom ersten Quader durch zwei quadratische Flächen. Das hat zur Folge, daß alle restlichen Flächen gleich groß sind, und es nur zwei Sorten von Kanten gibt. Dieser Quader ist ein Sonderfall des allgemeinen Quaders und heißt auch *quadratische Säule* (hier: 1 · 1 · 6 - Quader).

– Baue einen Quader aus 8 Würfeln.

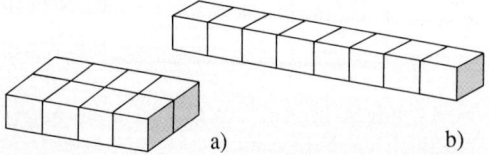

Nach den Bemerkungen zur letzten Aufgabe lassen sich leicht zwei Lösungen finden.

Einige Kinder werden auch einen Würfel bauen, ihn aber wieder zerstören, "weil ja ein Quader gefordert wird."

Bei dieser Gelegenheit sollten die Kinder erfahren, daß der Würfel ein Sonderfall des Quaders ist, so wie das Quadrat ein Sonderfall des Rechtecks ist. Der Würfel ist außerdem ein Sonderfall der quadratischen Säule.

Auch hier lassen sich die Lösungen in einen Bauplan eintragen.

8

2	2	2	2

4	4

1	1	1	1	1	1	1	1

2	2
2	2

1	1	1	1
1	1	1	1

Welche Eintragungen meinen denselben Quader? Wie viele verschiedene Lösungen gibt es also insgesamt nur?

Wenn es die Situation erlaubt, kann man auf den Zusammenhang mit den möglichen Zerlegungen von 8 in drei Faktoren hinweisen:

$$8 = 1 \cdot 1 \cdot 8$$
$$8 = 1 \cdot 2 \cdot 4$$
$$8 = 2 \cdot 2 \cdot 2$$

Ein Zusammenhang zwischen Geometrie und Arithmetik wird an dieser Stelle besonders deutlich.

Neben den Bauplänen ist das Dreieckgitter für das räumliche Zeichnen von besonderer Bedeutung. Auf Seite 44ff. werden Würfel und Körper aus Würfeln in Dreieckgitter gezeichnet. Derartige Aufgabenstellungen lassen sich unmittelbar auf Quader übertragen.

– Hier siehst du drei verschiedene Lagen einer Streichholzschachtel "nach rechts hin" gezeichnet. Vergleiche sie. Zeichne die Schachteln "nach links hin".

– Stelle zwei Streichholzschachteln aneinander und zeichne sie in das Dreieckgitter. Drei Möglichkeiten sind schon eingetragen. Findest du weitere?

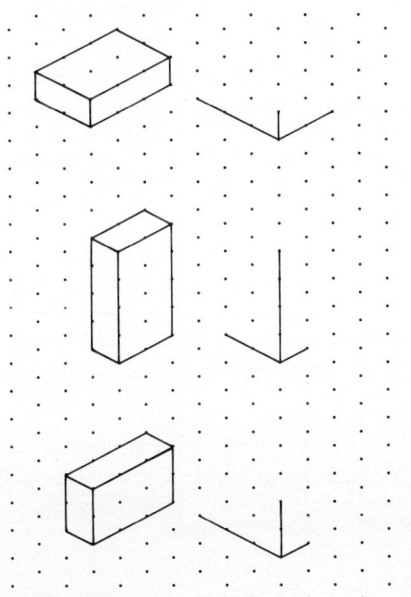

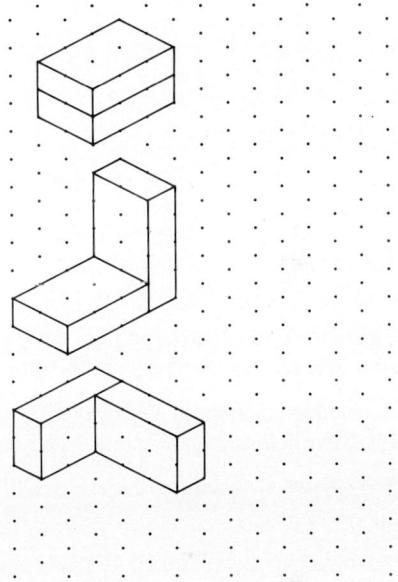

Berührungsaufgaben

Ein besonderer Vorteil der nachstehenden Aufgaben liegt einmal in der Vielzahl der Wege, die zu einer Lösung führen, zum anderen in der Vielzahl der Lösungen selbst. Es handelt sich also um offene Aufgaben.

- Viele Kinder finden probierend, d. h. im spielerischen Umgang mit den Quadern eine Lösung.
- Manche Kinder entdecken während des Probierens einen Lösungsweg, eine Strategie.
- Es gibt aber auch Kinder, die das Problem erst überlegen, eine Strategie entwickeln und dann die Lösung bauen.

Häufig durchlaufen Kinder mehrere Stadien. Jeder der drei Wege führt zu Lösungen. Die Unterschiedlichkeit erlaubt es dem Kinde, das Problem in seiner Weise zu lösen. So wird wieder eine Differenzierung vom Kinde aus ermöglicht. Es empfiehlt sich, jede Lösung durch Zählen der Berührungsflächen für jeden einzelnen Quader zu überprüfen.

Bei den folgenden Aufgaben wird die Einschränkung "Es sollen immer gleichgroße Seitenflächen aneinanderliegen" aufgehoben.

– Vier Quader (Streichholzschachteln) sind so zu stellen, daß jeder Quader genau zwei andere berührt. Das Aneinanderstoßen mit Kanten gilt nicht als Berühren (nach DE BONO 1970, vgl. auch BAUERSFELD 1973 b).

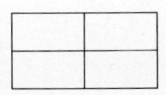   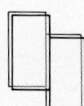 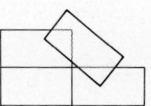

Bei den ersten drei Lösungen läßt sich eine gemeinsame Lösungsstrategie erkennen: die Kreisordnung.

– Vier Quader sind so zu stellen, daß jeder Quader genau drei andere berührt.

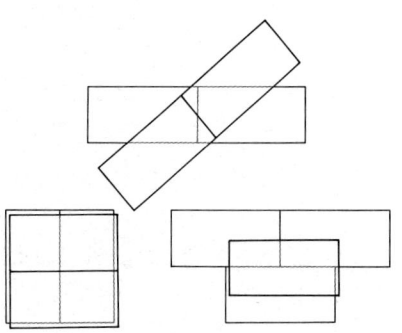

Hier erleichtert das Zurückgreifen auf bereits gelöste Aufgaben das Lösen neuer Probleme.

Durch eine kleine Drehung der beiden oben liegenden Quader erhält man dann die erste Lösung.

Zusammenfassend lassen sich bis jetzt drei Strategien unterscheiden:

- **Kreisstrategie**: Lösen durch Herstellen einer Kreisordnung.
- **Rückgriffstrategie**: Lösen durch Rückgriff auf bereits gelöste Aufgaben.
- **Drehstrategie**: Lösen durch Drehen des Oberbaus auf dem Unterbau.

– Vier Quader sind so zu stellen, daß jeder Quader genau einen anderen berührt.

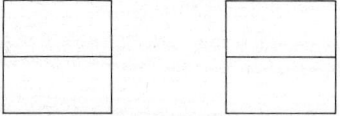

Die Lösung besteht hier aus zwei Teilkörpern.

- **Zerlegungsstrategie**: Lösen durch Konstruktion mehrerer Körper, die den Bedingungen entsprechen.

Weitere Aufgaben zur Differenzierung:

– Sechs Quader sind so zu stellen, daß jeder Quader genau zwei andere Quader berührt.

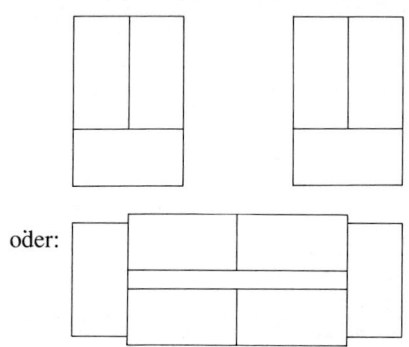

– Sechs Quader sind so zu stellen, daß jeder Quader genau drei andere berührt.

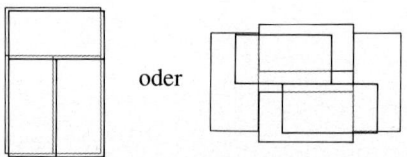

– Sechs Quader sind so zu stellen, daß jeder Quader genau vier andere berührt.

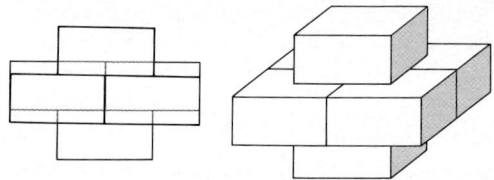

– Sechs Quader sind so zu stellen, daß jeder Quader genau fünf andere berührt.

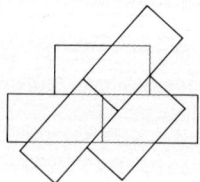

Natürlich eignen sich für diese Aufgabenstellungen auch Würfel oder Cuisenaire-Stäbe (farbige Stäbe).
– Wie heißt hier die Berühr-Regel?   oder hier:

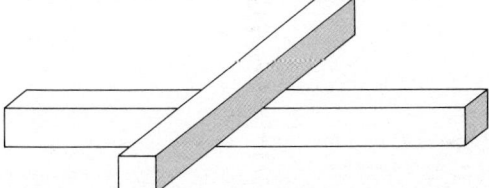
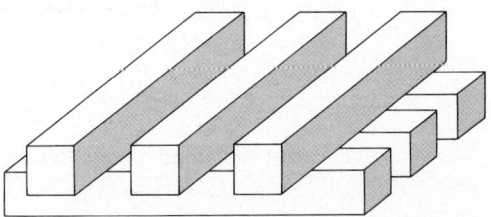

Lege 3 Streichhölzer so auf den Tisch, daß jedes von jedem berührt wird.

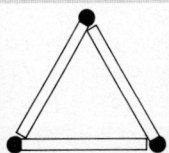

Lege 4 Streichhölzer so auf den Tisch, daß die Köpfe nicht den Tisch berühren.

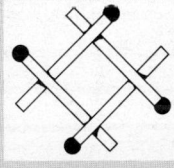

Lege 3 Streichhölzer so auf den Tisch, daß die Köpfe nicht den Tisch berühren.

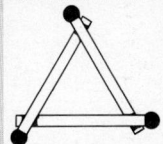

Zur Differenzierung: Lege 6 Streichhölzer so auf den Tisch, daß jedes von jedem berührt wird.

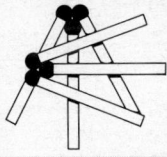

Lege 4 Streichhölzer so auf den Tisch, daß jedes von jedem berührt wird.

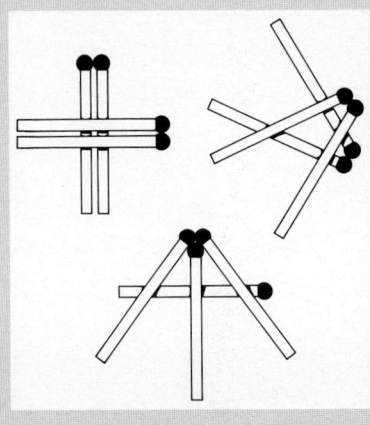

Lege 3 Pfennige so, daß jeder jeden berührt.

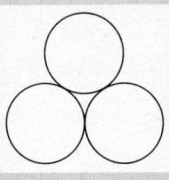

Geht das auch mit 4 Pfennigen?

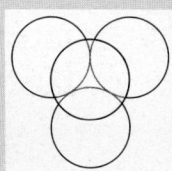

3.2.3 Herstellen von Modellen und Netzen

In der Tat: Wir haben uns so an den Raum gewöhnt, daß wir allzuleicht seine Bedeutung für uns selbst vergessen und seine Bedeutung für jene, die wir erziehen.
H. Freudenthal 1971

Beispiele für erfahrungs- und umweltbezogenes Lernen:

– Betrachte das Klettergerüst auf dem Schulhof. Welche Körper kannst du entdecken? Klettere hinein!

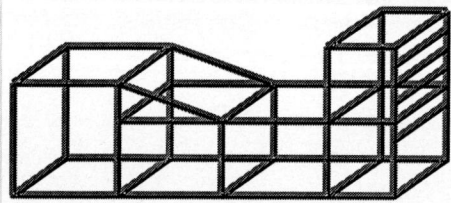

– Und abends Gäste. Uwe hilft seiner Mutter beim Herstellen der Käsehappen. Er schneidet den Käse in lauter Würfel, ...

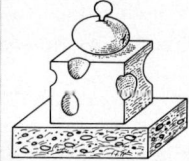

– Tina bewahrt ihre Briefmarken in einer alten Zigarrenkiste ihres Vaters auf. Beschreibe eine derartige Kiste!

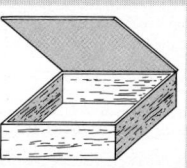

Warum will Tina ihre Briefmarken nicht in einer runden Dose oder in einem Eierkarton aufbewahren?

– Betrachte und vergleiche: Kartons, Keksschachteln, Milchtüten, Zahnpasta- und Seifenschachteln, Bonbontüten, ...
Erörtere dazu auch Vor- und Nachteile: Standfestigkeit, lückenlose Lagerung, Materialverbrauch, ...

– Untersuche, wie Verpackungsmaterialien zusammengeklebt sind. Schneide sie auf und lege sie flach auf den Tisch. Geht das? Geht das auch mit einem alten Tennisball?

– Warum sind die Taschenbücher eines Verlages gleich hoch und gleich tief:

Warum so   - und nicht so?

– Wir basteln Laternen und Tischlichter für unser Klassenfest.

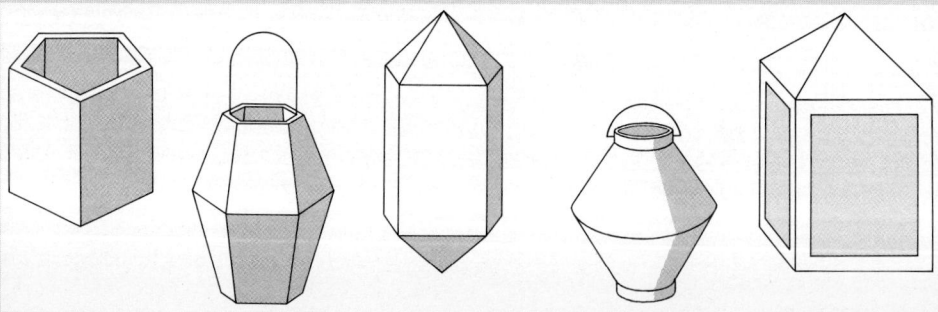

Die bisherigen Vorschläge (Kapitel 3.2.1 und 3.2.2) gehen von vorhandenen, fertigen Würfeln, Quadern usw. aus. Nunmehr werden diese Körper auch hergestellt. Dabei unterscheidet man häufig drei verschiedene Modellarten: Massivmodelle, Kantenmodelle und Flächenmodelle. Jedes Modell hat seine eigenen Vorzüge und sollte deshalb im Unterricht behandelt werden.

3.2.3.1 Anregungen zum Massivmodell

Der wohl bekannteste Zugang zum Massivmodell eines Würfels stammt von Walter Breidenbach (BREIDENBACH 1964): Wir schneiden einen Würfel aus einer Kartoffel. Wer je zum Kartoffelschälen herangezogen wurde, weiß, daß diese Tätigkeit geradezu zum Schnitzen verführt. Warum nicht zum Schnitzen von Würfeln?

Was lernen die Kinder dabei? Wesentlich sind es zwei Eigenschaften des Würfels, die beim Schneiden zunehmend beachtet werden, auch wenn die Würfel noch recht unvollkommen gelingen: die gleiche Länge aller 12 Kanten und das aufeinander Senkrechtstehen bestimmter Kanten, was die Parallelität bestimmter Kanten und Flächen bedingt. Darüber muß man sprechen. Dabei läßt sich die Rechtwinkligkeit gut mit einem Faltwinkel (vgl. Seite 83) überprüfen. Natürlich empfiehlt es sich, Würfel auch aus anderen Materialien etwa aus Knetmasse und in verschiedenen Größen herzustellen, damit deutlich wird, daß die erarbeiteten Eigenschaften für alle Würfel zutreffen.

Würfelschnitte

– Schneide einen Kartoffelwürfel mit einem geraden Schnitt in zwei beliebige Teile. Welche Formen treten als Schnittflächen auf?

– Schneide einen Würfel so in zwei Teile, daß beide Teile gleich groß sind.

– Wie muß man einen Würfel durchschneiden, damit als Schnittfläche ein Quadrat, ein Rechteck, ein Dreieck entsteht?

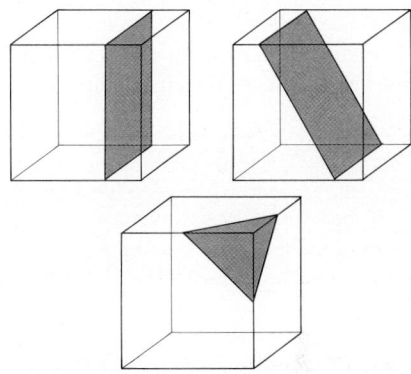

– Schneide einen Würfel so, daß aus ihm acht kleine Würfel entstehen. Wie mußt du schneiden? Wie oft mußt du schneiden? Warum mußt du mindestens dreimal schneiden? Warum reichen nicht zwei Schnitte?

3.2.3.2 Anregungen zum Kantenmodell

Zum Herstellen eines Kantenmodells eignen sich Plastillinkugeln für die Ecken und Holzstäbchen (Schaschlik-Stäbe) für die Kanten.

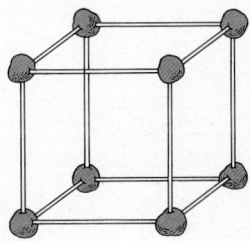

Wie viele Kugeln und wie viele Stäbe benötigen wir? Worauf müssen wir bei den Stäben achten?

Die fertigen, möglichst unterschiedlich großen Modelle werden anschließend verglichen. Worin unterscheiden sich die Kantenmodelle der Würfel? Was ist bei allen Modellen gleich?

Verfügt man über unterschiedlich farbige Plastillinkugeln, lassen sich Sprachübungen anschließen, die das Erfassen von Lagebeziehungen, das Orientieren und Beschreiben erleichtern: Die Kugel rechts-oben-hinten ist grün. Zeige die Kugel links-unten-vorn. Welche Farbe hat sie?

Zum Bau von Kantenmodellen eignen sich auch bestimmte Steckwürfel der Lehrmittelfirmen oder einfache Plastik-Trinkhalme, die mit gebogenen Pfeifenreinigern zusammengesteckt werden. Eine weitere Möglichkeit bieten Faltquadrate und Pappstreifen:

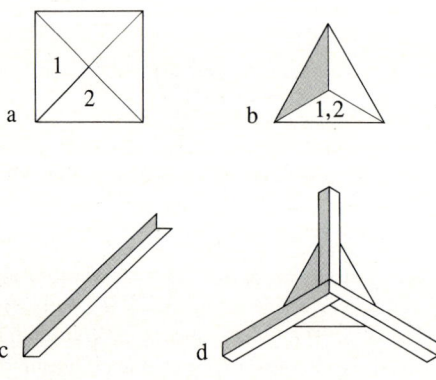

Ein mit den Diagonalen versehenes Faltquadrat wird wie in Abb. a) eingeschnitten. Sodann werden die Dreiecke 1 und 2 aufeinander geklebt (Abb. b)). In die entstehende Ecke werden an der Längsachse gefaltete Pappstreifen (Abb. c)) eingeklebt. Es entsteht eine Ecke mit ihren drei Kanten (Abb. d)).

Wie viele Faltquadrate werden gebraucht? Wie viele Pappstreifen? Wie müssen die Pappstreifen zueinander stehen?

Während man für weiterführende Betrachtungen beim Kantenmodell mit Plastillin-Ecken gut Bindfäden als Raum- bzw. Flächendiagonalen einziehen kann, lassen sich bei diesem Kantenmodell die Flächen bequem mit Papier bekleben. Auf diese Weise gelingt ein Zugang zur Betrachtung von Oberflächen.

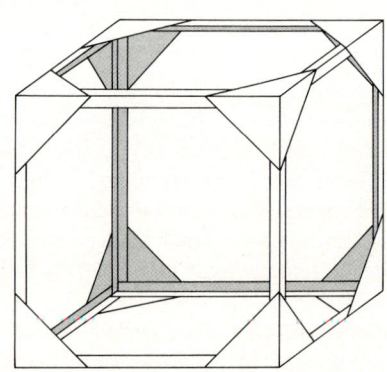

Schattenbilder

– Stellt das Kantenmodell eines Würfels so, daß es von der Sonne (Taschenlampe) beschienen wird. Beobachtet den Schatten an der Wand.

– Wie muß man den Würfel halten, damit die Schattenfiguren unten enstehen?

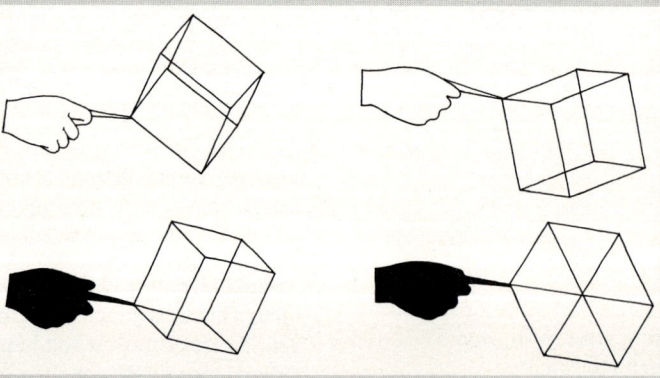

Spinne-Fliege-Aufgabe

Kantenmodelle eignen sich auch für kombinatorische Fragestellungen:

In einer Würfelecke sitzt eine Spinne. In der im Würfel gegenüberliegenden Ecke sitzt eine verzauberte Fliege. Sie schläft. Die Spinne will zur Fliege. Sie darf aber nur auf den Kanten entlanggehen. Geht die Spinne den kürzesten Weg, erreicht sie die Fliege. Geht sie nicht den kürzesten Weg, erwacht die Fliege und summt davon.
Welche Wege führen von der Spinne zur Fliege? Welches ist der kürzeste Weg? Gibt es davon mehrere?

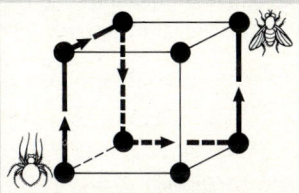

Ohne Frage werden die Kinder am Kantenmodell kürzeste Wege aufzeigen und sie auch farbig in einer Zeichnung festhalten. Das Auffinden aller kürzesten Wege verlangt jedoch eine *Strategie*.

So kann in dieser Spinne-Fliege-Aufgabe nach dem Numerieren der Ecken folgender Lösungsbaum entstehen: Ein Lösungsweg besteht aus drei Kanten. Die Fallunterscheidung liefert die möglichen 6 Lösungen.

Von der Ecke 1 kann die Spinne zur Ecke 2, zur Ecke 4 oder zur Ecke 5 krabbeln. Von der Ecke 2 kann die Spinne zur Ecke 3 oder zur Ecke 6 weiterkrabbeln, usw.

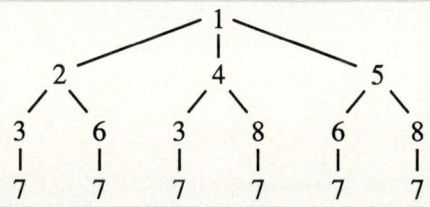

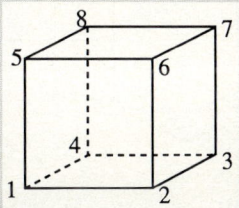

Hier findest du die Preise für Stäbchen verschiedener Länge:

Wie teuer sind die Figuren?

(vgl. IMMERZEEL/THOMAS 1987)

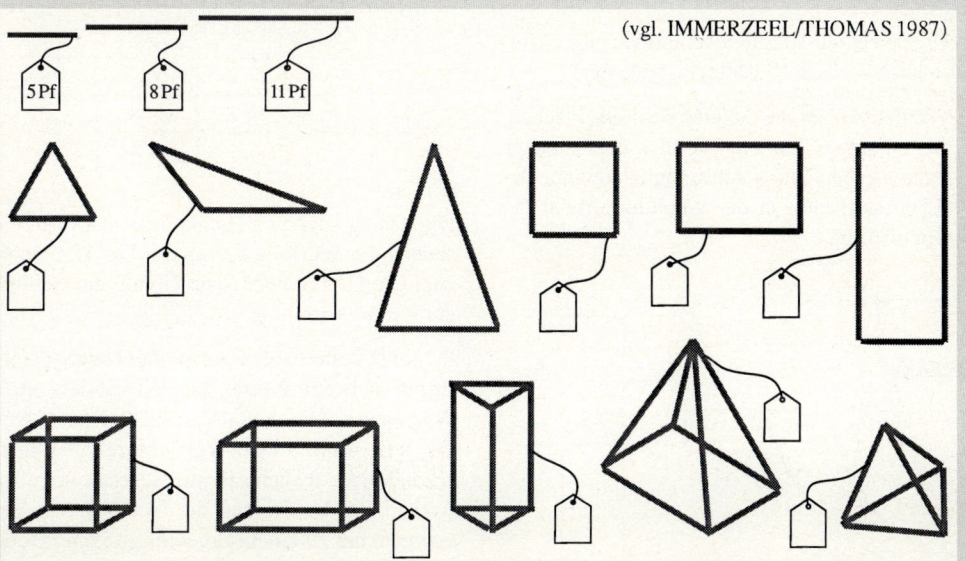

3.2.3.3 Anregungen zum Flächenmodell

Zum Herstellen eines Flächenmodells eignen sich Pappquadrate, quadratische Bierdeckel oder Quadrate aus einem Legespiel.

– Versucht, aus Bierdeckeln einen Würfel zu kleben.

Die Aufgabe birgt eine Reihe von Fragen: Wie viele Bierdeckel brauche ich? Wie müssen die Bierdeckel zueinander stehen? Wie viele Klebestreifen sind erforderlich? Wie verfahre ich? Baue ich zuerst eine Ecke des Würfels (a) und ergänze dann Deckel um Deckel zum Würfel? Oder lege ich die Bierdeckel zunächst so auf den Tisch (b), daß sie nach dem Zusammenkleben zum Würfel aufgefaltet werden können?

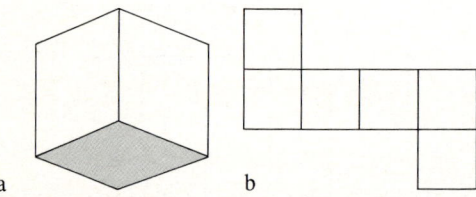

a   b

Ein anderer Weg führt über das Würfelnetz. Was ist ein *Würfelnetz?*

Schneidet man einen Würfel aus Kartonpapier (Flächenmodell) auf und klappt die Flächen aus, so entsteht ein *Würfelnetz*. Dabei darf das Flächenmodell nicht in mehrere Teile zerfallen.

Im Unterricht wird das Flächenmodell eines Würfels häufig über ein Würfelnetz gewonnen.

– Vor den Augen der Kinder wird ein Flächenmodell aufgeschnitten. Die dick gezeichneten Kanten geben eine Schnittmöglichkeit an. Das G (Grundfläche) in der Abbildung dient der Orientierung.

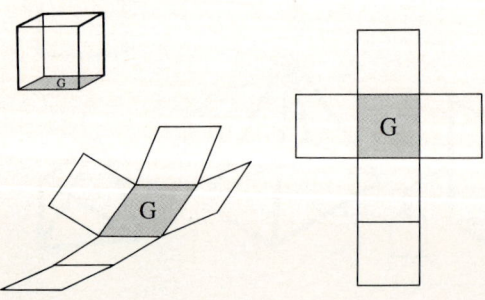

Sieben Schnitte sind hier erforderlich. Kann man mit weniger Schnitten auskommen? Vielleicht entsteht dabei ein anderes der elf möglichen Würfelnetze? Die meisten Netze finden die Kinder durch Probieren selbst. Sechs Quadrate aus Pappe oder sechs quadratische Bierdeckel unterstützen den Lösungsprozeß wesentlich.

– An der Tafel hängen 15 Netze aus Papier, darunter alle elf Würfelnetze:

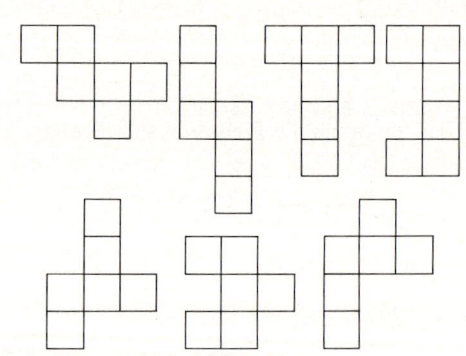

Die Kinder sitzen im Halbkreis vor der Tafel und suchen die Würfelnetze heraus. Das ist eine vorzügliche kopfgeometrische Übung zur Schulung der Raumvorstellung.

In der Vorstellung werden die Netze gefaltet. Ergibt sich ein Würfel, handelt es sich um ein Würfelnetz. Man kann Viertkläßler beobachten, die auf Anhieb die Würfelnetze aussondern, schneller als manche Erwachsene es vermögen. Andere Kinder müssen die Netze in die Hand nehmen, um zu einem Ergebnis zu kommen oder um ihre Vermutung zu überprüfen.

Neben den beiden genannten Zugängen zum Flächenmodell eines Würfels gibt es einen dritten Weg über das Abrollen eines Würfels.

- Rolle einen Würfel so ab, daß jede Fläche genau einmal unten liegt. Welche Abrollpläne entstehen? Zeichne!

Alle 4 möglichen Abrollpläne sind natürlich Würfelnetze:

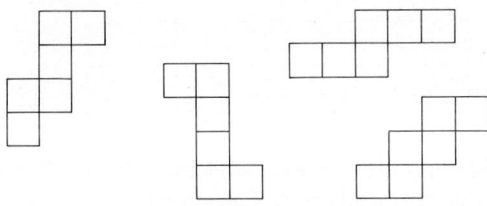

Warum kann man auf diese Weise die anderen Würfelnetze nicht erhalten?

Die aufgefundenen Würfelnetze werden zum Würfel aufgefaltet. Bevor man die Netze allerdings ausschneidet und klebt, müssen die Kleberänder berücksichtigt werden.

Wie viele Kleberänder sind erforderlich, und wo müssen sie sitzen?

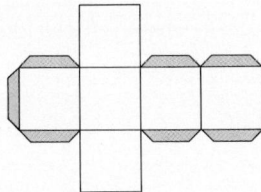

Gibt es ein günstiges Würfelnetz, bei dem man mit weniger Kleberändern auskommt?

Die Verwendung von Flächenmodellen zur Verpackung oder Aufbewahrung von Gegenständen liegt auf der Hand. Hingewiesen sei noch auf Faltaktivitäten zu diesem Inhalt (vgl. Seite 79 ff).

Übungen am Würfel und am Würfelnetz

Die folgenden Aufgaben dienen vornehmlich der Entwicklung des räumlichen Vorstellungsvermögens (Kopfgeometrie).

- In einem Würfelnetz wird ein Feld als Grundfläche mit G gekennzeichnet.

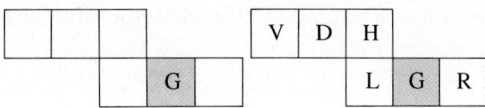

Welche Fläche ist Deckfläche (D), hintere (H), vordere (V), linke (L), rechte (R) Fläche? Durch Zusammenfalten werden die Aussagen geprüft. Wir ändern die Lage der Grundfläche, wir wechseln das Würfelnetz.

- Am Flächenmodell eines Würfels wird eine Ecke rot gefärbt. Das Modell wird auseinandergefaltet. Wo liegt die rote Ecke im Würfelnetz? Die Lage wird eingezeichnet.

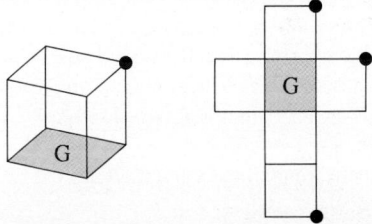

Das Ergebnis wird durch Zusammenfalten überprüft. Nun wird eine weitere Ecke eingefärbt, usw. Umgekehrt wird eine Ecke im Netz farbig vorgegeben und am Würfel aufgesucht. Der Wechsel der Würfelnetze bietet Differenzierungsmöglichkeiten.

Eine Variation der letzten Aufgabe erhält man durch die Numerierung der Ecken.

- Übertrage die Ecken in das Würfelnetz. Die Zahlen für die unteren Ecken sind schon eingetragen.

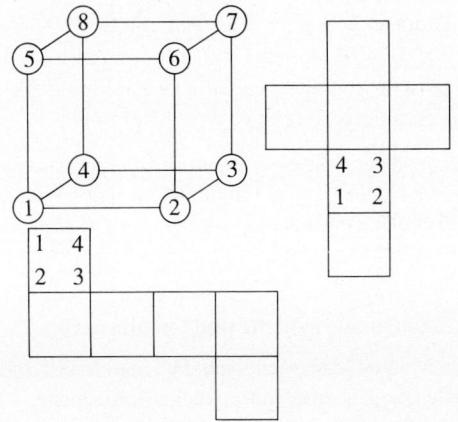

– Am Flächenmodell eines Würfels wird eine Kante rot gefärbt. Dann wird auseinandergefaltet. Wo liegt die rote Kante im Würfelnetz?

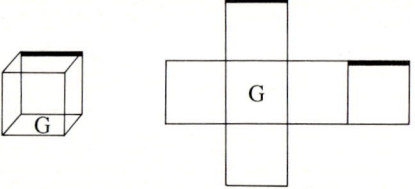

Umgekehrte Fragestellung: Auf dem Netz wird eine Kante eingefärbt. Zeige sie am Würfel.

Übungen mit Spielwürfel und Würfelnetz

Ein Zahlenwürfel wird auf ein Feld eines Quadratgitters gesetzt. Der Würfel soll so abgerollt werden, wie es der Plan unten vorschreibt.
Die Zahl auf der aufliegenden Fläche wird jeweils in das betreffende Feld eingetragen.

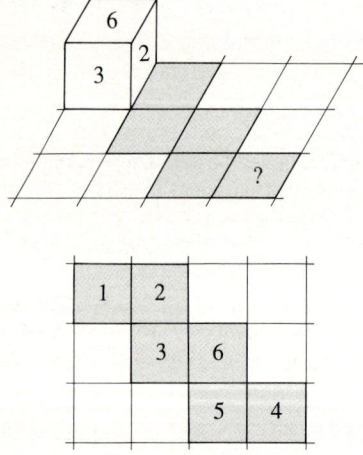

Kannst du vorher sagen, welche Zahl in das Feld mit dem Fragezeichen gehört? Überprüfe!

Nun soll der Würfel so abgerollt werden, daß jede seiner Flächen genau einmal unten liegt. Welche Abrollpläne entstehen?

3.2.3.4 Quadermodelle und Quadernetze

Auch beim Quader unterscheidet man Massivmodelle (Ziegelsteine, Butterstücke, Käsestücke, ...), Kantenmodelle (Teile von Gerüstbauten, ...) und

Lege das folgende Würfelnetz mit Streichhölzern nach. Lege dann genau 2 Hölzer um. Es soll ein anderes Würfelnetz entstehen? Erfinde selbst Umlege-Regeln.

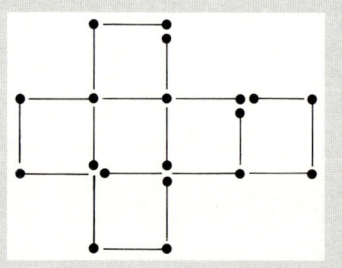

Flächenmodelle (Seifenschachteln, Kisten, Kartons, ...). Sämtliche Aufgaben zum Würfel lassen sich auch mit dem Quader bearbeiten.
Bei der Behandlung der Quadermodelle empfiehlt es sich, sie mit den entsprechenden Modellen des Würfels zu vergleichen. Wodurch unterscheidet sich das Kantenmodell eines Würfels von dem eines Quaders?
Auch über das Abrollen einer Streichholzschachtel kann man zu Quadernetzen gelangen. Diese Kippbewegungen (BESUDEN 1973) ermöglichen reizvolle Aufgabenstellungen zur Kopfgeometrie.

– Kippe eine Streichholzschachtel nach folgender Kippvorlage:

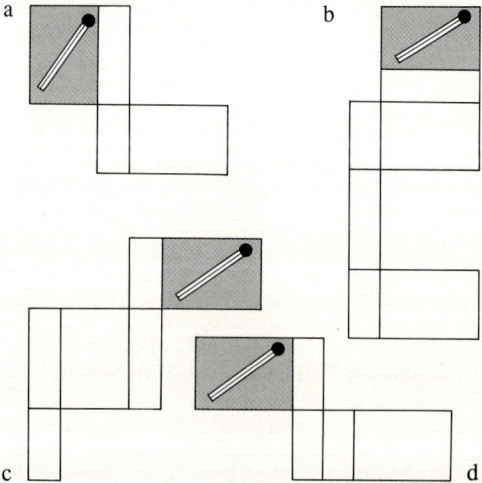

Welche Seite liegt am Ende der Kippbewegungen oben? Ist unter den Vorlagen ein Quadernetz? Sind die Vorlagen alle richtig?

Schneidet man eine Seifenschachtel auf, so erhält man ein *Quadernetz*, dessen Kleberänder noch deutlich zu erkennen sind. Gibt es eigentlich mehr Würfel- oder mehr Quadernetze?

Betrachten wir dazu das folgende Würfelnetz mit Z-Form. Hieraus soll ein Quadernetz mit Z-Form entstehen. Dazu ersetzen wir die gefärbte Fläche durch alle drei möglichen Rechteckflächen eines Quaders. Wegen der zwei Lagemöglichkeiten gibt es sechs Fälle:

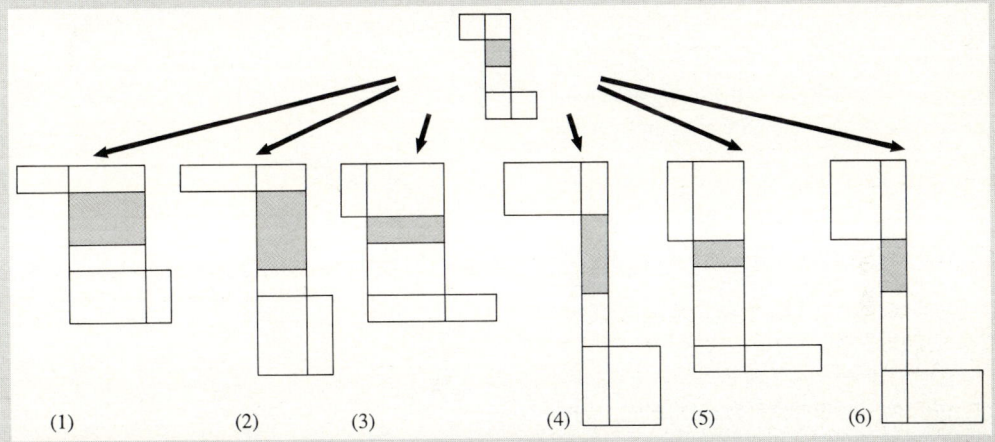

Durch Drehen der Figuren stellt man fest, daß je zwei Quadernetze identisch sind: (1) und (3), (2) und (5), (4) und (6).

Also liefert allein der Ausgang von diesem Würfelnetz schon drei verschiedene Quadernetze. Gibt es weitere Fälle, wenn man von einer anderen Fläche ausgeht?

Zur Information: Aus jedem der vier punktsymmetrischen Würfelnetze ergeben sich je drei verschiedene Quadernetze: 4 · 3 = 12 Quadernetze. Aus den übrigen Würfelnetzen ergeben sich je sechs – hier unterscheiden sich die Fälle alle voneinander – verschiedene Quadernetze: 7 · 6 = 42. Insgesamt gibt es somit 54 Quadernetze.

- Zeichne eigene Kippvorlagen. Welche Quadernetze findest du noch?

- Zeichne auf Karopapier Netze für oben offene Würfel oder oben offene Quader. Schneide sie aus und falte so, daß das Karopapier außen ist. Wie viele kleine Quadrate sind außen am offenen Würfel/Quader zu sehen? Wie viele kleine Würfel passen in den offenen Würfel/Quader?

- Unten siehst du das Netz einer quadratischen Säule. Beantworte die beiden vorherigen Fragen auch für diese Säule.

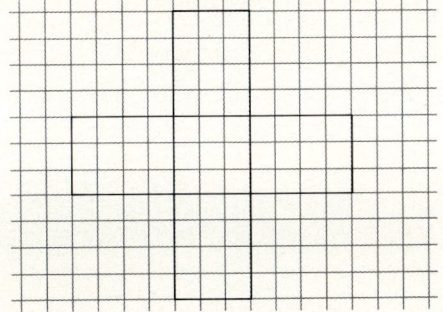

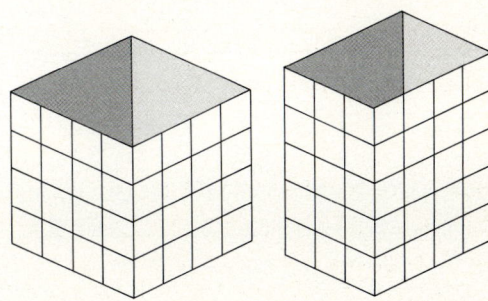

Kann man auch das Netz (die Abwicklung) einer Kugel zeichnen?

Würfel und Quader lassen sich so aufschneiden, daß das dabei entstehende Netz in eine Ebene gelegt werden kann. Wie ist das bei einer Kugel?

Durchschneide dazu eine Apfelsine in zwei Hälften und entferne das Fruchtfleisch. Kannst du die beiden halbkugeligen Schalen in die Ebene legen? Vielleicht durch weitere Schnitte?

Du wirst bemerken, daß es nicht geht. Die Krümmung der Schale verhindert es. Wiederhole das Experiment mit einem gekochten Ei. Du kannst also kein Flächenmodell einer Kugel herstellen. Man behilft sich deshalb mit Papiermodellen, wie etwa in der nebenstehenden Abbildung.

Kannst du ein solches Papiermodell selbst herstellen?

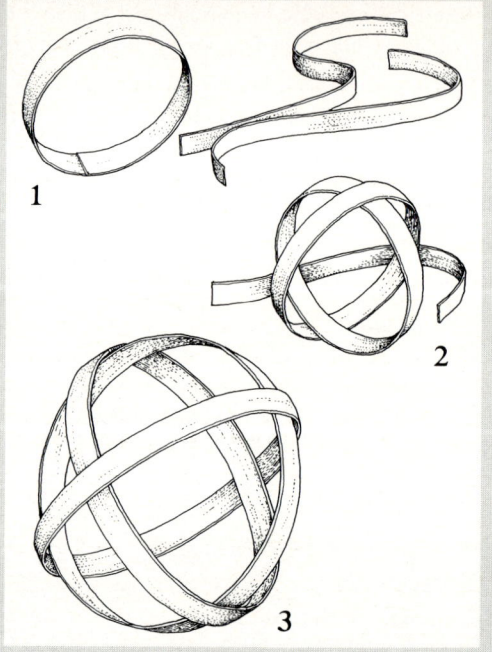

3.3 Handlungserfahrungen mit ebenen Figuren

Bittet man einen Erwachsenen, ein "Viereck" zu zeichnen, so wird zumeist ein Quadrat daraus, wiewohl das Quadrat nur den äußersten Sonderfall aus der inhaltsreichen Menge der Vierecke darstellt. Woher kommt diese hinderliche Beschränktheit des Vorstellens und Verstehens?
H. Bauersfeld 1972

3.3.1 Legen und Zeichnen von Grundformen

Beispiele für erfahrungs- und umweltbezogenes Lernen:

- Benenne und beschreibe geometrische Grundformen wie Quadrate, Rechtecke, Kreise, ... an Gegenständen der Umwelt; an Häusern, an Dosen, ...

- Was ist das? Ein Zelt, ein Hut, eine Eiswaffel falsch herum, ein Pindopp auf dem Kopf, ..., ein Dreieck.

- Falte aus Papier: ein Taschentuch, ein Spinnennetz, ein Schiff, einen Helm, ...

- Falte wieder auseinander. Welche Grundformen sind in den Faltfiguren enthalten?

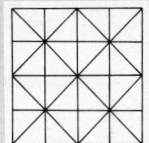

- Betrachte Gegenstände aus dem Haushalt wie Teedosen, Streichholzschachteln, ... von vorn, von oben, von der Seite, von hinten.
  Welche Grundformen treten auf?

- Zeichne mit Hilfe einer Streichholzschachtel ein Rechteck, mit Hilfe einer Teedose einen Kreis.

- Suche "verborgene" Dreiecke, Rechtecke, ... an der Fassade eines Fachwerkhauses, ...

- Suche und sammle Wörter/Sätze, in denen "Dreieck" vorkommt: Verkehrsdreieck, Gleisdreieck, Dreieckseite, dreieckig, Zeichendreieck, Dreiecksmuschel, Dreieckszahlen, Dreieckstuch, Giebeldreieck, ... Welche Bedeutung?

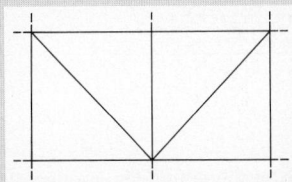

- ˙ Suche und sammle Wörter/Sätze, in denen "eben" vorkommt: Sandebene, Tiefebene, Hochebene, der Tisch ist eben, ich bin eben gekommen, eben noch rechtzeitig erreicht, eben jetzt, ich sehe eben nach, eben zum Kaufmann gehen, ebenso, wir müssen eben warten, ... Welche Bedeutung jeweils?

- Mit welchen Gegenständen kann man ein Dreieck, ein Quadrat legen? Mit Streichhölzern, mit Bohnenstangen, mit Schaschlickstäben, mit Blumendraht, mit Bindfaden, ...

Zur Entwicklung der Raumvorstellung trägt nicht nur das Umgehen mit räumlichen Gebilden bei, sondern ebenfalls das Handeln mit ebenen Formen, mit Plättchen, wie sie aus dem "Formenspiel" (BAUERSFELD/KLEINSCHMIDT 1968), als "Geometrische Formen" (Schroedel o. J.) oder als "Winkelplättchen" (Klett o. J.) bekannt sind.

Das vielseitige Umgehen mit Plättchen dient aber nicht nur fachübergreifenden Lernzielen, sondern ebenso fachbezogenen und fachinhaltlichen Lernzielen. Auch hier wird geordnet, sortiert, verglichen, unterschieden; auch hier werden geometrische Grundbegriffe, Eigenschaftsbegriffe, Beziehungs- und Größenbegriffe über das Handeln mit konkretem Material anschaulich entwickelt und ausgebaut. Für Kinder öffnet sich ein weites Feld für kreatives und phantasievolles Tun.

Methodisch wird das freie Spiel, das freie Legen von Plättchen am Anfang stehen, ehe man geometrische Aspekte stärker in die Betrachtungen einbezieht. Als besonders motivierend hat sich das Herstellen eines ersten, eigenen Legespiels herausgestellt.

Wir stellen ein Legespiel her

(a) Ein Quadrat aus Kartonpapier wird entlang der Mittellinien und Diagonalen aufgeschnitten.

(b) Mit den entstehenden acht Dreiecken werden Figuren ohne Vorgabe gelegt.

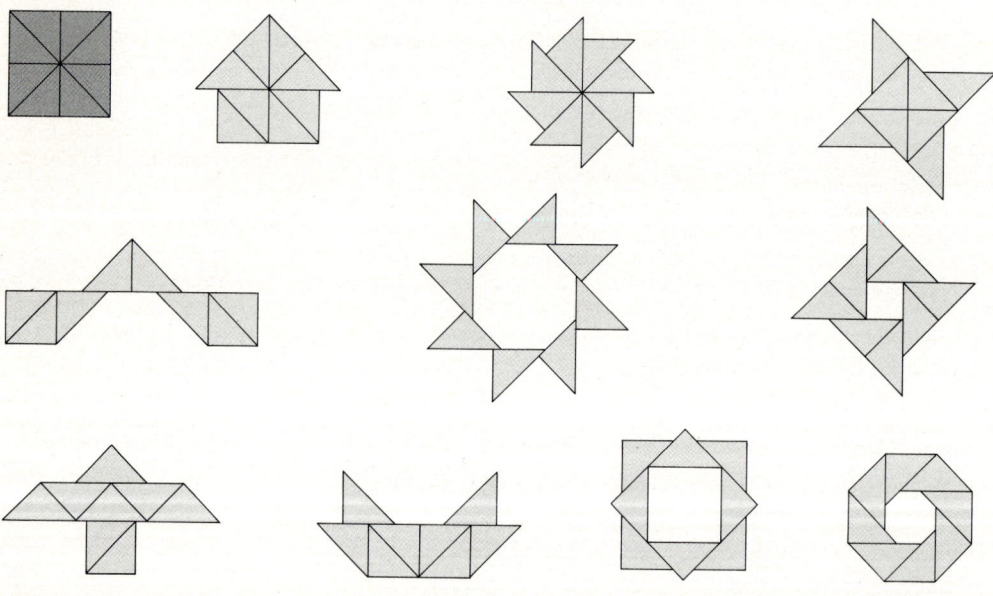

Derartig offene Lernsituationen regen die Kreativität an, wecken die Bereitschaft zum Experimentieren. Beim freien Experimentieren erleben die Kinder oft ungewohnte Situationen. Das Bewältigen solcher Situationen kann *eine größere Offenheit gegenüber neuen Erfahrungen* bewirken und damit eine für den Mathematikunterricht insgesamt bedeutsame Grundeinstellung anbahnen.

Offene Lernsituationen liefern aber auch Voraussetzungen für *entdeckendes Lernen:* "Ich kann aus zwei Dreiecken ein Quadrat legen." "In meinem Windrad kommt ein Quadrat aus vier Dreiecken vor." Kinder entdecken Figuren in Figuren. Hier zeigen sich zudem Aspekte für eine Schulung der visuellen Wahrnehmungsfähigkeit, speziell der Figur-Grund-Diskrimination.

(c) Die im freien Spiel gelegten Figuren werden umrandet. So entstehen Umrißfiguren, die man dem Nachbarn geben kann mit der Bitte, sie wieder auszulegen.

(d) Aus allen acht Dreiecken werden geometrische Grundformen gelegt: Quadrate, Rechtecke, Dreiecke.

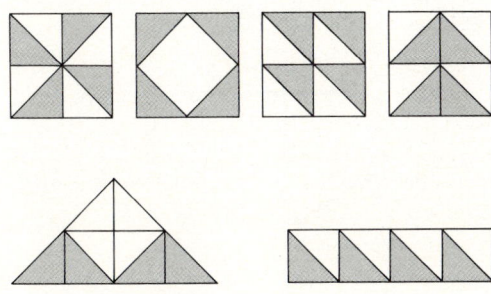

Ins Heft gezeichnet, lassen sich die Figuren ausmalen. Es entstehen hübsche Muster, die ihrerseits zum Beispiel das Entdecken von Teilfiguren erleichtern. Verfügt man über Plättchen des Formenspiels, lassen sich die obigen Figuren sogar in den Farben gelb und rot legen. Das Ausmalen quadratischer, dreieckiger oder rechteckiger Figuren ist hier nicht als zusätzliche Beschäftigung gemeint, sondern dient der *Formenkunde,* indem es die Vorstellung von den einzelnen Formen über einen motorischen Zugang vertieft; eine Übung auch zur Verbesserung der visuomotorischen Koordination (vgl. Kap. 4.1)

Die Entdeckung eines kleinen Quadrates in einem größeren Quadrat führt zur Frage, wieviel verschiedene Quadrate man mit den kleinen Dreiecken eigentlich legen kann.

  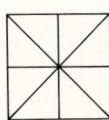

Bei den Dreiecken gibt es sogar eine Figur mehr:

 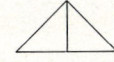

 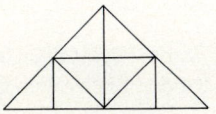

Manchmal ist es hilfreich, Figuren als Grundriß vorzugeben, insbesondere dann, wenn auch Parallelogramme und Trapeze einbezogen werden.

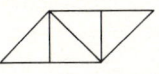 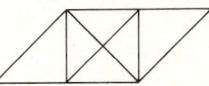

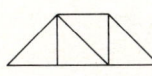 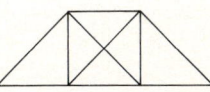

Zur Differenzierung kann man auch Teilfiguren im Umriß vorgeben. Das erleichtert das Auslegen. Die Kinder sammeln hierbei nicht nur Erfahrungen im Zerlegen und Zusammensetzen von Grundformen, sondern u. a. auch zum Flächeninhalt und zur Symmetrie.

Neben den bisher angesprochenen Möglichkeiten des Herstellens und Arbeitens mit geometrischen Grundformen gibt es zahlreiche weitere Zugänge zu den Formen: Zeichnen mit Schablonen (vgl. Kap. 4.3), Spannen von Gummibändern auf dem Geobrett (vgl. Kap. 3.4), Legen von Streichhölzern, Drucken mit Kartoffelstempeln, usw.

Jeder Zugang besitzt nicht nur seinen eigenen Reiz, sondern liefert zugleich einen Beitrag zur Entwicklung der visuellen Wahrnehmungsfähigkeit, indem Komponenten dieser Fähigkeit wie visuomotorische Koordination, Figur-Grund-Diskrimination, Wahrnehmungskonstanz, Wahrnehmung der Raumlage und der räumlichen Beziehungen immer wieder angesprochen und geübt werden.

Grundformen aus Plättchen

Lege die Pfeilfigur mit den 8 Teilen des Legespiels nach. Durch Umlegen von nur zwei Dreiecken läßt sich jede der Figuren aus dem Pfeil herstellen. (Die Lösungen sind eingezeichnet.)

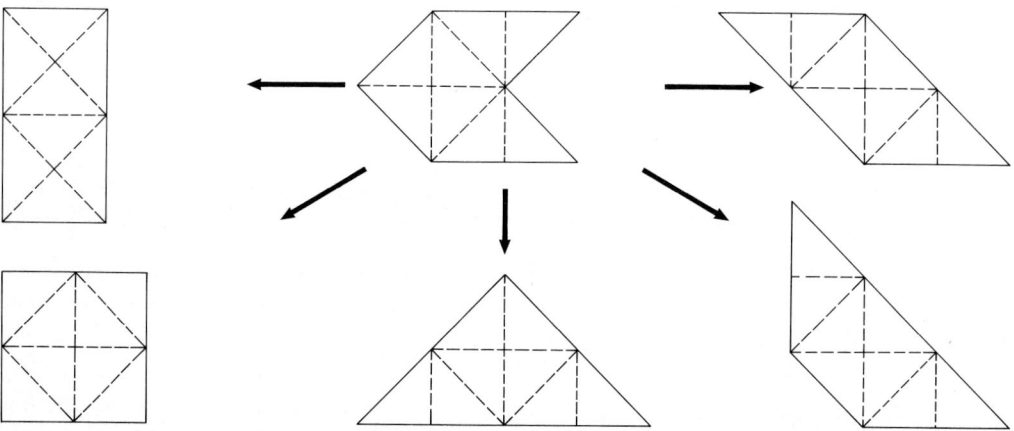

Welche Figuren lassen sich noch durch Umlegen von genau zwei Dreiecken aus dem Pfeil gewinnen?

Das magische Legespiel:

Legespiel: Legeplan:

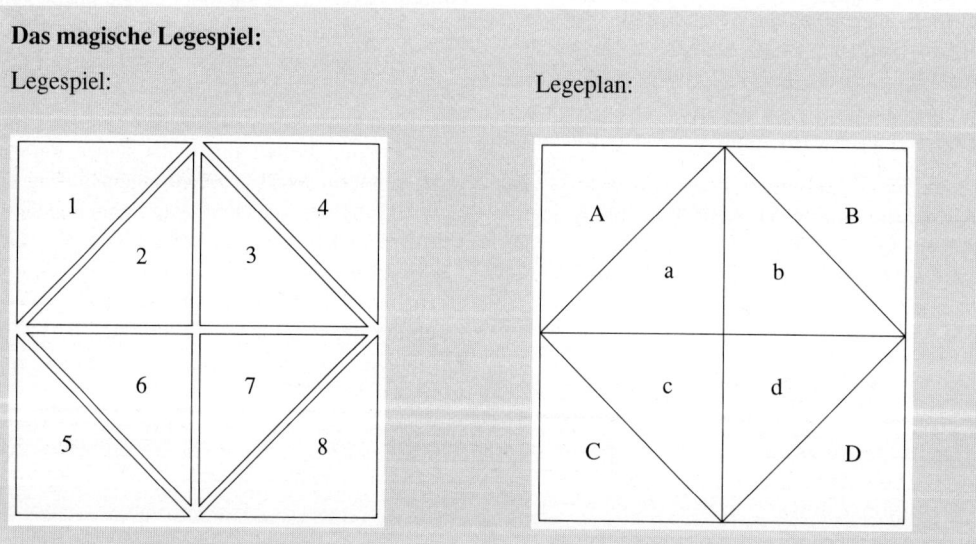

Schreibe auf die 8 Dreiecke deines Legespiels die Zahlen 1 bis 8; auf jedes Dreieck eine Zahl.

– Lege die Zahlendreiecke auf die Buchstabenfelder des Legeplanes.
  Die Summe der Zahlen auf den großen Buchstaben soll genauso groß sein, wie die Summe der Zahlen auf den kleinen Buchstaben.

– Lege die Zahlendreiecke so auf den Plan, daß die Summe der Zahlen auf den Buchstaben A, a, B, b genau so groß ist wie die Summe der Zahlen auf den Buchstaben C, c, D, d.

– Erfinde eigene Aufgaben und stelle sie deiner Lehrerin.

Grundformen an Körpern

Einige der den Kindern bekannten Körper werden bezüglich ihrer Flächen betrachtet. Dazu stellen wir eine Dose, eine Seifenschachtel, usw. auf eine Papierunterlage und umfahren sie mit einem Bleistift.

Wie heißen die entstehenden Figuren? Wir vergleichen sie. Zu welchem Körper gehören welche Flächenformen?

Umkehrung der Fragestellung:
An welchen Körpern findet man Dreiecke, Quadrate, Rechtecke, ...?

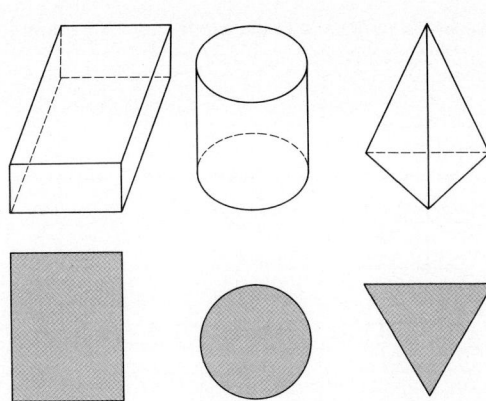

Grundformen aus Streichhölzern

Während beim Ausmalen von Quadraten, Dreiecken usw. mehr der Flächenaspekt in den Vordergrund rückt, fällt bei den folgenden Streichholzaufgaben der Blick stärker auf den Rand der Figuren.

– Lege Quadrate aus Streichhölzern. Wie viele Hölzer benötigst du für 1, 2, 3, 4 Quadrate?

– Lege Dreiecke aus Streichhölzern. Wie viele Hölzer benötigst du für 1, 2, 3, 4 Dreiecke?

– Marlene kann mit 5 Hölzern zwei Dreiecke legen (mit 7 Hölzern zwei Quadrate legen).

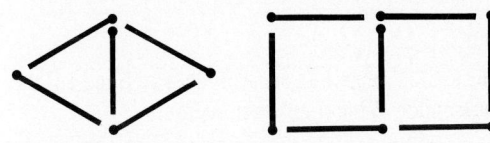

Die folgenden Aufgaben dienen der Schulung des *analytischen Denkens*. Gegebene Figuren werden strukturiert. Dabei wird das Entwickeln von *Strategien* notwendig, die das Aufsuchen aller möglichen Lösungen gewährleisten. Das Strukturieren von Figuren in Teilfiguren, das Hineinsehen von Teilfiguren in die vorgegebenen Figuren ist zugleich eine Vorbereitung für das spätere Bestimmen des Flächeninhaltes.

– Ingo hat mit 9 Hölzern 5 Dreiecke gelegt. Siehst du auch 5 Dreiecke?
 (4 kleine Dreiecke und das Gesamtdreieck)

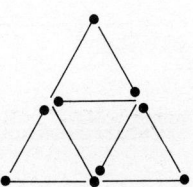

– Wie viele Quadrate sind hier zu entdecken?

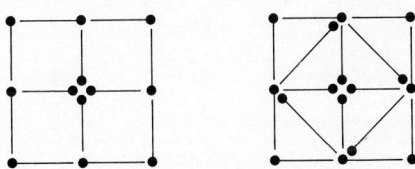

– Wie viele Dreiecke entdeckst du jeweils?

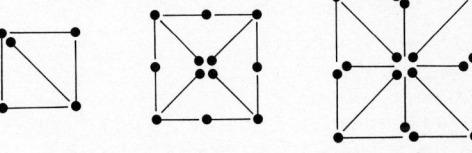

Zuerst zählt man die kleinen Dreiecke, dann die nächst größeren usw.

– Baue die Figur rechts mit 12 Hölzern nach. Lege 4 Hölzer um. Es sollen drei Quadrate (2 Quadrate) entstehen.

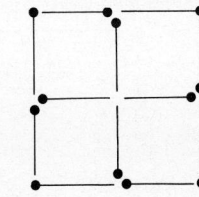

Die folgende Aufgabe stellt eine Verbindung zum Würfel her und trainiert insbesondere die *Raumvorstellung*.

– Lege 5 Quadrate mit 16 (Streich)hölzern.

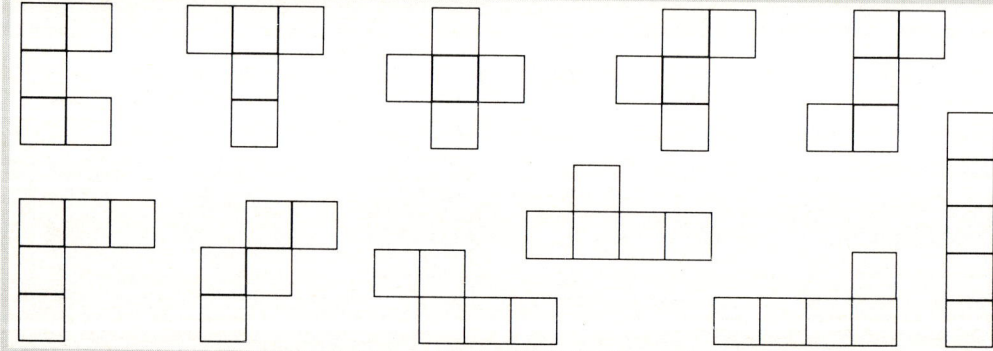

Es entstehen lauter zusammenhängende Figuren, deren Quadrate mit den Seiten aneinandergrenzen. Diese Figuren werden auf Zettel übertragen und an der Tafel befestigt.

– Welche dieser Figuren läßt sich zu einem offenen Würfel falten?

Es gibt 8 solcher Figuren. Welches Quadrat ist darin die Grundfläche?

Fördern des kombinatorischen Denkens

Material: Zahnstocher und Plastilin in zwei Farben.

– Stelle Quadrate her mit roten/gelben Plastilinkugeln als Ecken und Zahnstochern als Seiten. Wie viele Quadrate findest du?

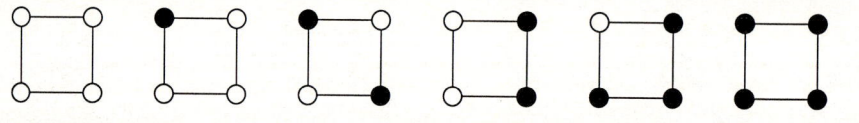

– Stelle ebenso Dreiecke her. Wie viele verschiedene Dreiecke gibt es?

Grundformen aus Trinkhalmen und Pfeifenreinigern

Trinkhalme und Pfeifenreiniger sind nicht teuer. Die Halme müssen gemäß der Aufgabenstellung auf die entsprechenden Längen verkürzt und die Reiniger im passenden Winkel gebogen werden.

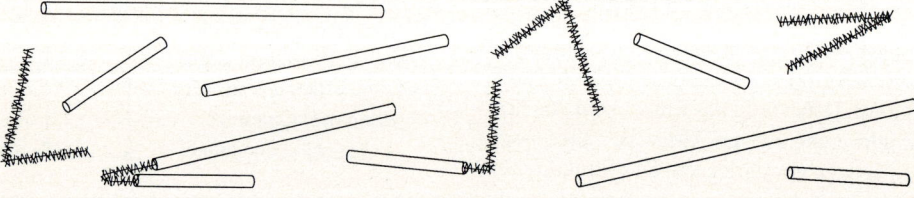

- Stelle ein Rechteck her. Wie viele Trinkhalme brauchst du? Wie viele Sorten verschiedener Länge gibt es? Wie viele Winkel mußt du zurechtbiegen?

- Stelle vier Trinkhalme mit den Längen 3 cm, 4 cm, 5 cm und 8 cm her und nimm drei Pfeifenreiniger-Winkel. Wieviel verschiedene Dreiecke kannst du herstellen?

- Nimm drei Trinkhalme jeweils der Länge 5 cm und drei Trinkhalme jeweils der Länge 10 cm und drei Pfeifenreiniger-Winkel. Wieviel verschiedene Dreiecke - verschieden in Form oder Größe - kannst du herstellen?

- Nimm vier Trinkhalme jeweils der Länge 10 cm und vier Trinkhalme jeweils der Länge 5 cm; dazu vier Pfeifenreiniger-Winkel. Wieviel verschiedene Vierecke – verschieden in Form oder Größe – kannst du herstellen?

Grundformen mit dem Kartoffelstempel

Zur Arbeit mit Kartoffelstempeln benötigen wir Deck- oder Wasserfarben, Pinsel, geeignetes Papier und natürlich Kartoffeln und ein Messer.

Es empfiehlt sich, das Zuschneiden des Stempels vorzumachen und Hinweise zur Messerführung zu geben. Danach schließt sich eine Erprobungsphase an. Hier sammeln die Kinder erste Erfahrungen: Ist die Stempelfläche eben genug? Ist die Farbe gleichmäßig aufgetragen? Wie fest muß ich aufdrücken? Sind die Kanten des Stempels beim Drucken sichtbar, damit man die Figuren auch hinreichend sauber aneinander stempeln kann?

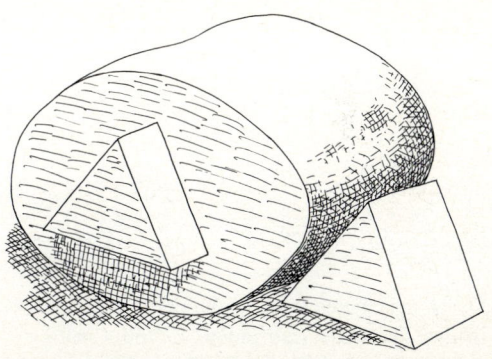

Die ersten Druckerzeugnisse werden verglichen. Neben Einzelfiguren finden sich zunehmend Figurenzusammenhänge bis hin zu bemerkenswerten Flächengliederungen: Häuser in einer Straße, Türme in einer Mauer, Schiffe im Wasser, ... Hübsche Muster und Einrahmungen, oft aus einer einzigen Grundfigur aufgebaut, offenbaren die schöpferischen Kräfte im Kind.

 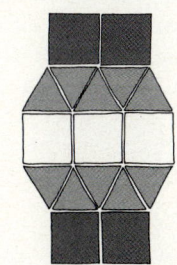 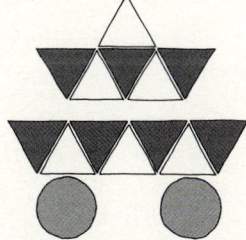 

Die Möglichkeit, Farben übereinander zu drucken, läßt viele Varianten zu für die Herstellung von Schmuckpapieren, Einbandhüllen, Lesezeichen und dekorativen Entwürfen aller Art.

Dabei wird die Figurenkenntnis vertieft, Elemente von Parkettierungen treten auf, Symmetrien entstehen, Flächenüberdeckungen bereiten den Begriff des Flächeninhaltes vor. Die Geometrie kommt wahrlich nicht zu kurz.

Hier noch eine kleine Anmerkung zur Symmetrie: Symmetrie tritt beim Stempeln achsen-, dreh- oder schubsymmetrischer Figuren auf. Sie kann aber auch auf eine völlig andere Weise ins Blickfeld geraten: Wir stellen Buchstabenstempel her, z.B. einen Stempel für "A" und einen für "Z". Warum kann ich beim A ein A schneiden, beim Z aber kein Z? – Was passiert beim Stempeln?

Grundformen durch Spannen eines Seiles

Übungen mit einem Seil? Da denkt man an Seilhüpfen und an Sportunterricht. Wohl kaum jemand bringt das Seil mit Quadraten und Geometrieunterricht in Verbindung. Und doch lassen sich abwechslungs- und ertragreiche Seil-Aufgaben formulieren.

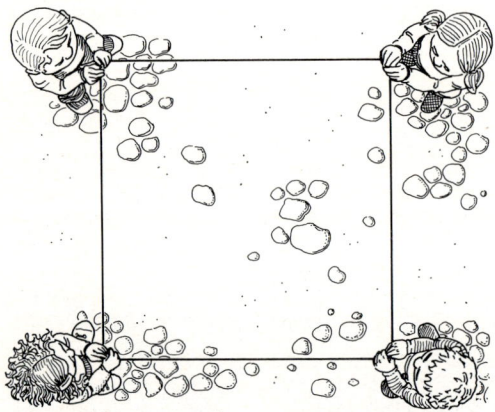

Die ersten Übungen sollten auf dem Schulhof oder in der Turnhalle stattfinden. Benötigt wird ein etwa 8 m langes Seil oder Band vom Gummitwist, das an den Enden zusammengeknotet ist.

– Vier Kinder spannen nun das Seil zu einem Quadrat. Das wird nicht auf Anhieb gelingen. Erst über mehrere Verbesserungen wird nach und nach ein "ordentliches" Quadrat entstehen. Die Kinder stehen dann an den Eckpunkten des Quadrats.

Aber ist wirklich ein Quadrat entstanden?
Wie läßt sich das überprüfen?
Welche Eigenschaften des Quadrates müssen dazu nachgewiesen werden?
Zunächst einmal müssen die Seiten alle gleich lang sein. Wie läßt sich das ohne Metermaß zeigen? Nun, Kind A läuft zu Kind C. Durch Aneinanderhalten wird festgestellt, ob die Strecke AD genauso lang ist wie die Strecke CD, usw.

Dann muß noch geprüft werden, ob auch die Winkel alle gleich groß sind. Hier hilft ein großer Faltwinkel (vgl. Kap. 4.3) aus Zeitungspapier weiter.

Da Kinder selten Erfahrungen mit so großen Quadraten mitbringen, empfehlen sich Vorübungen der folgenden Art.

– Auf dem Schulhof wird ein Startpunkt S markiert. Ein Kind beginnt bei S ein Quadrat zu gehen.

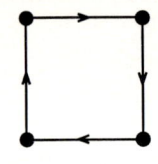

Nach 5 Schritten markiert es die zweite Ecke und macht eine Vierteldrehung nach rechts. Nun geht es abermals 5 Schritte, usw. Kommt es am Ende wieder bei S an?

– Ein Quadrat wird gelaufen. Wieder beginnt ein Kind beim Startpunkt S, nur läuft es jetzt mit geschlossenen Augen. Nach Ablaufen der vier Seiten öffnet es wieder die Augen. Steht es auf dem Ausgangspunkt S?

– In analoger Weise lassen sich Rechtecke, allgemeine Dreiecke, gleichseitige, rechtwinklige und gleichschenklige Dreiecke spannen und ablaufen.

– Welche Figur läßt sich am leichtesten, am schwersten spannen (gehen)?

– Natürlich kann man auch Bindfaden verwenden und die Übungen in Gruppenarbeit vertiefen. Besser noch: neue Aufgaben erfinden!

Figuren aus Stickgarn

Manche Firmen für Kindergartenbedarf bieten Stickbretter an: Sperrholzquadrate mit 10 x 10 Löchern. Ähnlich wie beim Geobrett kann man hier die Umrisse der verschiedensten Figuren "sticken". Dazu wird buntes Stickgarn mit einer Nadel durch die Löcher gezogen, bis die gewünschte Figur fertig ist. Die Löcher dürfen jedoch nicht zu klein sein, weil man oft mehrmals mit der Nadel hindurch muß.

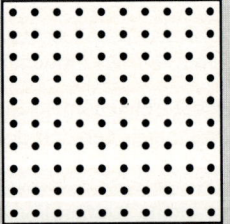

Überlappen sich die verschiedenfarbigen Umrisse, entstehen hübsche Muster.

3.3.2 Auslegen und Flächeninhalt

Die Bilder der Sprache müssen durch eigenes Handeln zunächst einmal im Unterricht wieder aufgebaut werden. Und hier liegt eine der Hauptaufgaben einer Geometrie in der Grundschule.
H. Winter 1971

Beispiele für erfahrungs- und umweltbezogenes Lernen

- Päckchen einpacken, Bücher einbinden ... . Wieviel Papier braucht man? Wie läßt sich das vorher bestimmen?
- Raum- und Gebäudeflächen mit Teppichboden, Teppichfliesen auslegen, Wege pflastern ... . Beispiele im Schulgelände suchen, von Erfahrungen berichten, selber durchführen.
- Das Kinderzimmer mit einer neuen Fußleiste ausstatten, mit Teppichfliesen auslegen (Umfang/Flächengröße);
- Tischplattenflächen, Schrankstellflächen, Fensterglasflächen ... miteinander bzgl. ihrer Größe vergleichen (durch Auslegen mit Heften, Postkarten o.a.);
- Flächen bzw. Oberflächen ertasten, betreten, abschreiten...
- Zusammenhang zwischen Flächengröße und Preis bei bestimmten Materialien diskutieren und erkennen. (*Was kosten die Figuren?*)

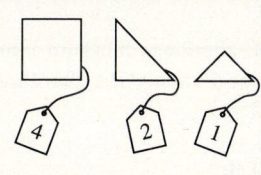 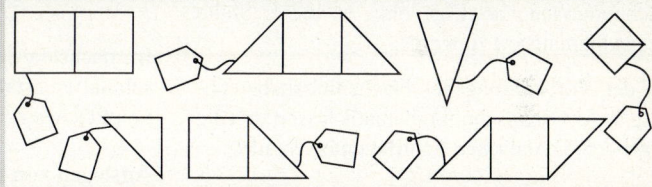

- Im Schulgarten Beete und Wege anlegen (Pläne erstellen, einteilen, messen, einen Gartenplan zeichnen ...). Wieviel Platz (Fläche) brauchen einzelne Pflanzen, Bäume ...?
- Wörter suchen, sammeln und deren Begrifflichkeit diskutieren, die sich auf den Begriff ‚Fläche' beziehen (z.B. Rasenfläche, flach, Grundfläche, Handfläche, Flachdach, Flachmann);
- Größe der Flächen verschiedener Räume im Schulgebäude durch Abzählen der Fliesen, Platten ..., durch Messen, Abschreiten ... miteinander Vergleichen.
- Wohnungsgrundrisse lesen, Kinderzimmer im Grundriß mit Möbeln einrichten, Landkarten lesen, Flächenteile verändern u.v.a.m.
- In Zackdorf ärgern sich die Bauern schon seit Jahren über ihre Felder. Diese sind so verwinkelt, daß sie kaum eine gerade Furche mit einem Pflug ziehen können. Wer kann aus diesen Feldern (durch Zerschneiden, Umformen...) rechteckige Äcker machen?

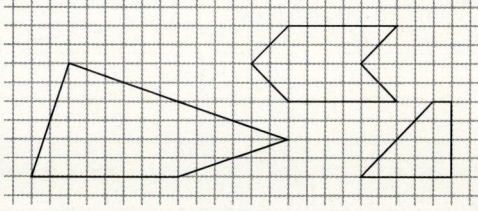

Flächeninhalte gehören wie Längen und Rauminhalte zu den geometrischen Größen. Zu diesem Thema sollen die Grundschüler erste Erfahrungen in Sach- und Spielsituationen sammeln, Flächen bzgl. ihrer Größe miteinander vergleichen und Beziehungen zu Umweltsituationen erkennen, so daß geometrische Strukturierungen erkannt werden. Dabei wird der grundlegende Vorgang des Messens vorbereitet und es werden im Grundschulunterricht Modelle zur Einsicht in die Invarianz dieser (einer) Größe angeboten.

Vergleiche mit standardisierten Maßeinheiten wie cm^2, dm^2, mm^2, km^2 oder ha, der Aufbau entsprechender Größenvorstellungen und das Berechnen eines Flächeninhaltes über formalisierte Gleichungen ist erst Aufgabe der Schuljahre in der Sekundarstufe I.

Die nachfolgenden Übungen und Anregungen zum Auslegen und zum Flächeninhalt sind aus didaktischen Gründen in Stufen geordnet, wobei die Übergänge durchaus fließend sind. So sind z. B. bereits beim ersten Auslegen von Figuren im 1. Schuljahr Aspekte des Flächenvergleichs bzw. der Flächenmessung beteiligt, ohne an dieser Stelle bereits thematisiert zu werden.

Bei der Vorbereitung der Flächeninhaltsberechnung in der Grundschulmathematik lassen sich die folgenden didaktischen Schritte unterscheiden:

– Flächen mit beliebigen Teilfiguren auslegen.

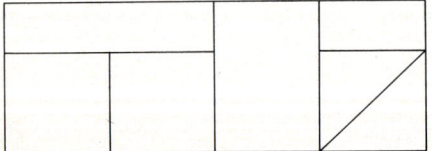

– Flächen mit gleichen Teilfiguren auslegen, wobei die Kinder zum Verständnis kommen, daß zwei Figuren flächengleich sind, wenn sie sich in paarweise kongruente (deckungsgleiche) Teilstücke zerlegen lassen.

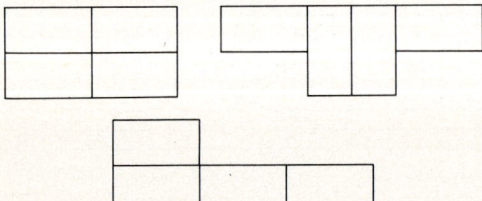

– Invarianz des Flächeninhaltes gegenüber der Lage und der Umformung der Fläche.

– Einsicht in die Notwendigkeit eines Einheitsmaßes zum Bestimmen des Flächeninhaltes.

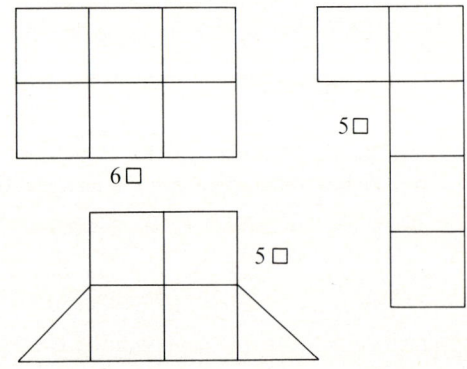

Im nächsten Schritt, allerdings nicht im Grundschulalter, werden die Formeln zur Berechnung von Flächen erarbeitet.

Auslegen von Figuren

Die im "Formenspiel" enthaltenen Plättchen wie Dreiecke, Quadrate u.a. sowie die "Geometrischen Formen" eignen sich besonders für das Auslegen von Figuren, weil sie zugleich vielfältige Erfahrungen im Umgang mit den Grundformen ermöglichen.

Die farbig vorgegebene Figur legt durch ihre Einteilung Anzahl und Form der benötigten Plättchen fest. Beim Vergleichen sammeln die Kinder Erfahrungen zur *Invarianz der Flächengröße bei Formänderung* und Erfahrungen zum *Flächeninhalt*, ohne daß dieser Begriff im Unterricht schon benutzt wird (Präfiguration von Flächeninhalt). Denn alle Figuren jeweils einer Aufgabe lassen sich mit derselben Plättchenmenge auslegen. Sie sind also gleich groß, sie haben denselben Flächeninhalt. Anders formuliert: Je zwei Vielecke (Figuren) lassen sich in paarweise kongruente Teilvielecke zerlegen und sind somit *zerlegungsgleich*.

Zerlegungsgleiche Vielecke haben denselben Flächeninhalt. Wichtig ist dabei das Auseinanderhalten von Fläche und Flächeninhalt oder Flächengröße. Unterschiedliche Flächen können sehr wohl den gleichen Flächeninhalt haben.

– Lassen sich alle Figuren mit denselben Plättchen auslegen? (vgl. BAUERSFELD u. a. 1971a)

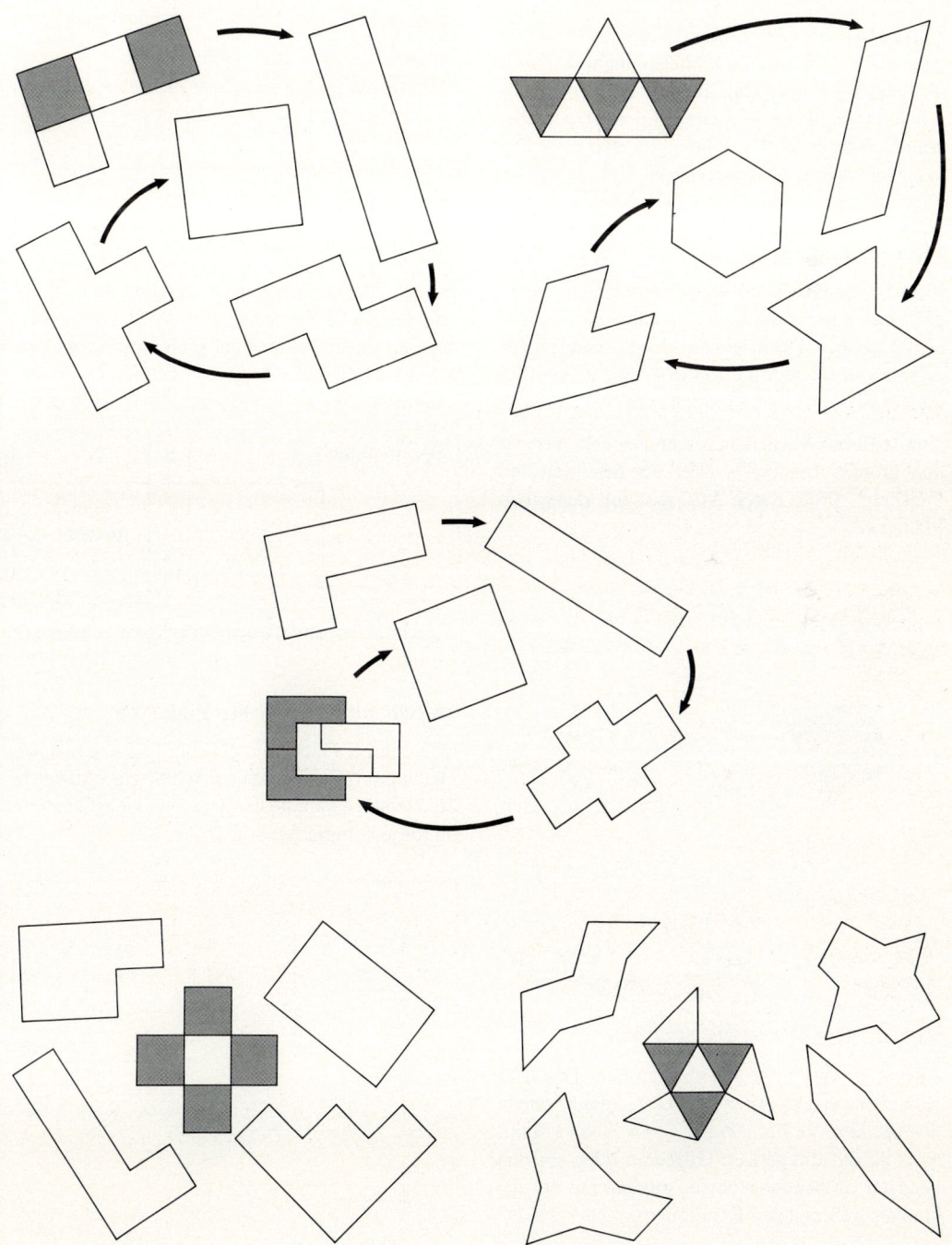

– Lege das Schiff mit genau 5 Plättchen aus.
Trage die Lösung in die Tabelle ein.
Kannst du auch mit genau 4 Plättchen oder genau 6 Plättchen auslegen? Welche Möglichkeiten findest du noch?
(Plättchen der geometrischen Formen).

Aufgaben dieser Art geben Anlaß, Strategien zu entwickeln: Wenn es ein Plättchen mehr sein soll, dann wird z.B. ein Quadrat durch zwei gleichschenklig-rechtwinklige Dreiecke ersetzt. Dabei kommt es zu ersten Flächenvergleichen zwischen den geometrischen Grundformen.

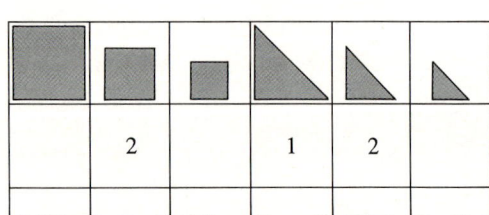

Flächenvergleiche

Flächenvergleiche sind schon beim ersten Auslegen von Figuren beteiligt: "Ich kann alle Figuren mit denselben Plättchen auslegen." Oder: "Für diese Figur reichen die Plättchen nicht." – "Bei meiner Figur bleibt ein Plättchen über."

Nun wird das Vergleichen thematisiert: Wer hat den größten Drachen? Wer hat den kleinsten Drachen? Prüfe durch Auslegen mit denselben Plättchen.

Für qualitative Vergleiche benötigt man nicht grundsätzlich Plättchen o.ä., die vorliegenden Flächen lassen sich manchmal auch unmittelbar vergleichen: Reicht der Teppichboden für das Wohnzimmer?

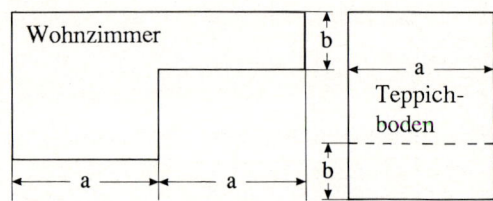

Zerschneiden und Aufeinanderlegen führen zur Lösung.

Messen mit willkürlichen Einheiten

Quantitative Flächenvergleiche: Sind alle Flächen gleich groß? Schätze zuerst! Wähle zum Auslegen die kleinen Quadrate. Notiere, wie viele Quadrate du für jede Figur benötigst?

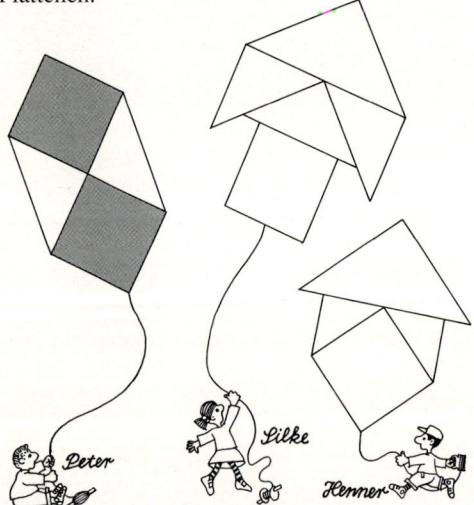

Plättchen der geometrischen Formen.

Aussagen wie "Silke hat den größten Drachen. Henner hat den kleinsten Drachen" kennzeichnen den *qualitativen Flächenvergleich*. Noch kommt es nicht auf die genaue Größe an oder auf den genauen Größenunterschied, sondern nur auf die kleiner-größer-gleich-Relationen.

Wähle zum Auslegen die kleinen Dreiecke. Wie viele Dreiecke benötigst du jeweils? Je kleiner die Einheit ist, mit der gemessen wird, desto größer ist die Anzahl der Einheiten. Diese Einsicht wird durch Auslegen der Grundformen überprüft, die Ergebnisse in einer Tabelle festgehalten:

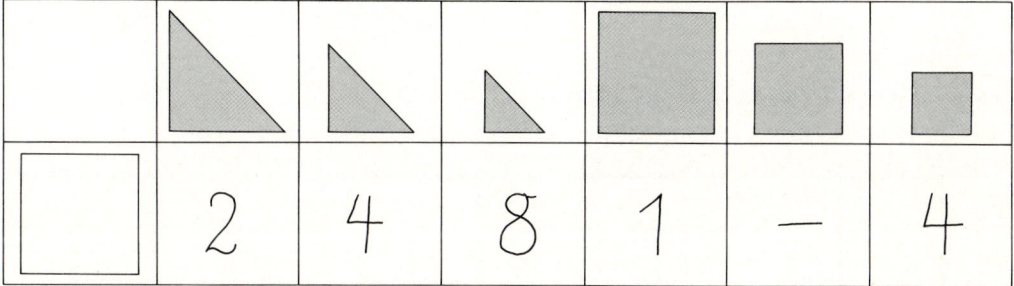

Was läßt sich noch alles aus der Tabelle ablesen? Was bedeutet der Strich?

Das Vergleichen von Teilflächen verschiedener Figuren fördert die Einsicht in die *Invarianz der Flächengröße bei Aufgliederung:* Sind die roten (gelben) Flächen der Quadrate alle gleich groß? Schätze zuerst! Wähle dann ein geeignetes Plättchen zum Nachprüfen.

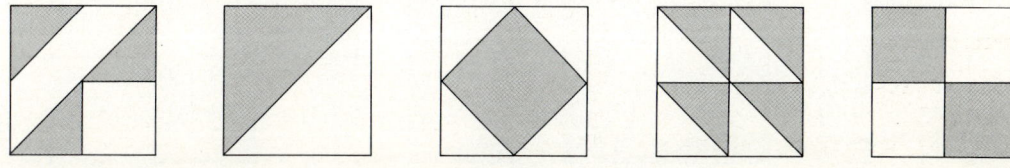

Das vorangehende Schätzen ist von besonderer Bedeutung. Es zwingt das Kind, zunächst einmal die roten Flächen in der Vorstellung aufzugliedern, zu zerlegen und neu zu ordnen oder zusammenzusetzen (Kopfgeometrie).

Das Messen mit genormten Maßeinheiten

Das Messen mit genormten Einheiten gehört zum Stoffkanon der Orientierungsstufe. Bei der Erarbeitung der einzelnen Einheiten ist besonderes Gewicht auf die Entwicklung der entsprechenden *Größenvorstellungen* zu legen. Welche Fläche kann sich das Kind z.B. unter 1 cm^2 vorstellen? Ein Fingernagel hat etwa die Größe 1cm^2. Eine Briefmarke hat eine Größe von rund 4cm^2. Ein Repertoire derartiger "Stützpunktvorstellungen" (WINTER 1985, S. 19) erleichtert das Schätzen von Flächeninhalten, das Kontrollieren von Ergebnissen, insbesondere beim Umwandeln von einer Maßeinheit in die andere, und ist die Basis für ein sinnvolles Rechnen mit Flächeninhalten.

Das Messen am eigenen Körper kann sehr motivierend sein und erleichtert den Aufbau von Stützpunktvorstellungen. Wie groß ist deine Handfläche? Dabei wird der Umriß der Hand auf ein Quadratgitter gezeichnet. Danach wird gezählt. Das vorherige Schätzen aber nicht vergessen!

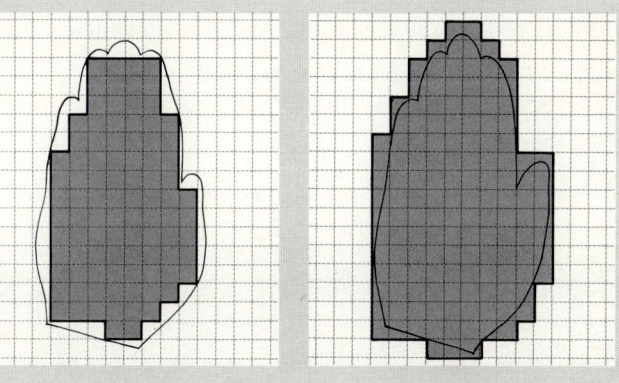

In der Grundschule kann man als Einheitsmaß die Größe eines Quadrates auf Karopapier bzw. im Punktgitter wählen.

Das ist ein Q: oder auch:

Wie groß ist jeweils die Fläche dieser Figuren?

Das quantitative Bestimmen einer Fläche über Einheitsquadrate (Q) geschieht zunächst über das Auslegen mit Zentimeterquadraten und dann über das Einzeichnen von Zentimeterquadraten in die Figuren. Umgekehrt sollten entsprechende Flächen zu einem vorgegebenen Inhalt gelegt oder gezeichnet werden.

Dabei kann deutlich werden, daß jede Figur (Fläche) genau einen Flächeninhalt besitzt, umgekehrt aber zu einem Flächeninhalt verschiedene Figuren (Flächen) derselben Größe existieren. Z. B. zu 4 Q:

Quadratgitter bieten anspruchsvolle Aufgaben zur Differenzierung:

– Bestimme jeweils den Flächeninhalt in Q!

Verschiedene spielerische Übungen

Die im Handel befindlichen Legespiele aus Holz oder aus Kunststoff (vgl. Abschnitt über Anregungen für eine Mathe-Ecke im Klassenzimmer) eignen sich hervorragend zum Herstellen zerlegungsgleicher Figuren und somit zur Vertiefung des Flächeninhaltsbegriffs.

Unser "Zauberquadrat"

Verbindet man die Kantenmitten eines Quadrates reihum und schneidet entlang der Verbindungslinien, so entsteht ein fünfteiliges Legespiel.

Aus allen 5 Teilen "zaubern" wir andere Figuren: Schiffe, Häuser, Fische, Raketen, ...

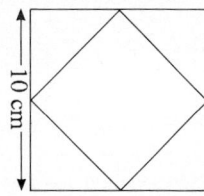

Oder: Dreiecke, Vierecke, Sechsecke:

Alle Figuren haben denselben Flächeninhalt. Lege Figuren, die halb so groß sind. Lege mit deinem Nachbarn Figuren, die doppelt so groß sind. Vergleiche die Größe des "Zauberquadrates" mit der Größe des Innenquadrates.

Natürlich lassen sich die Umrisse der Figuren als Puzzle zum Auslegen vorgeben.

Kannst du alle Figuren so zerschneiden, daß die Teile in dieses Rechteck passen?

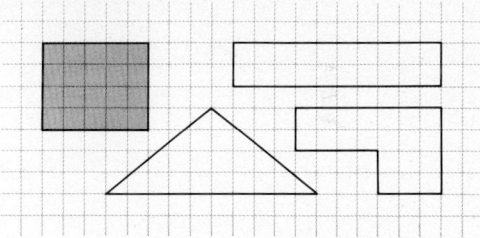

Wieviel Dreiecke dieser Sorte braucht man, um die Figuren voll auszulegen?

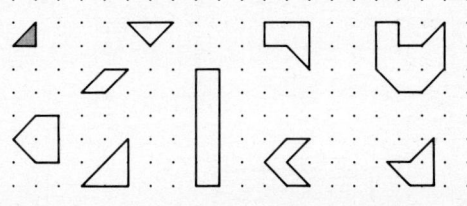

Flächeninhalt und Umfang

Flächen gleicher Größe können verschiedene Umfänge haben, Flächen gleichen Umfangs können verschieden groß sein.

– Zeichne Figuren auf Karopapier. Alle Figuren sollen 6 Karos groß sein:

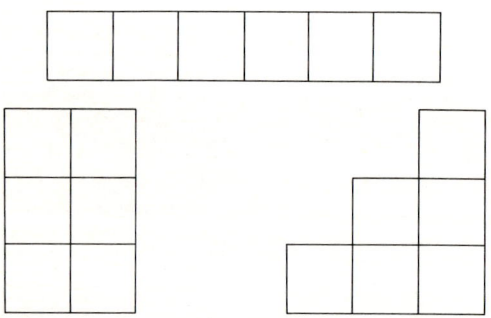

Alle Figuren haben den gleichen Flächeninhalt. Gib den Umfang in Karolängen an: 14, 10, 12.

– Zeichne Figuren auf Karopapier. Alle Figuren sollen den Umfang von 10 Karolängen haben: Bestimme den Flächeninhalt.

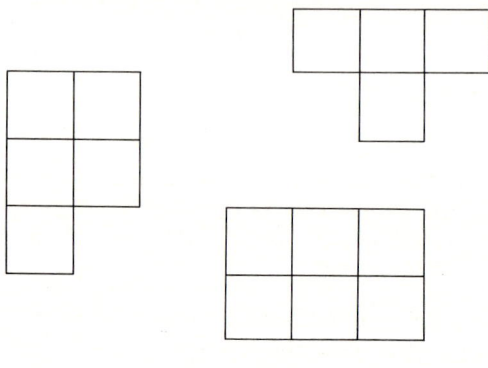

Gibt es auch zwei verschiedene Flächen, die den gleichen Umfang und den gleichen Flächeninhalt haben? Beide Aufgaben lassen sich auch mit Streichhölzern durchführen.

Aus einem "alten" Schulbuch:

Mit vier Streichhölzern kannst du ein Quadrat legen.
Den **Umfang U** messen wir mit Einheiten.
Eine Einheit ist die Länge eines Streichholzes.

❶ a) b)

6

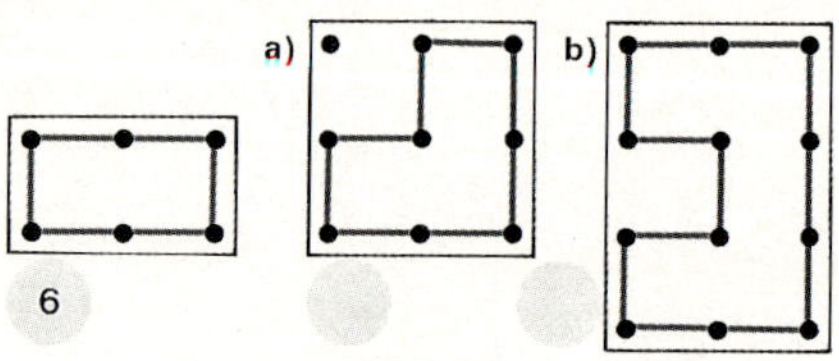

Vier Streichhölzer begrenzen die **Fläche F** eines Quadrates.
Dieses Quadrat ist die Einheit zum Messen des Flächeninhaltes.

❷ Beispiel: a) b)

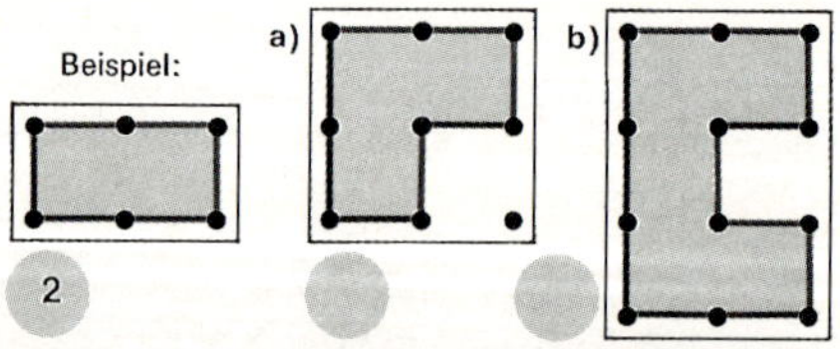

2

❸ Beispiel: a) b) c) d)

8 3

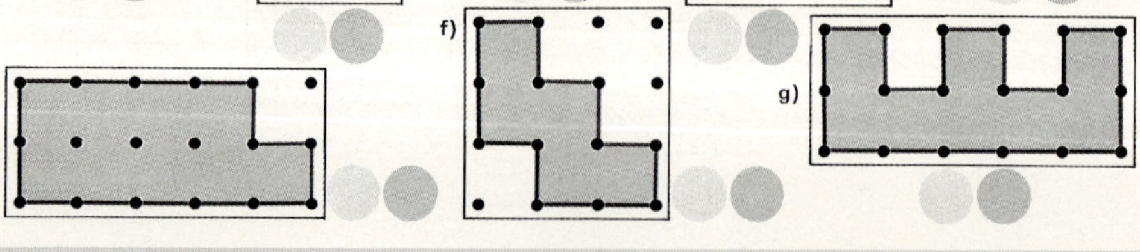

f) g)

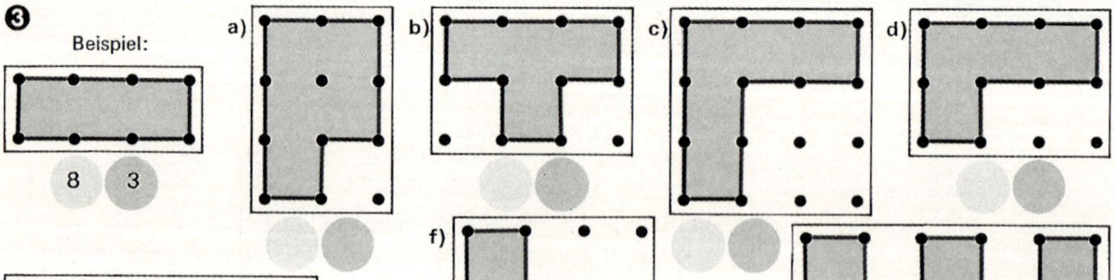

Faltquadrate

Zur Vertiefung des Umfangs- und Inhaltsbegriffes sind Faltübungen wegen des Handelns, Probierens usw. mit Material besonders geeignet. Als Ausgangsfigur wählen wir ein Quadrat mit der Kantenlänge 10 cm und unterteilen es in 16 Teilquadrate.

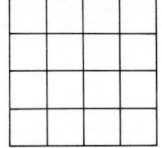

Die Ausgangsfigur ist somit 16 Quadrate (16 Q) groß.

– Falte ein Rechteck, das 8 Q groß ist.

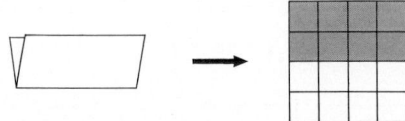

– Falte ein Quadrat, das 4 Q groß ist.

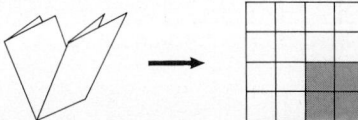

– Falte ein Dreieck, das 8 Q groß ist.

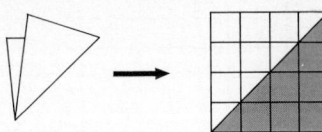

– Falte ein Quadrat, das 8 Q groß ist.

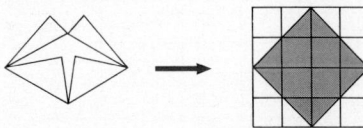

– Falte ein Sechseck, das 12 Q groß ist.

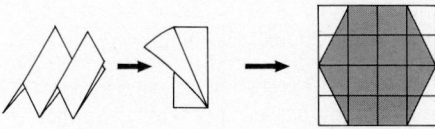

– Falte ein Achteck, das 14 Q groß ist.

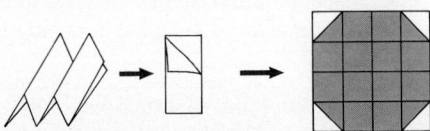

Die Ausgangsfigur hat 4 Ecken.

– Falte eine Figur mit 3 Ecken.

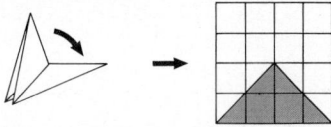

– Falte eine Figur mit 3 Ecken, die 2 Q groß ist.

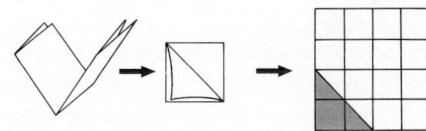

Die Ausgangsfigur hat einen Umfang von 16 Karolängen (16 K).

– Falte ein Rechteck mit einem Umfang von 6 K.

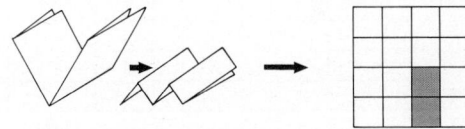

– Falte eine Figur mit 4 Ecken, die einen Umfang von 12 K hat.

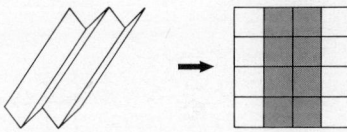

– Falte eine Figur, die 4 Q groß ist und einen Umfang von 10 K hat.

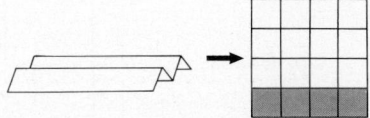

Die fertigen Faltfiguren lassen sich mühelos auf Karopapier festhalten. Natürlich sind hier nicht sämtliche Lösungen angegeben; es gibt zudem noch weitere zahlreiche Aufgaben zu diesem Faltquadrat. Für Kinder liegt hier ein Tummelfeld für das Erfinden und Entdecken eigener Aufgaben.

Wählt man als Ausgangsfigur ein Faltdreieck, kommen neue Figuren ins Spiel.

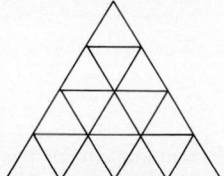

Käsekästchen

Käsekästchen ist ein sehr altes Spiel. Als Spielfeld dient ein Rechteck auf kariertem Papier, z. B. ein 10 x 6 Karofeld. Zwei Spieler zeichnen abwechselnd eine Seite eines Kästchens nach. Gelingt es einem Spieler, ein Kästchen zu schließen durch Zeichnen der vierten Seite, so hat er es gewonnen und kann es mit einem Kreuz (oder Kreis) kennzeichnen. Dieser Spieler darf dann noch einen Zug tun. So kann er unter Umständen mehrere Käsekästchen

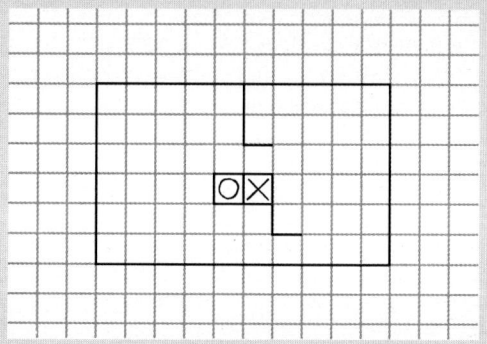

hintereinander bekommen. Die Randseiten der äußeren Kästchen gelten als schon nachgezeichnet. Wer am Schluß den meisten "Käse" hat, ist Sieger. Hinweis: Geht man von kleineren Spielfeldern aus, können die Kinder untersuchen, ob es für einen der beiden Spieler eine Gewinnstrategie gibt.

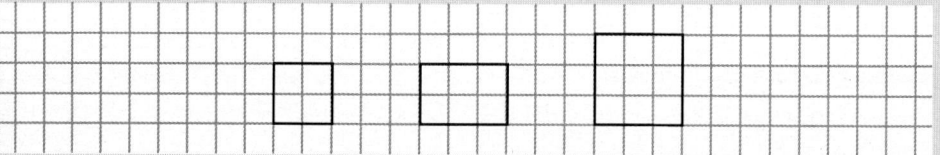

Claim abstecken

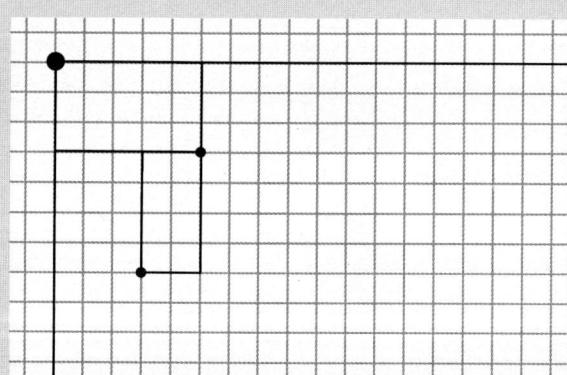

Als Spielfeld dient ein Rechteck auf kariertem Papier, z.B. ein 20 x 30 Karofeld.

Zwei Spieler würfeln abwechselnd mit zwei Würfeln. Würfelt der erste Spieler 5 und 3, steckt er ein 5 x 3 Rechteck (rot umrandet) vom Start aus ab. Dazu hat er die Wahl zwischen zwei Lagemöglichkeiten. Dann markiert er den Gegenpunkt seines Startpunktes als neuen Startpunkt. Würfelt der Partner nun 2 und 4, hat er je nach freien Feldern mehrere Anlegemöglichkeiten für sein 2 x 4 Rechteck (blau umrandet). Wiederum wird der neue Startpunkt (Gegenpunkt des vorherigen Startpunktes) bestimmt.

Kann ein Spieler nach seinem Wurf kein Rechteck anlegen, würfelt der nächste Spieler. Können beide Spieler dreimal hintereinander nicht anlegen, ist das Spiel zu Ende. Gewonnen hat, wer am Schluß insgesamt den größten Claim abgesteckt hat (nach KAUNER 1981).

3.3.3. Falten - Schneiden - Legen: Wege zur Symmetrie

Daß im übrigen mit der Hervorhebung und Klärung einfacher Symmetrie-Eigenschaften auch spätere arithmetische Einsichten unterstützt werden, leuchtet am bekannten Halbieren und Verdoppeln oder bei der "übersichtlichen" und das heißt zumeist: symmetrischen Anordnung von Gegenständen zum Auszählen, Vereinigen oder Vermindern unmittelbar ein.
H. Bauersfeld.1972

Beispiele für erfahrungs- und umweltbezogenes Lernen:

- Schau in einen Taschenspiegel. Was kannst du alles sehen?

- Wo kannst du dein Spiegelbild überall erkennen? An der Wasseroberfläche, im Taschenspiegel, in der Schaufensterscheibe, an der Weihnachtskugel, im Löffel, ...

- Berichte, was man mit einem Spiegel alles tun kann: Man kann einen Sonnenstrahl umlenken, um jemanden anzuleuchten, ...

- Zwei Kinder stehen sich gegenüber. Ein Kind bewegt die Hand, das andere Kind macht die jeweilige Bewegung spiegelbildlich nach.

- Wozu braucht man am Fahrrad oder am Auto einen Rückspiegel?

- Versuche, mit einem Spiegel um die Ecke zu gucken.

- Wie kann man mit zwei Taschenspiegeln ganz reich werden? Lege zwischen zwei parallele Spiegel einen Pfennig.

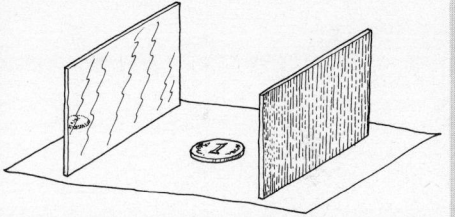

- Untersuche einen Tageslichtprojektor. Besitzt er einen Spiegel? Und wie ist er eingebaut?

- Wo sind dir schon überall Spiegel begegnet? Im Supermarkt, an einer Verkehrskreuzung, in der Fahrradlampe, ...

- Suche und sammle Wörter, in denen "Spiegel" vorkommt: Spiegelbild, Spiegelschrift, Wasserspiegel, Verkehrsspiegel, Spiegelei, Wandspiegel, Spiegelwand, Spiegelung, Rasierspiegel, ...

- Versuche, mit Hilfe eines Spiegels Spiegelschrift zu lesen:

ƎSJƎ | ELSE

- Kannst du deinen Namen in Spiegelschrift schreiben?

– Untersuche auf Achsen- und Drehsymmetrie: Häuser, Fenster, Fliesenmuster, Tapeten, Blätter, Drachen, Zangen, Scheren, ...

Quadrat
Liebespfeil der Weinbergschnecke

Dreieck
Querschnitt durch den Fruchtstand der Herbstzeitlose

Baumscheibe

Trittsiegel:

| ziehende | flüchtende | ziehendes | flüchtendes | ziehender | flüchtender |
| Wildsau | | Reh | | Hirsch | |

Ingo (2. Schuljahr) betrachtet beim Essen eine Fliege an der Fensterscheibe.

Knut: "Wie viele Beine hat die Fliege?"
Ingo: "Sechs". Nach einer Weile: "Es können auch acht sein."
Knut: "Du weißt es nicht genau. Kann die richtige Zahl nicht ‚in der Mitte' liegen? Sieben?"
Ingo: "Nö, dann wäre sie nicht symmetrisch und könnte nicht richtig laufen."

Symmetrien sind ganz offensichtlich für unser räumliches Auffassungs- und Gliederungsvermögen von grundlegender Bedeutung. Das zeigt sich bei vielen Gelegenheiten: beim Legen mit Plättchen, beim Zeichnen von Bildern, beim Spannen von Figuren auf dem Geobrett.

Für die Entwicklung des geometrischen Vorstellens und Denkens beim Kinde sind Grunderfahrungen zum Spiegeln und Drehen nicht wegzudenken. Die Einschränkung auf Spiegelungen durch Rahmenrichtlinien ist auch wegen der umweltlichen Bedeutung bedauerlich. Achsensymmetrische (bei Körpern ebenensymmetrische) und drehsymmetrische Formen finden sich überall. Die Behandlung von Symmetrien im Unterricht kann wesentlich dazu beitragen, Symmetrie in unserer Umwelt zu erkennen und zu verstehen. Weist doch selbst unser Körper zahlreiche Symmetrien auf.

Die verschiedenen Zugänge für die unterrichtliche Auseinandersetzung erlauben vielfältige Aktivitäten auf der Handlungsebene. Hier wird Symmetrie handelnd erfahren, erkundet und entdeckt!

Derartige Aktivitäten liefern die grundlegenden Einsichten für den weiterführenden Unterricht, in dem Spiegelungen, Drehungen und andere Abbildungen Grundbausteine darstellen.

3.3.3.1. Falten und Symmetrie

Das Falten bietet einen ersten Zugang zur Symmetrie.

Wer hat in seiner Freizeit nicht schon einmal Schiffchen aus Papier gefaltet, selbstgefertigte Windräder ausprobiert oder im Warteraum einer Arztpraxis "Himmel und Hölle" gespielt, um die Zeit zu überbrücken. Falten und Schneiden haben eine lange Tradition. Viele Faltaufgaben sind offensichtlich beliebte Beschäftigungsspiele mit Freizeitcharakter.

Schon Schulanfänger entwickeln beim Falten von Papierfliegern ein bemerkenswertes Geschick (LIETZMANN 1921, 1969[10]). Wer immer Kindern beim Falten von Papierfliegern zugeschaut hat, weiß, mit wieviel Sorgfalt die Flieger entstehen, wie die richtigen Abmessungen der Flügel und der günstigste Sitz der Leitwerke mit Kennermiene diskutiert werden.

Aber nicht nur das Herstellen selbst bietet zahlreiche Möglichkeiten für kreatives Gestalten. Die fertigen Produkte, die selbstgebastelten Spielsachen erhöhen die Freude am eigenen handwerklichen Tun und regen ihrerseits phantasievolles Spielen an. Eine Fülle herrlicher Anregungen für den Unterricht bietet das Buch "Falten und Spielen" (STÖCKLIN-MEIER 1985[2])

Wir haben es beim Falten mit Situationen zu tun,

- in denen Kinder handelnd mit Material Probleme lösen und dabei Produkte herstellen *(handelndes Lernen)*. Durch Vor- und Nachmachen werden die einzelnen Faltschritte gelernt, ehe sie in der Vorstellung ablaufen. Der Prozeß der Verinnerlichung wird unterstützt durch Zeichnungen und sprachliche Anleitungen,

- in denen Kinder zwanglos voneinander und miteinander lernen *(soziales Lernen)*,

- in denen Kinder miteinander engagiert ihre Arbeit diskutieren *(sprachliche Kommunikation)*. Sprache begleitet aber nicht nur das Tun. Sie kann das Ergebnis vorwegnehmen – wenn ich hier falte, dann ... – oder das Tun nachvollziehen,

- die bei den Kindern geometrische Überlegungen auslösen *(fachlicher Aspekt)*. Falten und Schneiden fördern das Erkennen, Beschreiben und das Vorstellen von Lagebeziehungen, vertiefen vorhandenes geometrisches Wissen, benutzen Eigenschaften von Figuren (etwa Symmetrieeigenschaften), ermöglichen Entdeckungen (Die Mittellinien und Diagonalen schneiden sich beim Quadrat in einem Punkt.), beanspruchen das räumliche Vorstellungsvermögen durch das Lesen von Zeichnungen in Faltanleitungen, durch den laufenden Wechsel zwischen ebenen und räumlichen Faltsituationen,

- in denen Kinder Anregungen für eine sinnvolle Freizeitgestaltung erhalten (fachübergreifender Aspekt).

Die mit dem Falten verbundene Motivation sollte man im Unterricht stärker ausnutzen, zumal sich hier auch Zusammenarbeit mit anderen Fächern anbietet.

Zur Einführung in das Falten

Bei den ersten Faltaufgaben kommt es darauf an, die Falttechnik zu erläutern. Dabei gehen wir von vorgegebenen Quadraten oder Rechtecken aus Papier aus.

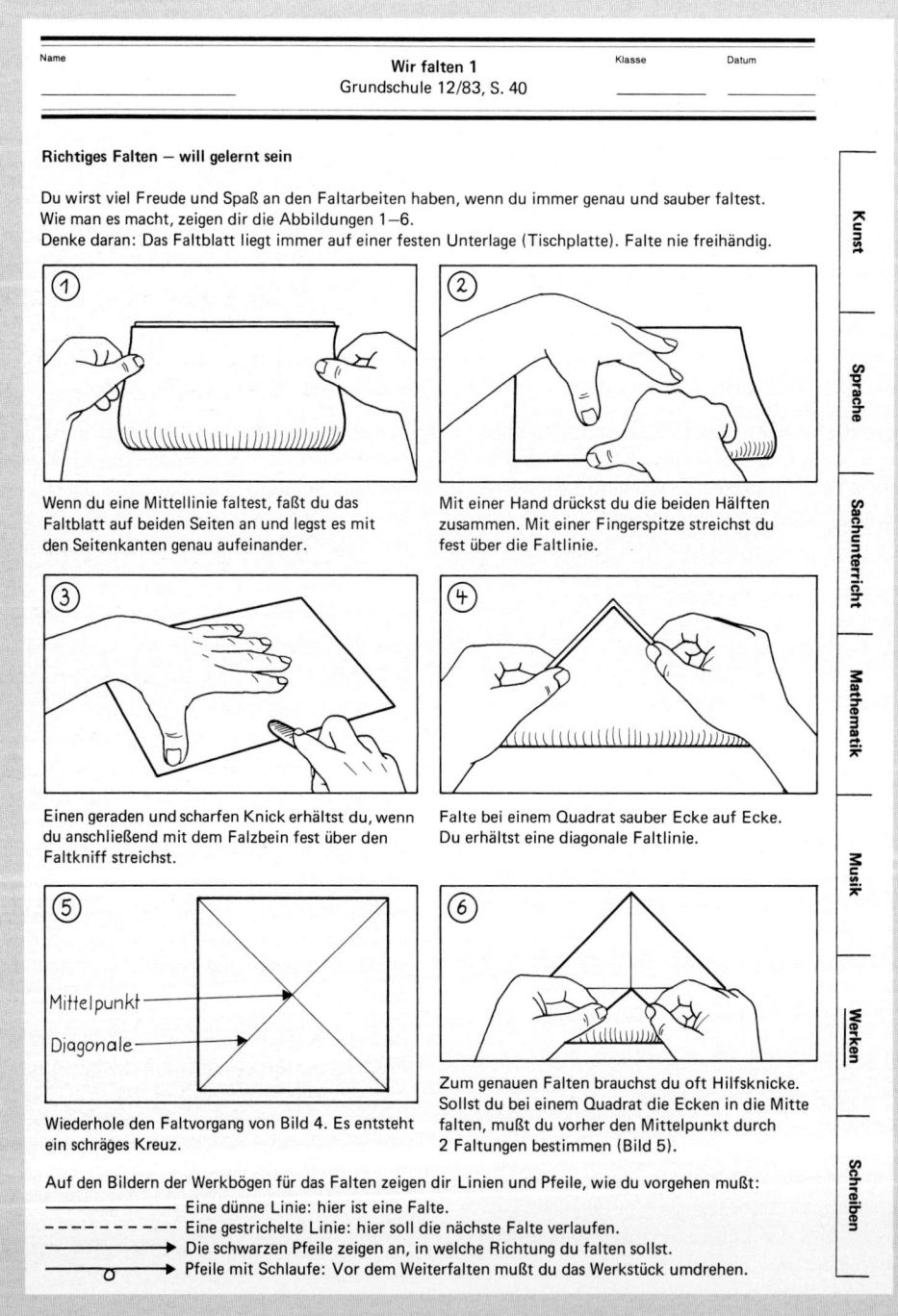

Übungen zum Falten

Die folgenden Anregungen finden sich zum Teil schon bei LIETZMANN (1921); sie sind sicherlich noch älteren Ursprungs.

– Falte ein Buch:

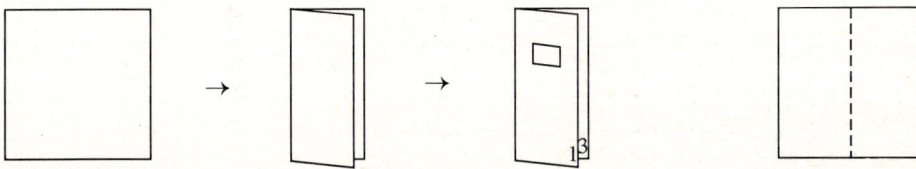

Nach dem Beschriften und Numerieren der Seiten kann man ein Gedicht hineinschreiben.

– Stelle ein Klecksbild her:

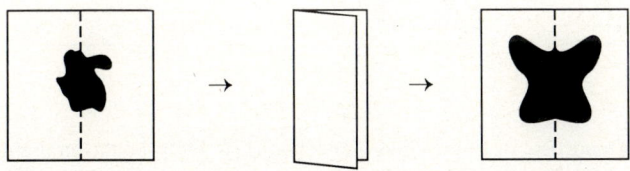

Die hübschen Muster, die durch das Zusammenfalten entstehen, bieten viele Möglichkeiten, Symmetrien zu entdecken und zu vergleichen.

– Falte ein Taschentuch:

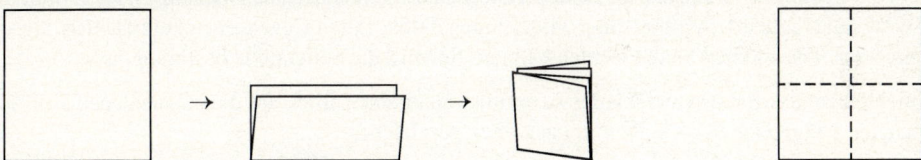

Sorgfältig an den Mittellinien gefaltet, entsteht mit dem Taschentuch ein *Faltwinkel*, mit dem Winkel auf Rechtwinkligkeit überprüft werden können.

– Falte ein Dreieckstuch:

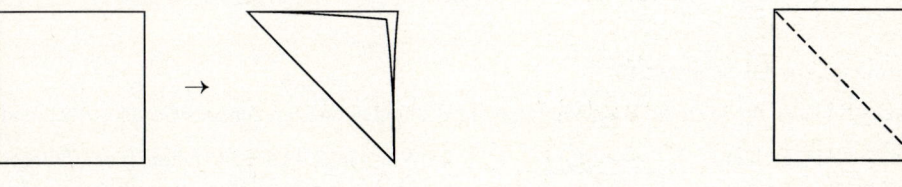

– Falte einen Helm:

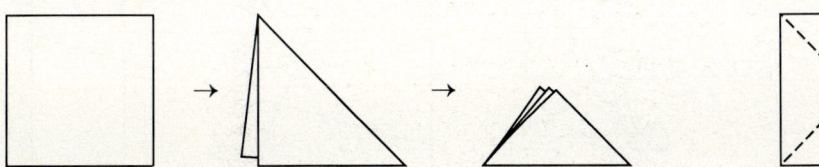 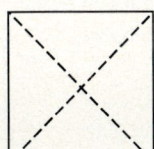

Auch hier entsteht ein Faltwinkel.

- Falte einen Briefumschlag:

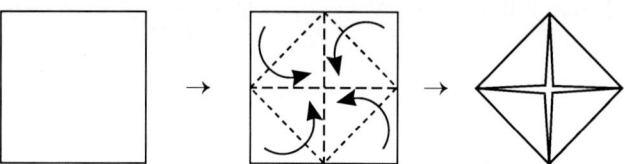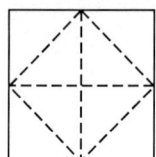

- Falte ein (Salz)näpfchen:

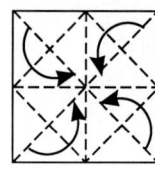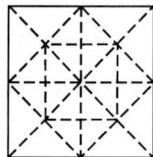

Anleitung:
Mittellinien und Diagonalen falten. Dann den Briefumschlag herstellen. Das Faltprodukt umdrehen. Abermals einen Briefumschlag herstellen. Nun die Ecken des ursprünglichen Quadrates abfalten. Mit dem Salznäpfchen kann man auch "Himmel und Hölle" spielen.

Zahlreich sind die Einsichten, die über diese Handlungserfahrungen angebahnt werden:

Man kann ein Quadrat so falten, daß die beiden Teile genau aufeinanderfallen (deckungsgleich sind). Die Fläche wird dabei halbiert. Wird an einer Mittellinie gefaltet, fallen Gegenseiten aufeinander. Sie sind also gleich lang. Die anderen Seiten werden halbiert. So wird die Seitenmitte bestimmt, usw.

Es empfiehlt sich, das Endprodukt wieder zu entfalten und einen Blick auf die entstandenen Faltlinien zu werfen, die Faltgebilde der Kinder miteinander zu vergleichen.

3.3.3.2. Schneiden und Symmetrie

Das Schneiden bietet einen weiteren Zugang zur Symmetrie. Neben dem richtigen Umgang mit der Schere, die an der Spitze abgerundet sein sollte (Kinderschere), kommt es darauf an, gerade Schnitte auszuführen.

Zur Einführung in das Schneiden

Hier geht es zunächst um korrekte Handhaltung beim Schneiden und um genaues Geradeausschneiden.

- Schneide entlang einer gezeichneten oder gefalteten geraden Linie. Durch den Schnitt entstehen zwei Teile.

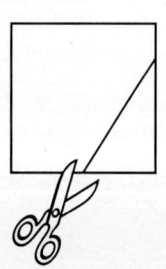

- Wie viele Teile entstehen hier? Überprüfe durch Schneiden. Wie oft mußt du schneiden?

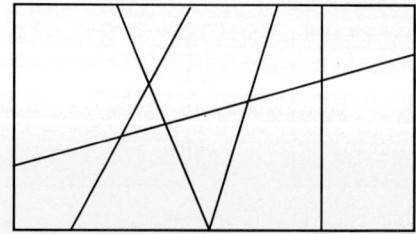

– Falte ein Buch. 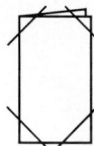   – Stelle einen Faltwinkel her und schneide rundum die Ecken ab.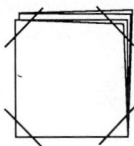

Das Buch hat vier Ecken. Schneide sie nacheinander ab. Wie viele Teile entstehen insgesamt? Warum nicht vier Teile? Entfalte das Restbuch und betrachte es.

Überlege zuerst, wie viele Teile insgesamt entstehen. Schneide dann und überprüfe deine Vermutung. Entfalte wieder.

Übungen zum Schneiden

– Falte wieder ein Buch. Schneide wie in den folgenden Abbildungen an der Faltachse. Entfalte wieder. Was für Figuren hast du ausgeschnitten?

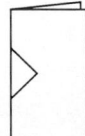 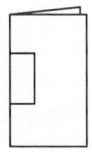  

– Schneide Herzen, Masken, ... und vergleiche sie.

   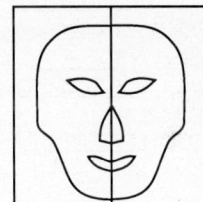

– Kannst du auch solche Figuren ausschneiden?

– Schneide Decken mit hübschen Mustern. Stelle dazu zunächst einen Faltwinkel her.

 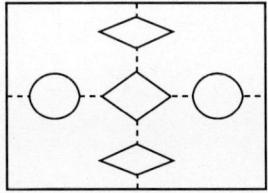

– Kannst du auch solche Figuren ausschneiden?

 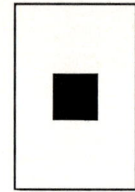  

– Zerschneide ein Quadrat so, daß du aus den beiden Teilen ein Rechteck (ein Dreieck) legen kannst.

Weitere Beispiele zum Falten und Schneiden

Im Zusammenhang mit dem Herstellen von Kästchen, Bechern, Windmühlen lassen sich Begriffe wie senkrecht, parallel, Faltlinie, Faltachse, usw. wiederholend aufgreifen (vgl. Abschnitt 4.3 über das Geodreieck).

– Falte ein Kästchen:
Derartige Kästchen wurden früher zum Abwiegen von Pulver in Apotheken verwendet.

– Falte eine Schachtel:

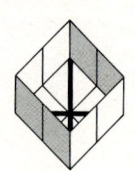
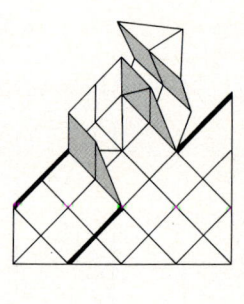

– Falte einen Trinkbecher: Was kannst du mit dem Becher alles anfangen?

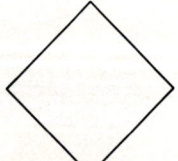  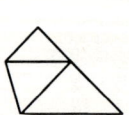 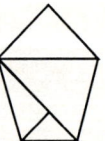  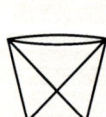

– Falte eine Windmühle:

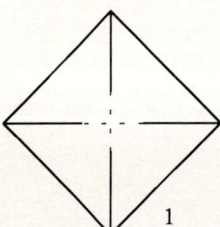 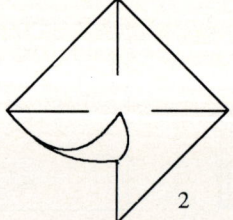 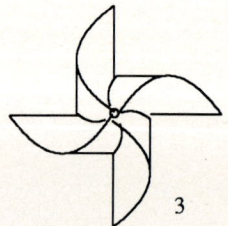

1   2   3

– Falte einen Flieger:

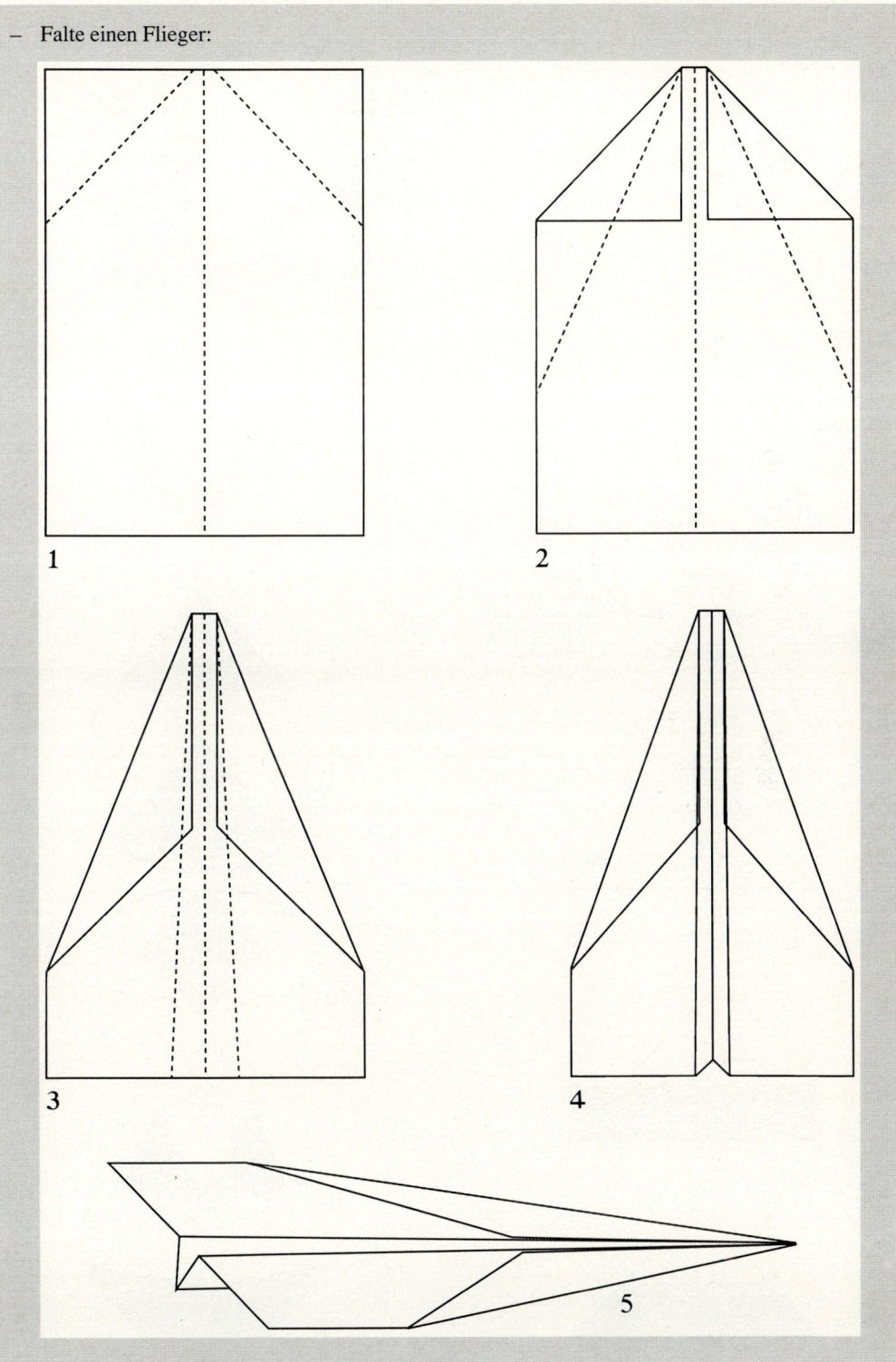

– Falte zuerst einen Helm – dann ein Schiff:

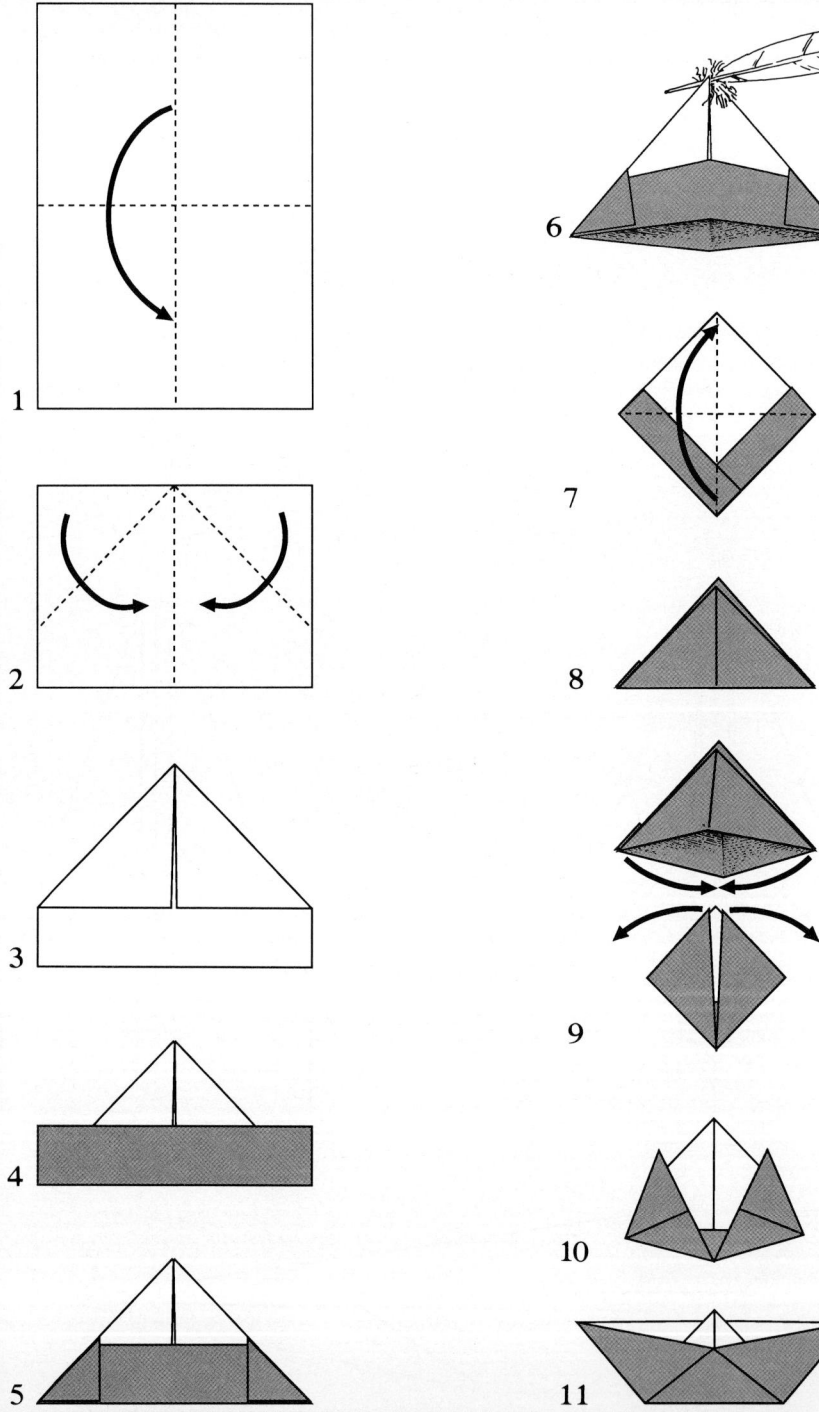

– Falte eine Knalltüte:

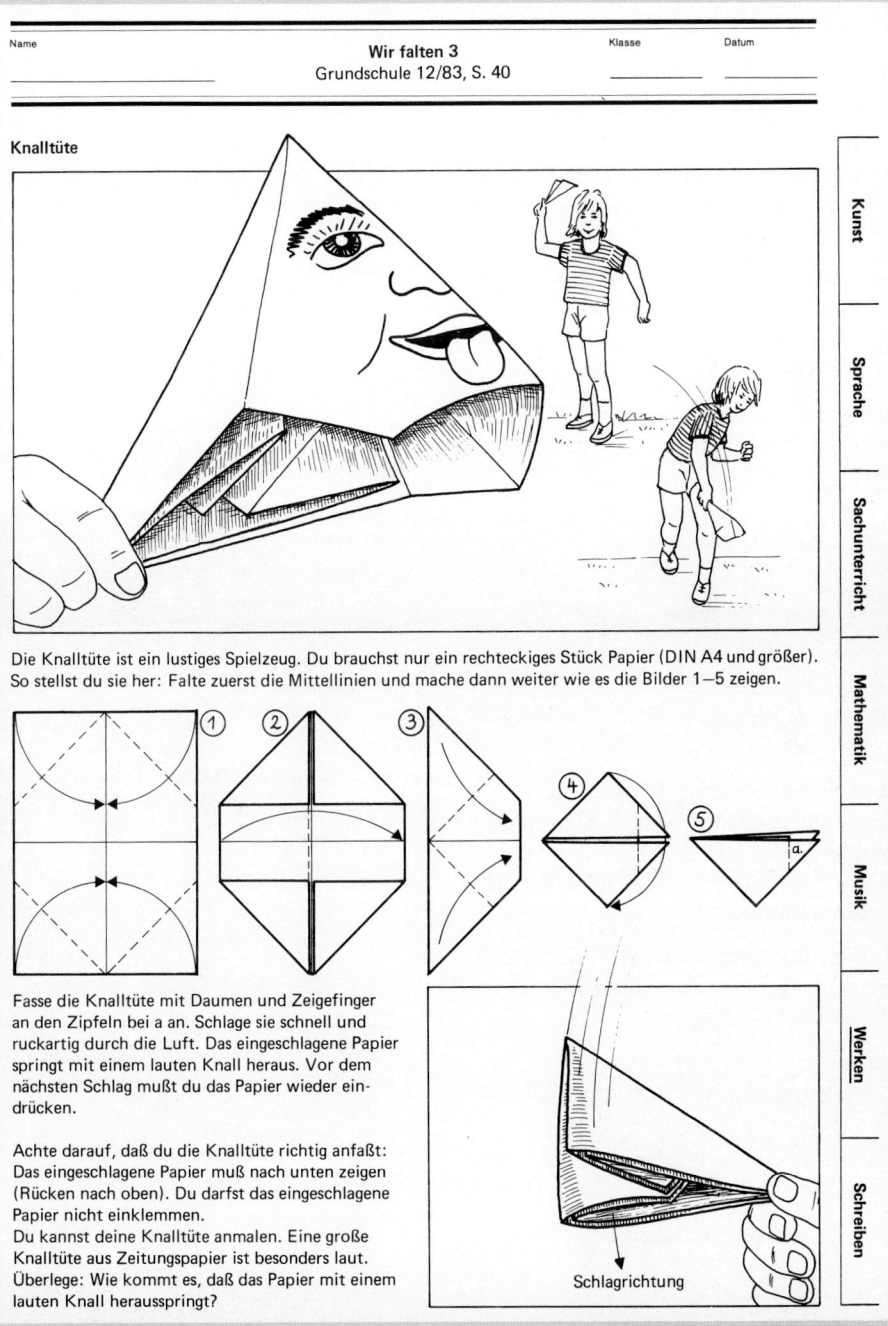

3.3.3.3. Legen und Symmetrie

Das Legen symmetrischer Figuren aus Plättchen oder anderen Materialien mit Hilfe eines randlosen Taschenspiegels ist wohl der bekannteste Zugang zur Symmetrie.

Experimente mit dem Taschenspiegel

Es ist ein Vergnügen und zugleich lehrreich, Kindern beim ersten Umgang mit dem Taschenspiegel zuzuschauen. Natürlich empfiehlt es sich, einige Anregungen beizusteuern.

- Lege einen Spielwürfel vor einen senkrecht stehenden Spiegel. Bewege den Spiegel vom Würfel weg, zum Würfel hin. Drehe den Spiegel auch. Was entdeckst du?

- Schiebe einen Spiegel auf der abgebildeten Uhr hin und her. Was siehst du?

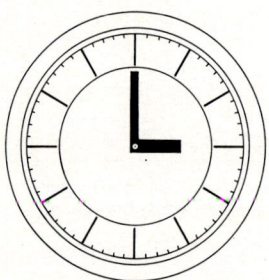

Kannst du eine Uhr ohne Zeiger zaubern? Spiegele die ganze Uhr. Wie spät ist es auf dem Spiegelbild?
Gibt es Zeiten, zu denen Uhrzeit und Spiegelzeit übereinstimmen?

- Versuche, den Regenwurm mit Hilfe des Spiegels zu verlängern, zu verkürzen. Kannst du ihn auch "um die Ecke biegen"?

- Kannst du deinen zerbrochenen Keks wieder ganz machen?

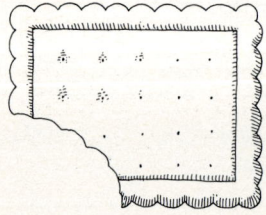

- Lege ein dreieckiges Plättchen an den Spiegel. Was für eine Gesamtfigur entsteht? Was passiert, wenn du den Spiegel nicht genau senkrecht stellst, sondern kantest? Nach hinten oder nach vorn.

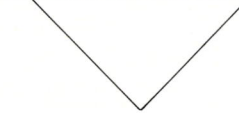

- Hier siehst du fünf Punkte. Stelle den Spiegel so auf, daß du nur vier (2, 1, 3) Punkte siehst? Kannst du auch acht Punkte zaubern?

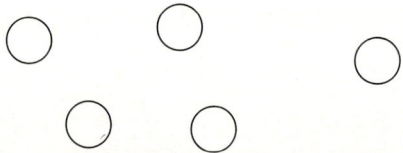

- Ist Dörte fröhlich oder traurig? Nimm einen Spiegel und zaubere ein fröhliches (ein trauriges) Gesicht. Erfinde selbst derartige Figuren.

- Wie sieht Herr Hofmann vor und wie nach der Rasur aus?

- Tina leuchtet mit einer Taschenlampe auf den Fußboden. Wer kann den Lichtstrahl so umlenken, daß er auf das Quadrat an der Wandtafel trifft?

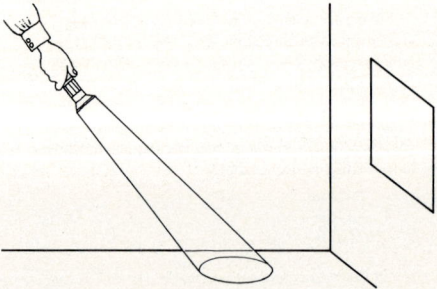

– Spiegele und lies.

Experimente zur Spiegelung

Setze einen randlosen Taschenspiegel auf die dicke Linie. Was siehst du im Spiegel? Lege das Spiegelbild nach. Wie heißt die entstandene Gesamtfigur?

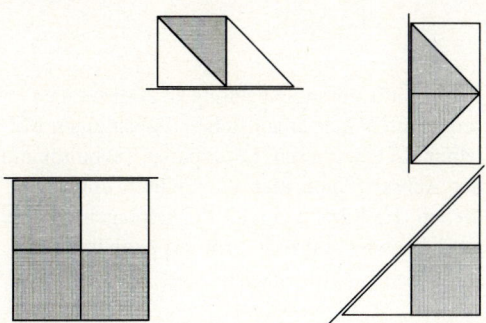

Für die spätere Kontrolle kann man das Spiegelbild durch Umfahren der Plättchen auch zeichnen lassen.

Mit zunehmender Erfahrung im Umgang mit Spiegelbildern bietet sich auch Partnerarbeit an:

Ein Kind legt ein Plättchen, das andere legt das Spiegelbild (Partnerplättchen), usw. Der Spiegel dient zur Überprüfung. Auch auf diese Weise entstehen achsensymmetrische Gesamtfiguren, die das Untersuchen von Figuren auf Achsensymmetrie vorbereiten: Welche Figur besitzt eine Spiegelachse, welche ist achsensymmetrisch?

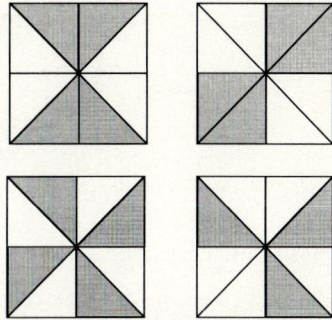

Im ersten Quadrat sind die beiden Diagonalen, im zweiten Quadrat die beiden Mittellinien Spiegelachsen. Das dritte Quadrat besitzt vier Spiegelachsen, das vierte gar keine.

Bisherige Aufgabenvarianten:

- Eine vorgegebene Figur wird durch Spiegelung zu einer doppelt so großen achsensymmetrischen Figur ergänzt.
- Eine vorgegebene Figur wird auf Achsensymmetrie untersucht.

Weitere Varianten:

- Eine im Umriß vorgegebene Figur wird achsensymmetrisch ausgelegt: Lege das Dreieck so aus, daß es genau eine (a), gar keine (b) Spiegelachse hat.

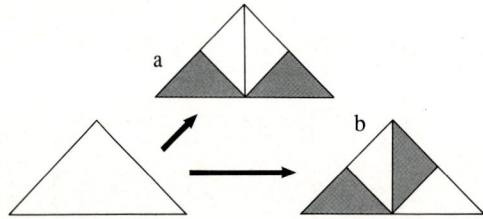

- Eine "unvollständige" Figur wird beidseitig zu einer achsensymmetrischen Figur ergänzt.

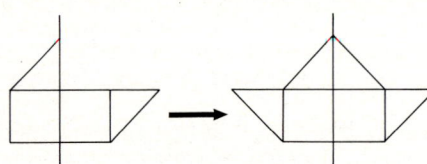

- Nur eine Spiegelachse wird vorgegeben. In Partnerarbeit wird eine beliebige achsensymmetrische Figur gelegt.

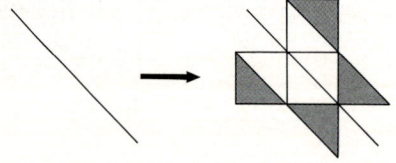

Varianten zur Differenzierung:

- Zwei Spiegelachsen, die sich senkrecht schneiden, sind vorgegeben und ein rechteckiges Plättchen. Spiegele nacheinander an den Achsen und lege jeweils das Spiegelbild. Der Taschenspiegel ist natürlich erlaubt.

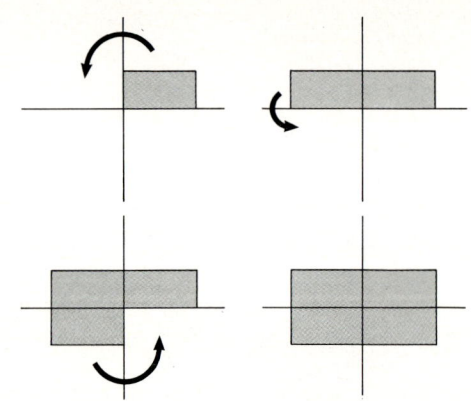

Auch hier ist es vorteilhaft, das Ergebnis aufzuzeichnen. Die Ausgangsfigur ist ein Rechteck, die durch Spiegelung gewonnene Gesamtfigur ebenfalls. Stimmen Ausgangs- und Endfigur immer überein?
Prüfe nach:

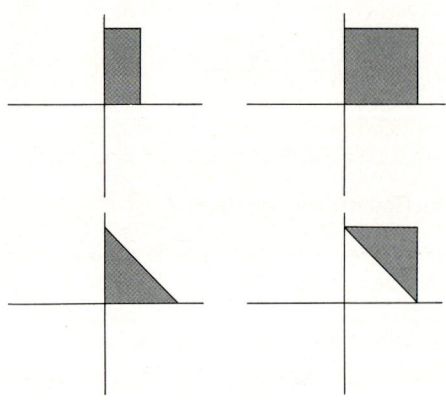

Figuren, die durch Spiegelung an zwei zueinander senkrechten Achsen entstehen, haben einen Mittelpunkt. Um diesen Mittelpunkt (Schnittpunkt der Achsen) kann man die Figuren durch 180° drehen (Halbdrehung oder Punktspiegelung) und sie dabei wieder mit sich zur Deckung bringen.

– Spiegele nacheinander an beiden Achsen. Welche der folgenden Gesamtfiguren entsteht?

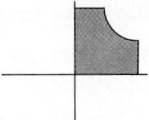

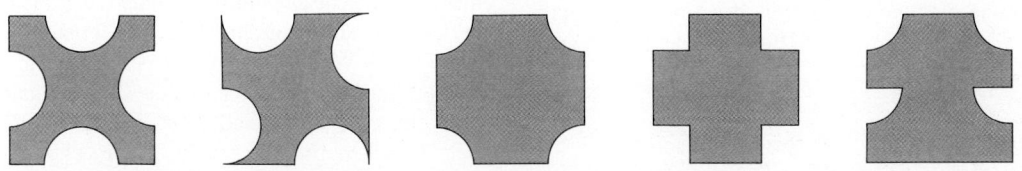

– Untersuche die Buchstaben auf Achsensymmetrie.

Später: Welcher Buchstabe ist drehsymmetrisch?

Ein hübsches Beispiel zum spiegelbildlichen Legen von Figuren beschreibt FORGBERT (1989). Sie benutzt eine normale durchsichtige Glasscheibe –etwa der Größe DIN A4 –die von zwei Holzfüßen senkrecht zur Tischebene gehalten wird.

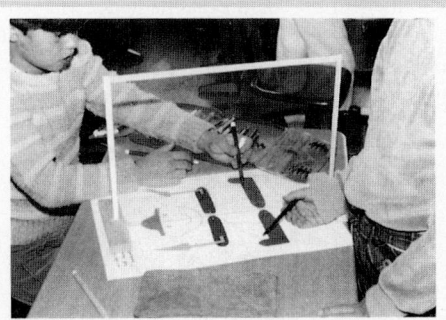

Als Legematerial benutzt sie vorgezeichnete Teile eines Hampelmanns, die ausgeschnitten und in Partnerarbeit wechselseitig so an die Glasscheibe gelegt werden, daß eine symmetrische Gesamtfigur –eben der Hampelmann– entsteht. Zusätzlich kann man die Umrisse der Teilstücke zeichnen und ausmalen lassen. In der "menschenähnlichen Gestalt spiegelt sich unsere körpereigene Symmetrie wieder." (FORGBERT 1989, Seite 16)

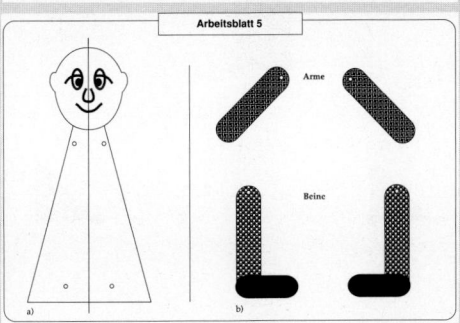

Experimente zur Drehung

Den Symmetriebegriff allein auf Achsensymmetrie zu stützen, wäre eine zu einseitige Begriffsbildung. Wenigstens die Drehsymmetrie sollte als zweites Standbein hinzukommen.

Zunächst wird die Technik des Drehens gezeigt: Als Drehpunkt wird ein Eckpunkt der Plättchenfigur gewählt.

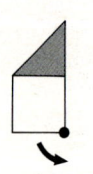 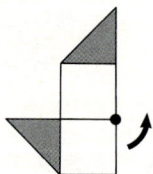

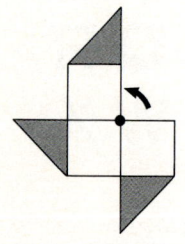 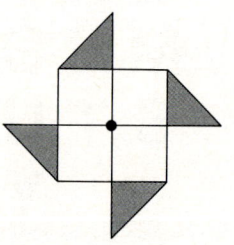

Der Umriß der Figur wird gezeichnet. Dann wird die Plättchenfigur dem Brauche in der Mathematik folgend gegen den Uhrzeigersinn wie in der Abbildung Schritt für Schritt gedreht und jeweils aufgezeichnet.

Drehe und lege!

 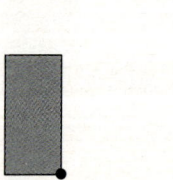

Vorauszusagen, was für eine Gesamtfigur schließlich entsteht, verlangt schon eine Reihe von Erfahrungen zum Drehen.

Zur Differenzierung kann man Figuren aus mehreren Plättchen einer Drehung unterwerfen. So entstehen hübsche Drehmuster. Zugleich sammelt das Kind Handlungserfahrungen zum *Winkel*begriff. Je nach Winkelgröße muß mehr oder weniger oft angelegt werden, ehe sich die Gesamtfigur ergibt. Beim Quadrat muß man viermal legen, beim Dreieck viermal, sechsmal oder gar achtmal, ehe sich die Figur schließt. Als Variation zu der bisher konstruktiven Herstellung drehsymmetrischer Figuren kann man auch von Umrißfiguren ausgehen und sie auslegen lassen:

Lege das Quadrat aus.

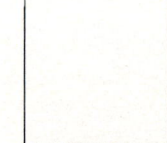

Es soll drehsymmetrisch und achsensymmetrisch sein.

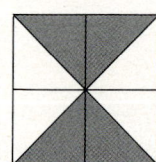

Es soll drehsymmetrisch, aber nicht achsensymmetrisch sein.

Es soll achsensymmetrisch, aber nicht drehsymmetrisch sein.

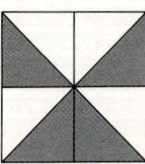

Es soll weder drehsymmetrisch noch achsensymmetrisch sein.

Achsen- oder drehsymmetrisch?

Symmetrie im Karogitter

Benutzt man Karogitter, lassen sich die bisherigen Erfahrungen mit Spiegelungen und Drehungen verallgemeinern. Spiegelachsen und Drehpunkte können nunmehr auch außerhalb der abzubildenden Figur liegen (BAUERSFELD u. a. 1971b):

Spiegele und zeichne nach.   Drehe und zeichne nach.

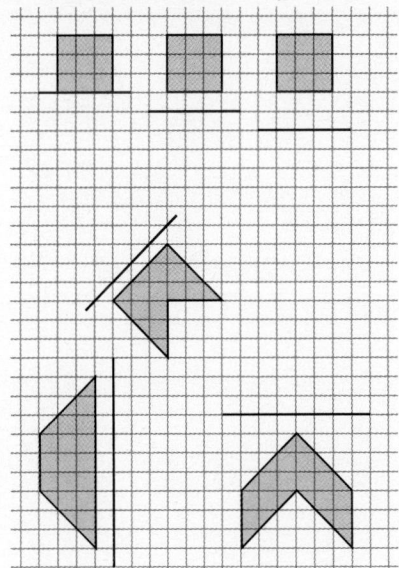 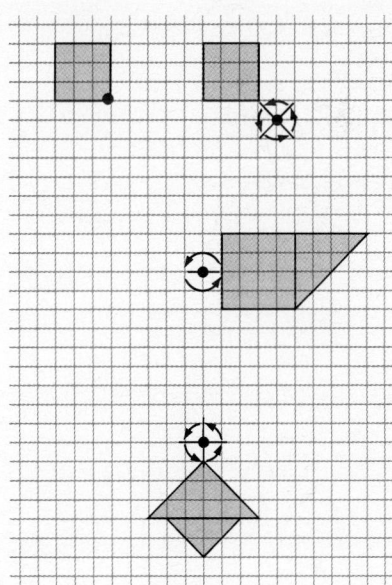

Da der Drehpunkt nicht mehr Eckpunkt der Figur ist, können die Kinder auch nicht mehr Figur an Figur legen. Darum müssen Hilfen für das Drehen gegeben werden. So kann man auf einer durchsichtigen Folie die Figur nachlegen. Dann dreht man die Folie. Eine Stecknadel erleichtert das Drehen. Um die Hilfe durch das Gitternetz für die Lagebeziehungen zwischen Original- und Bildfigur zu erfassen, bedarf es jedoch einiger Dreherfahrung. Dann erst merken Kinder, daß man auch durch Abzählen der Karos die Bildfigur richtig legen kann. In den obigen Beispielen sind zusätzlich die Drehwinkel durch einfache ikonische Zeichen mit Hilfslinien vorgegeben.

Spielerische Übungen

Zappelmännchen

Betrachte das Zappelmännchen auf dem Bild oben links. Setze einen Spiegel auf das Bild, so daß das Zappelmännchen von Bild 1 entsteht.

Verschiebe oder drehe nun den Spiegel. Erzeuge dabei auch die Bilder 2 bis 8.

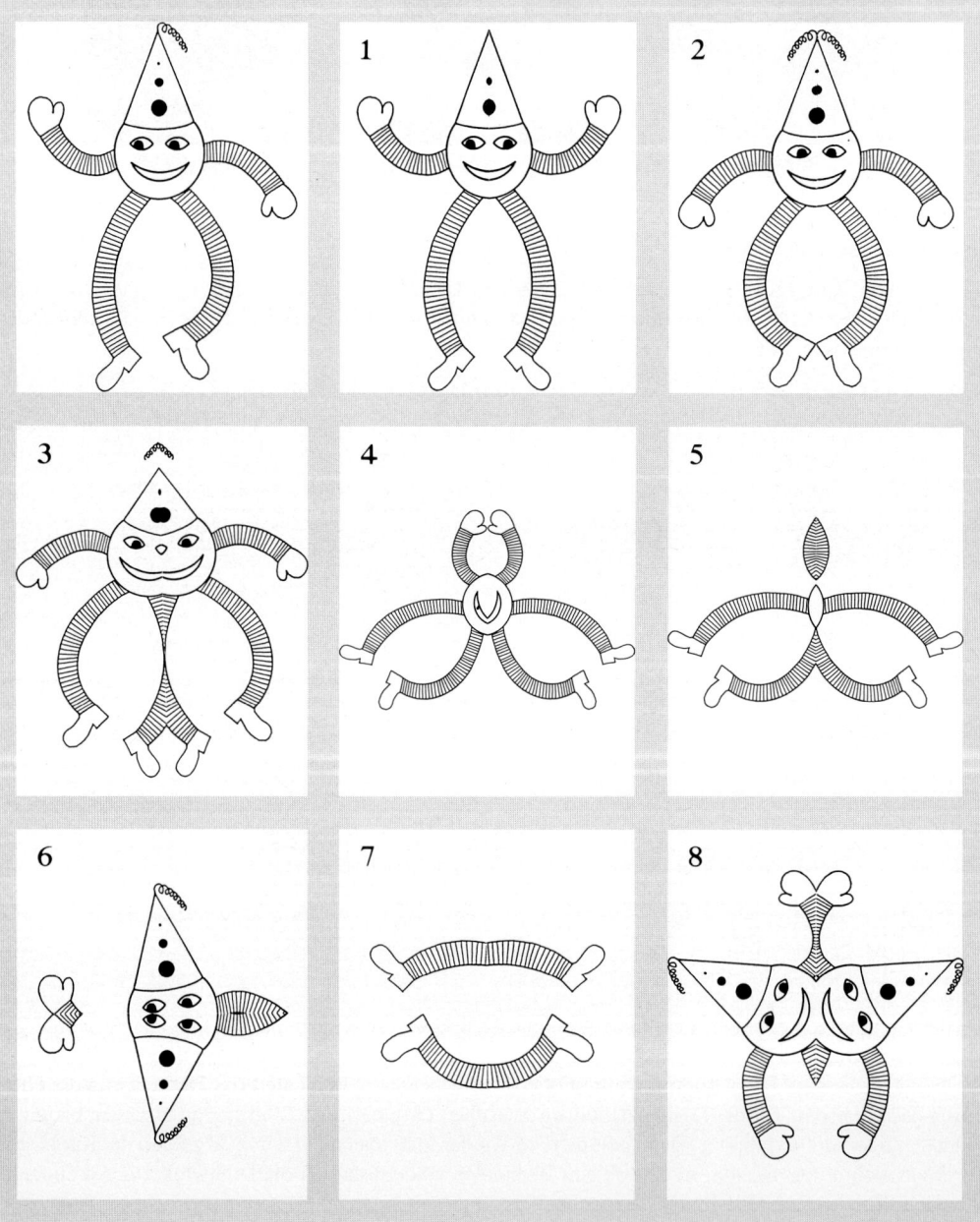

- "Spiegel-Partner". Als Spielfeld dient kariertes Papier, versehen mit einer Spiegelachse.

Der erste Spieler zeichnet eine Karoseite oder einen Kreuzungspunkt auf "seiner Seite" nach. Sein Spielpartner zeichnet zu jeder Seite oder zu jedem Kreuzungspunkt das Spiegelbild auf der anderen Seite der Achse. Für jedes richtig gezeichnete Spiegebild, erhält er einen Punkt. Macht er einen Fehler, wechseln die Spieler ihre Rollen, und der erste Spieler sammelt Punkte.

Nach einer vereinbarten Anzahl von Strichen/Punkten endet das Spiel. Wer hat die meisten Punkte?

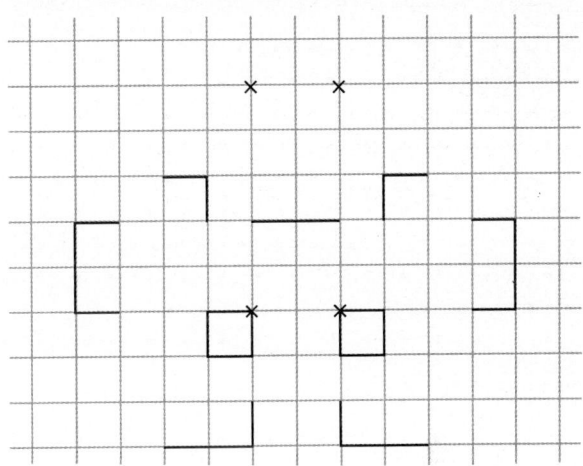

- Das Zauberschiff (nach GEOFF GILES 1973)

Betrachte das Zauberschiff unten. Setze einen Spiegel auf AC und schaue von oben in den Spiegel. Du hast das Schiff in einen Stern verzaubert (Figur 1).

Wie mußt du den Spiegel auf das Schiff setzen, um die weiteren Figuren zu erzeugen?

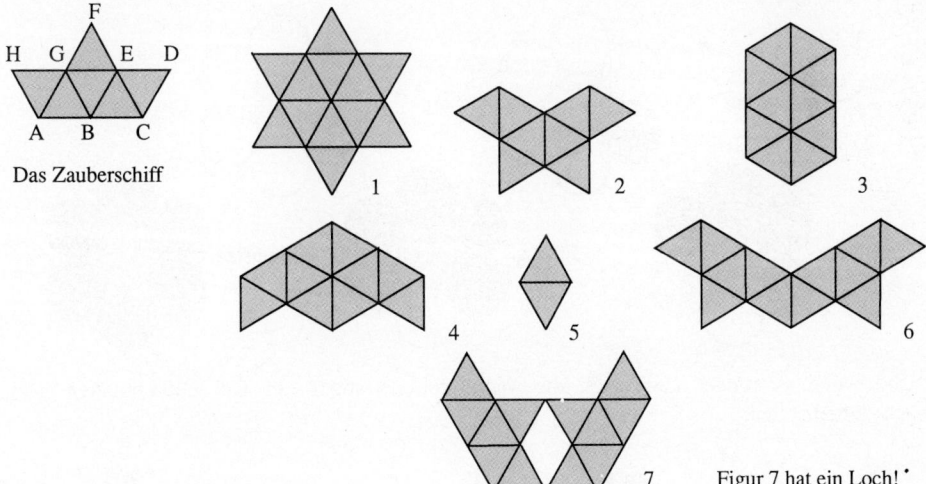

Figur 7 hat ein Loch!

Hier folgen ein paar schwierige Figuren:

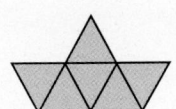  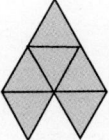 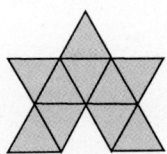

Variation: Auf dem Dreieckgitter siehst du einen "Schlitten". Nimm einen Spiegel und erzeuge aus dem

"Schlitten" neue Figuren. Zeichne sie in das Dreiecksgitter.

– Die Wunderblume (nach GEOFF GILES 1973)
Betrachte die Wunderblume rechts. Sie hat drei helle und drei dunkle Blütenblätter. So sieht sie am Mittwoch aus. Unten siehst du, wie sie am Sonntag aussieht: alle ihre Blütenblätter sind weiß. Am Montag hat sie ein dunkles Blatt. Am Dienstag schon zwei. Und so kommt jeden Wochentag ein weiteres dunkles Blatt dazu.
Nimm einen Spiegel und setze ihn so auf die Blume rechts, daß sie aussieht wie am Sonntag, am Montag, ...

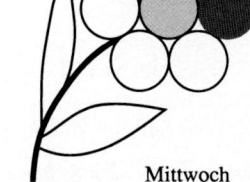
Mittwoch

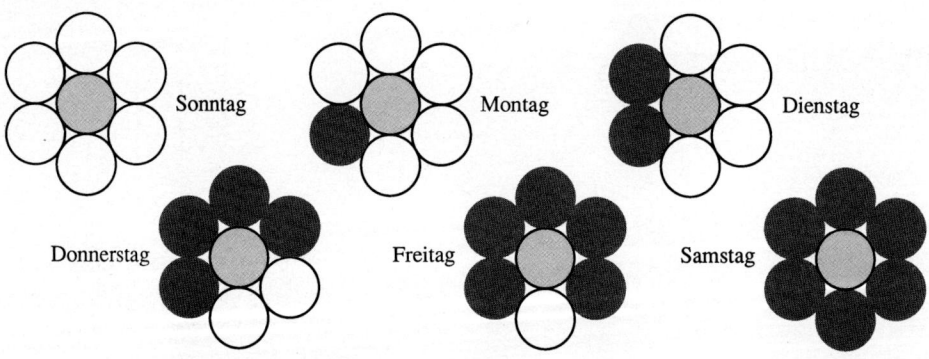

Und wenn es regnet kann sich die Wunderblume sogar auf vier Blütenblätter zusammenziehen:

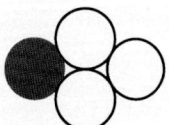  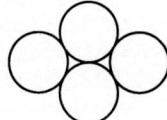 

Prüfe mit deinem Spiegel.

Variation: "Leerblumen" werden ausgeteilt. Die Kinder färben ihre Wunderblumen und erzeugen dann durch Spiegeln neue Blumen. Die Ergebnisse werden in die "Leerblumen" eingetragen.

– **Punktbilder** (nach GEOFF GILES 1973) oder: Wo muß der Spiegel hin?

Zeichne drei Punkte und eine Linie in ein Quadratgitter und setze einen Spiegel auf die Linie. Was siehst du, wenn du von links, von rechts in den Spiegel schaust?

von links   von rechts

Wie mußt du den Spiegel bei den obigen drei Punkten halten, damit das folgende Punktebild entsteht?

Finde eigene Punktebilder zur Ausgangsfigur aus vier Punkten.

Andere Ausgangsfiguren oder der Wechsel zum Dreieckgitter liefern weiteres Material.

– Quadratbilder

Ausgangsfigur ist der nebenstehende Winkel aus drei Quadraten.

Welche der folgenden Figuren lassen sich mit Hilfe eines Spiegels aus der Ausgangsfigur erzeugen?

– Dreiecksbilder

Welche Figuren lassen sich jeweils aus den Ausgangfiguren im Dreiecksgitter erzeugen?

– Symmetriebilder legen

Die folgenden Übungen lassen auch rein drehsymmetrische Figuren zu. Jedes Kind erhält die nebenstehenden drei Figuren aus Pappe:

Aus allen drei Teilen werden so viele symmetrische Figuren wie möglich gelegt und aufgezeichnet.

Die Ausgangsteilstücke werden gewechselt:

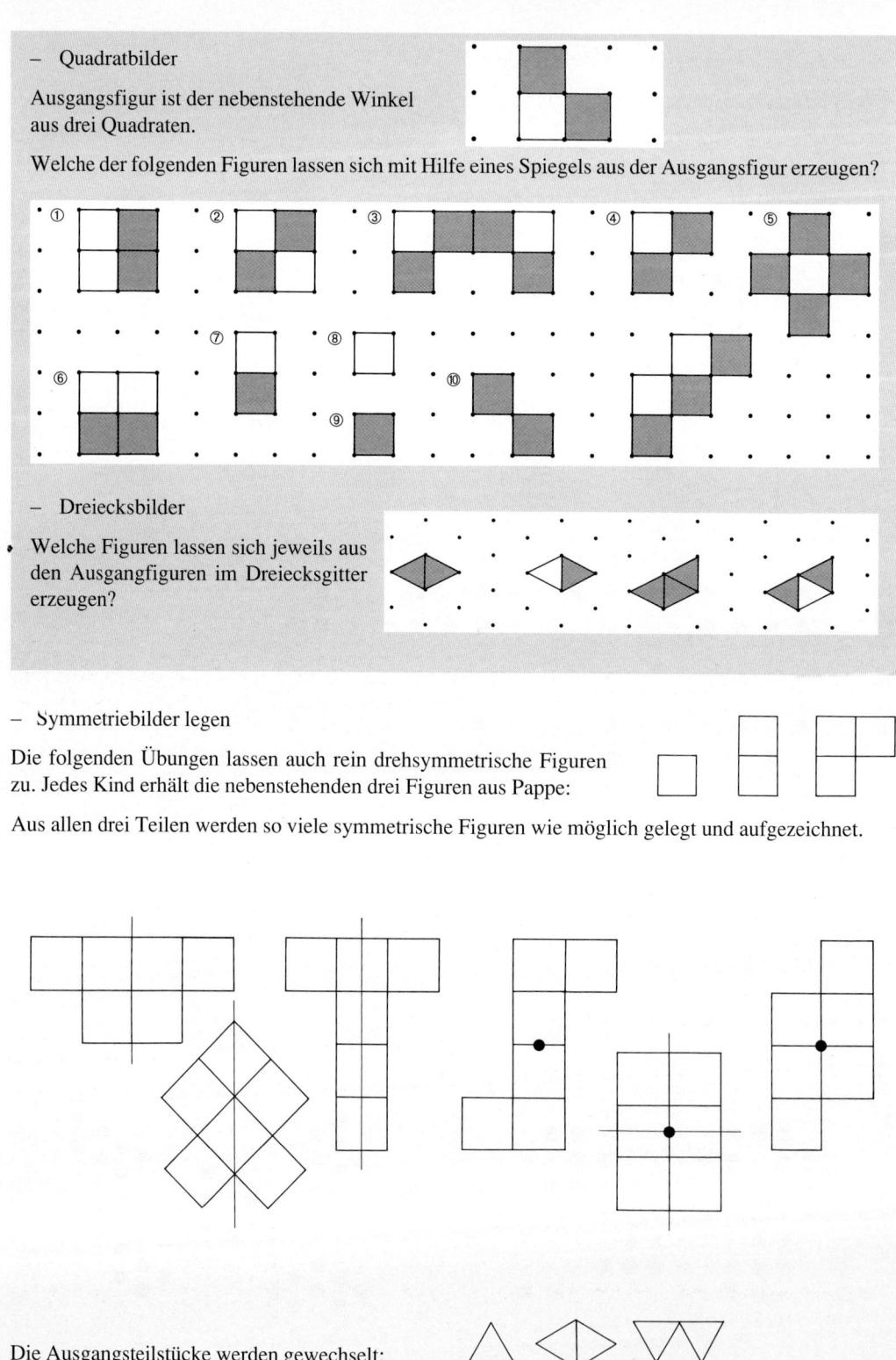

Parkettmuster und Bandornamente

"Schon beim freien Umgang mit dem Material des Formenspiels finden sich unter den Legeversuchen der Kinder gelegentlich parkettartige Gebilde, d. h. lückenlose und schlichte (überlappungsfreie) Überdeckungen eines ebenen Flächenstücks. Derartige Anordnungen lassen sich mit beschränktem Ausgangsmaterial und entsprechenden Arbeitsanweisungen leicht hervorbringen. Sie bieten einen sehr wirksamen Mittler für konkrete Umgangserfahrungen mit den Eigenschaften der Elementarformen" (BAUERSFELD u. a. 1975 b, S. 43).

– Parkettmuster: Lege Fußbodenmuster wie im Badezimmer oder in der Küche.

Bei Berücksichtigung der Gelb-Rot-Färbung der Plättchen lassen sich Teilfiguren hervorheben, Gesetzmäßigkeiten im Muster verdeutlichen. Welche der obigen Muster lassen sich so mit zwei Farben legen (einfärben), daß niemals Plättchen gleicher Farbe Seitenstücke gemeinsam haben?

– Bandornamente: Setze die Muster fort. Umfahre dabei die Plättchen mit einem Stift.

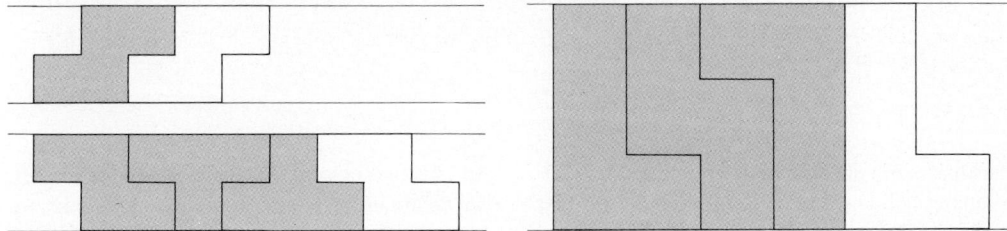

Auf diese Weise entstehen durch Anlegen (Parallelverschiebung) immer derselben Ausgangsfigur (grau) Bandornamente. "Unter einem Bandornament versteht man eine durch zwei parallele Geraden begrenzte Figur mit Verschiebungsperiode." (BESUDEN 1984, S. 39)

Derartig konstruktive Aufgaben fördern nicht nur Phantasie und Kreativität, sondern auch das geometrische Sehen, das Erkennen von Teilfiguren in Figuren, das Entdecken von Gesetzmäßigkeiten.

Gerade Bandornamente sind oft hochsymmetrisch. Neben der Schubsymmetrie treten Dreh- und Achsensymmetrie auf. Hier lassen sich dann Drehpunkte, Spiegelachsen, usw. auffinden.

3.3.4. Kurven, Netze und Wege

Die Grundschule hat (und wird immer haben) u. a. die Aufgabe, die Umwelt der Schüler erschließen zu helfen. Ein Aspekt der Umwelt ist ihre geometrische Struktur.
H. Winter 1971

Beispiele für erfahrungs- und umweltbezogenes Lernen

— Auf dem Ortsplan die Wohnung, die Schule, das Freibad, die Post u. a. finden, verschiedene Wege zwischen zwei Punkten beschreiben. Den Schulweg einzeichnen. Gibt es verschiedene Wege zum Bahnhof? Welcher ist der kürzeste (der sicherste)? Wie lange muß man gehen? Können öffentliche Verkehrsmittel benutzt werden?

— Die Streckennetzpläne von Bus, Straßenbahn, U-Bahn, Bundesbahn oder Fluggesellschaften lesen, deuten, benutzen. Günstige Verbindungen erkennen (Zeit, Kosten ...). Auf dem Autobahnnetz eine Fahrt nach München planen (verschiedene Fahrmöglichkeiten, Entfernungen, Fahrzeiten, Staugefahren. Eine Skizze anfertigen. Wo müßte bzw. wo kann man während der Fahrt tanken? ...).

— Für den Klassenausflug geeignete Wege auf der Wanderkarte diskutieren und beschreiben. Was wollen wir alles sehen? Reicht die Zeit aus? Ist der Weg zu anstrengend? Gibt es einen Rundwanderweg? Eine Faustskizze für die geplante Wanderung anfertigen.

— Auf dem Grundriß einer Wohnung oder eines Hauses (z. B. der Schule) Wege finden. - Am Modell (z. B. ein Blatt DIN A4 als Grundriß und Bauklötze als Möbel- bzw. Küchengerätemodelle) richten wir eine Küche günstig ein, so daß die Wege beim Arbeiten möglichst kurz sind.

— Im Zoo (in der Ausstellung, im Freizeitpark ...) wollen wir auf einem möglichst kurzen Rundweg alle Attraktionen sehen.

— Worte suchen (und deren Bedeutungen diskutieren), die verbunden sind mit ‚Netz' (Straßennetz, Netzkarte, Stromnetz, Fischernetz, Netzanschluß, Netzhemd, Tornetz, Spinnennetz u. a.). Gibt es Gemeinsamkeiten dieser Begriffe?

Die Diskussion über die Bedeutung topologischer Aufgabenstellungen in der Grundschule soll hier nur knapp skizziert werden, für eine ausführlichere Information sei u. a. verwiesen auf das Handbuch von RADATZ/SCHIPPER (1983, S. 142 ff). Eine kritische Analyse der in den 60er und 70er Jahren vorgebrachten Argumente für die Topologie in der Grundschule (Topologische Strukturen als sog. Mutterstrukturen der Mathematik, topologische Begriffe als entwicklungspsychologische Voraussetzungen des Geometrielernens oder Topologie aus unterrichtspraktischen Gründen) macht deutlich, daß diese Begründungen oft nicht stichhaltig genug waren. Die mit ihnen verbundenen Hoffnungen bzw. Ziele konnten nur selten im Unterricht realisiert werden, so daß gegenwärtig die Anteile topologischer Aufgabenstellungen in den Rahmenrichtlinien sowie in den Schulbüchern wieder stark reduziert worden sind.

Dennoch gibt es einige Aufgaben und Problemstellungen, insbesondere zu den topologischen Netzen, über die sich gerade fachübergreifende Ziele des Mathematikunterrichts gut anstreben lassen. Hinzu kommt die Bedeutung einiger topologischer Aspekte für die Strukturierung und Erschließung der Umwelt bzw. des Erfahrungsraumes durch die Schüler. Dabei zeigen sich bei den einzelnen Themen vielfältige fächerübergreifende Bezüge, etwa zur Verkehrserziehung, zum grafischen Gestalten im Kunstunterricht und insbesondere zum Sachunterricht (z. B. zu den Lernfeldern des heimatlichen Lebensraumes). Aus diesen Gründen, und nicht im Sinne einer topologischen Propädeutik, werden nachfolgend einige Anregungen gegeben, die einerseits zwar relativ isolierte Unterrichtsthemen im Kanon des Mathematikunterrichts der Grundschule darstellen, die sich zum anderen aber besonders gut eignen für einen offenen Unterricht oder die Integration in fächerübergreifende Vorhaben.

Kurz: Arbeiten an (mathematischen) Netzen

– ist jederzeit in der Grundschule ohne (explizit mathematisches) Vorwissen möglich,
– stellt Beziehungen zur Arithmetik her (Rechenräder, Rechensterne, Rechenbäume, Zerlegungsbäume ...),
– ermöglicht Kombinieren, kreativ sein, Argumentieren, Strategiebildungen ...,
– läßt die netzhaften Strukturen in der Umwelt erkennen (vgl. WINTER 1971), wie in der nachfolgenden Tabelle angedeutet:

mathematisches Netz	Bögen/Kanten	Knoten/Ecken
Einkaufsnetz	Fäden	Knoten
Eisenbahnnetz	Gleisstrecken	Bahnhöfe, Weichen
U-Bahn-, Bus-, Straßenbahnnetz	Strecken zwischen den Haltestellen	Haltestellen
Flußnetz	Flußabschnitte Nebenflüsse	Mündungen Quellen
Stromnetz	Leitungen	Transformatoren, Abnehmer
Spinnennetz	Fäden	Kreuzungen/ Knoten
Wohnungsnetz	Verbindungen/ Wege zwischen den Zimmern	Zimmer
u.a.m.		

Unter einem (topologischen) Netz verstehen wir eine Konfiguration aus Bögen und Knoten (bzw. Ecken)

Ein zusammenhängendes Netz

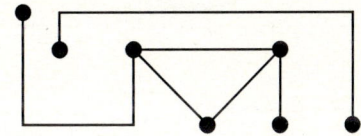

Ein nicht zusammenhängendes Netz

Ein Bogen hat zwei Endpunkte (auch Ecken oder Knoten genannt):

Dabei ist auch möglich, daß ein Bogen in einem Knoten beginnt und endet:

Die Knoten sind beschreibbar durch die Anzahl der zusammentreffenden Bogenenden (Abzweigungen).

Knoten ungerader Ordnung:

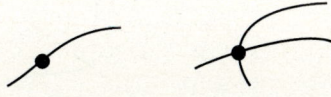

Knoten gerader Ordnung:

Alle Bögen, die man nacheinander durchlaufen kann, bilden in einem Netz einen Weg. Dabei darf kein Bogen mehr als einmal durchlaufen werden:

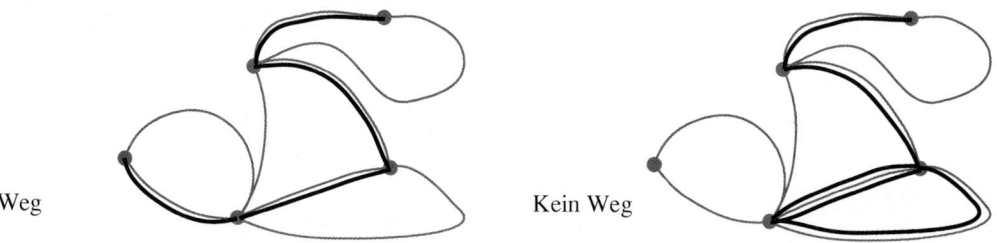

Weg   Kein Weg

Unterrichtsanregungen:

- Verschiedene Wege durch ein Netz
- Frau Schipper fährt mit dem Auto in die Stadt. Ihr Ziel ist der Parkplatz P.

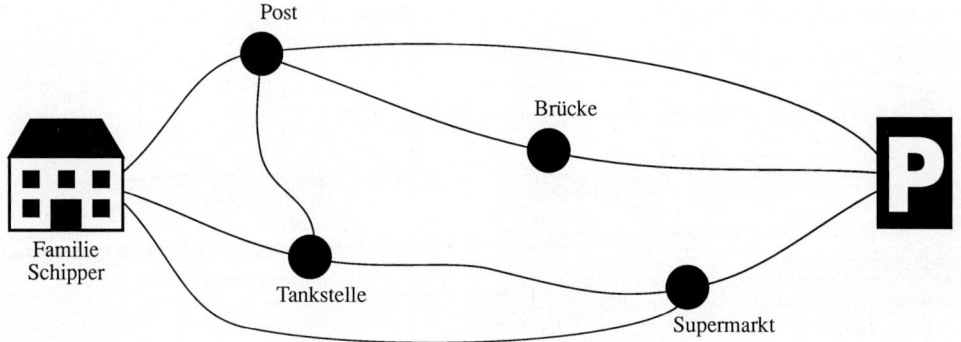

Beschreibe die möglichen Wege! Wie viele verschiedene Wege in die Stadt gibt es insgesamt?

- Die Spinne will zur gefangenen Fliege! Gibt es einen kürzesten Weg?

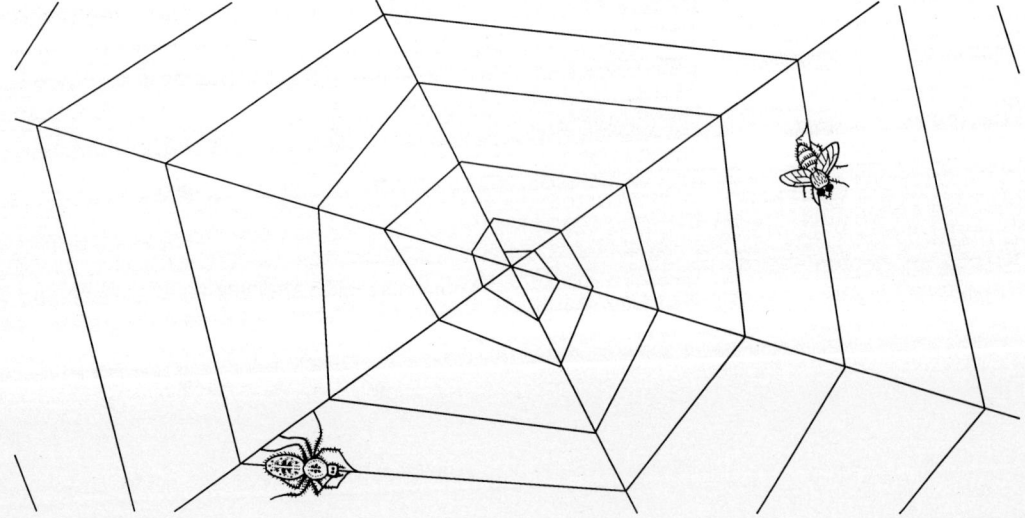

– Die Zahlen geben die Entfernung zwischen zwei Knoten in km an. Bestimme die Länge des kürzesten (längsten) Weges zwischen Punkt A und Punkt B!

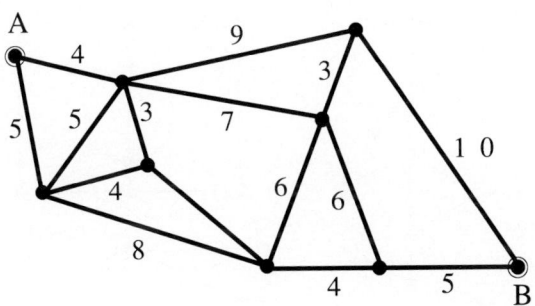

Im Fahrstuhl eines Hochhauses sind für die Anzeige der Etagen die folgenden Lichtzeichen angebracht:

 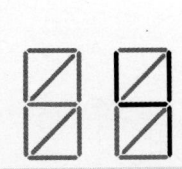 Bei der 13. Etage leuchtet auf: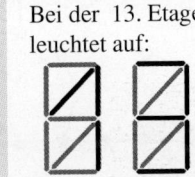

Zeichne die Lichtzeichen für die Etagen 1 bis 12!

Entwerfe ein Netz von Lichtzeichen für die Darstellung der großen Druckbuchstaben. Die Darstellung einiger Buchstaben ist besonders kompliziert. Wie könnte man sich helfen?

- **Unikursale Netze**

Im Zoo (vgl. ELLROTT/SCHINDLER 1975, S. 290): Jens und Veronika suchen einen Weg auf dem Plan des Zoos, so daß sie an jedem Tiergehege genau einmal vorbeigehen. Ist das möglich? Gibt es verschiedene Wege?

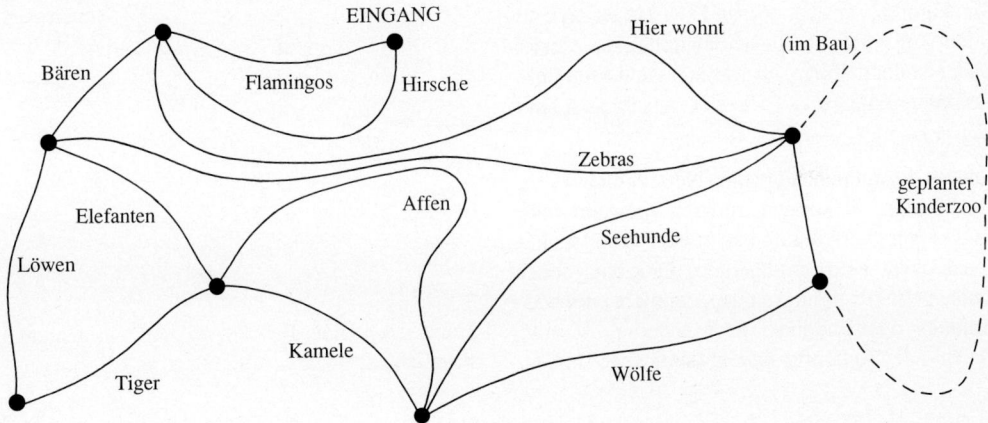

Versuche, diese Netze in einem Zug zu durchlaufen bzw. nachzuzeichnen (vgl. BAUERSFELD u. a. 1975, S. 83 ff)):

– Welche Netze lassen sich in einem Zug nachzeichnen?

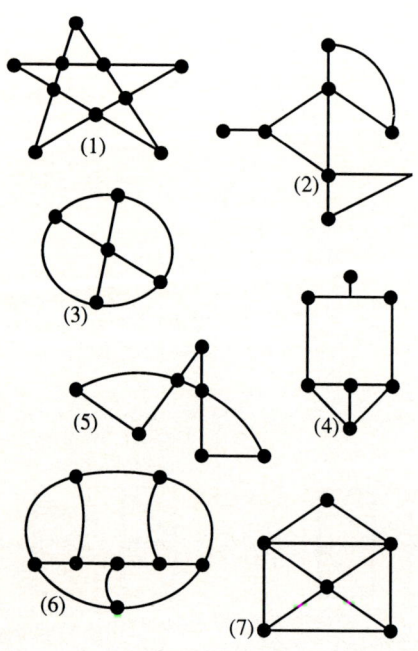

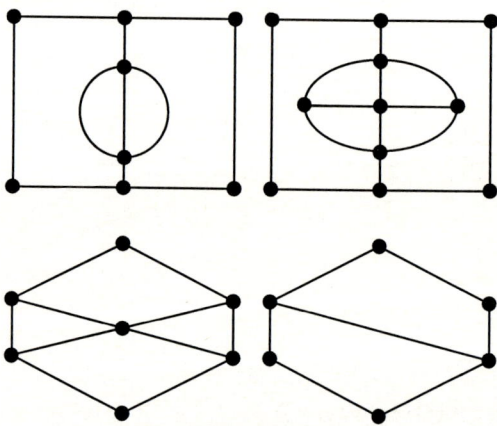

– Welche Blockbuchstaben (Ziffern) lassen sich in einem Zug, in zwei, in drei Zügen schreiben?

ABCDEFGHI
JKLMNOPQ
RSTUVWXYZ
0123456789

Regeln:

– Beim Zeichnen/Nachzeichnen darf der Stift nicht abgesetzt werden, um an anderer Stelle neu zu beginnen.

– Es darf kein Bogen doppelt gezeichnet werden.

– Der Anfangspunkt kann frei gewählt werden.

Die Figuren (1), (2), (5) und (7) lassen sich in einem Zug zeichnen. Sie heißen unikursale Netze. Dabei ist unerheblich, ob Anfangs- und Endpunkt zusammenfallen ((1), (5)) oder verschieden sind ((2), (7)).

Um ein zusammenhängendes Netz in einem Zug durchlaufen zu können, müssen entweder alle Knoten gerade Ordnung haben oder das Netz hat genau zwei Knoten ungerader Ordnung. Jeder Knoten (Verzweigungspunkt), der nicht entweder Anfangs- oder Endpunkt der Wanderung ist, muß gleichviele "Ankunfts- und Abfahrtswege" haben.

– Gibt es einen Rundweg über alle Brücken, wobei jede nur einmal betreten werden darf?

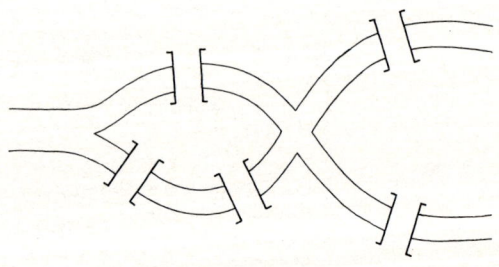

Baue noch eine Brücke, so daß ein Rundweg möglich ist.

- Läßt sich das Paket so verschnüren, daß nirgends die Schnur doppelt liegt?
- Kann man mit einem Stück Draht diese Anhänger biegen?

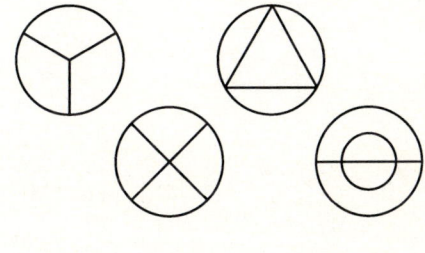

Die Spukwohnung:

Wenn man in dieser Wohnung durch eine Tür geht, klappt diese zu und läßt sich nicht wieder öffnen. Man muß durch alle Türen und alle Zimmer gehen, sonst schlagen alle Türen zu und man ist gefangen. Gibt es einen Weg, der durch alle Türen wieder ins Freie führt? (vgl. ELLROTT/SCHINDLER 1975, S. 288)

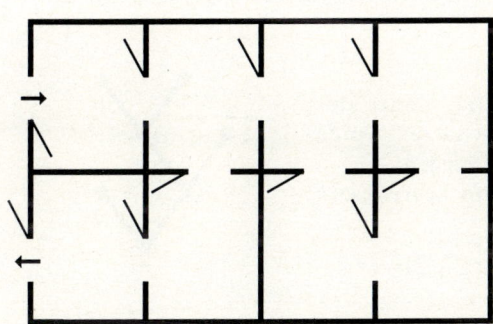
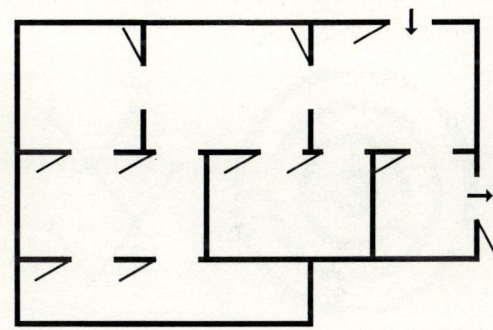

Labyrinthe / Irrgärten:

Das Durchlaufen von Irrgärten in Parks oder die zeichnerische Lösung in Rätselecken übt nicht nur auf Kinder einen besonderen Reiz aus. Mit Hilfe topologischer Netze lassen sich Irrgärten strukturieren bzw. entschlüsseln.

Verbiegt oder verzerrt man ein Netz (2-2-2-2-Baum), so entsteht wie in der nachfolgenden Abbildung das Schema eines Irrgartens (vgl. BAUERSFELD u. a. 1971):

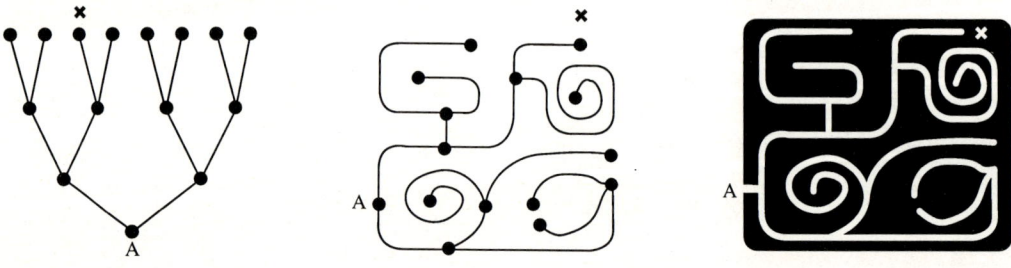

Die umgekehrte Codierung, vom Irrgarten zum Netz, muß im Unterrichtsgespräch erarbeitet werden, etwa an folgendem Modell:
"In diesem Irrgarten ist ein Schatz vergraben. Wer findet den Weg zum Schatz?"

Der Weg wird eingezeichnet und beschrieben ("An der ersten Verzweigung muß man nach links gehen, dann ..."). Eine Karte des Weges durch den Irrgarten läßt sich mit den Orientierungen ‚links-rechts' als Netz erstellen.

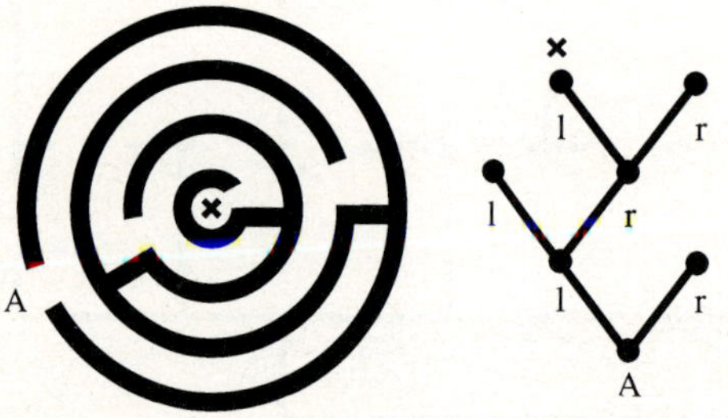

Die Lage des Schatzes wurde verändert.
Wo liegt er jetzt?

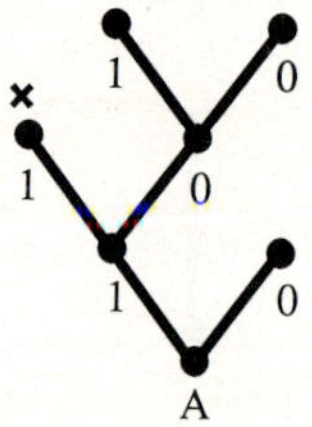

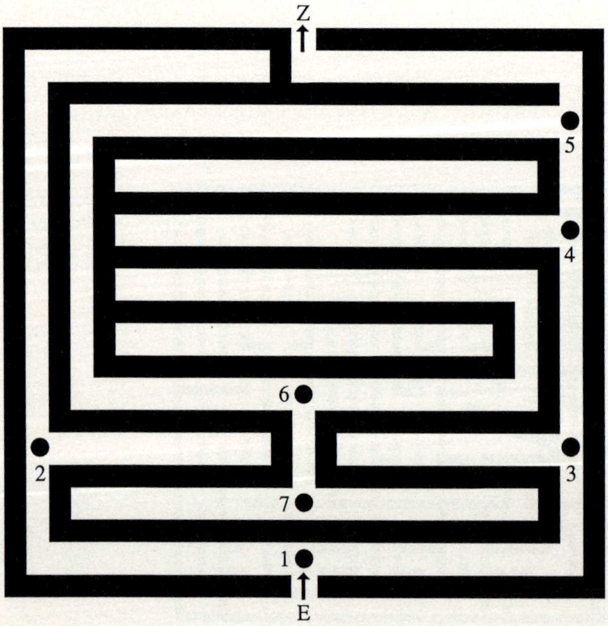

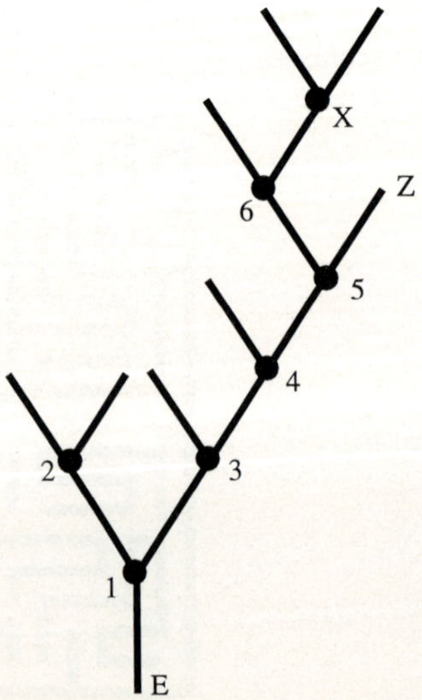

Wie ist es möglich, in das Zentrum des Irrgartens zu gelangen, so daß sich die Summe 100 ergibt? Zeichne deine Lösung ein und notiere die Rechnung.

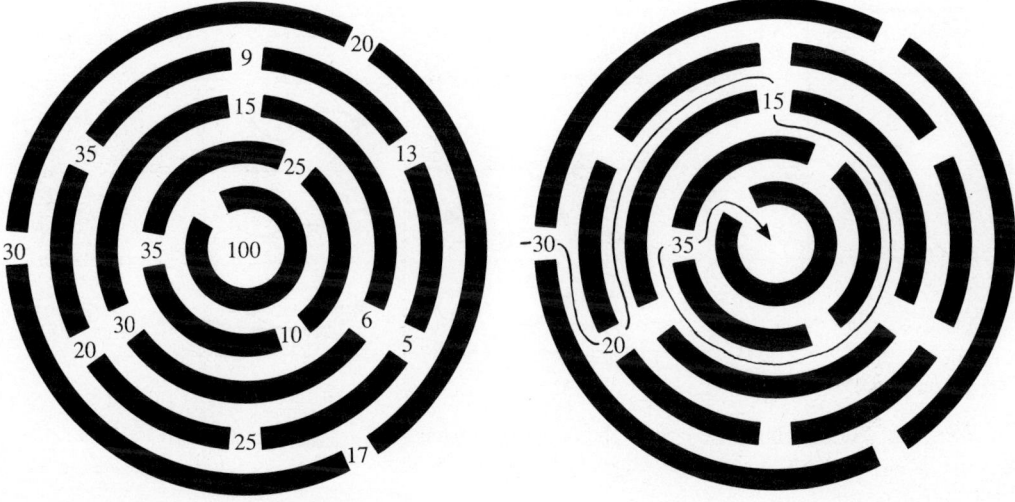

$30 + 20 + 15 + 35 = 100$

Netze in der Umwelt:

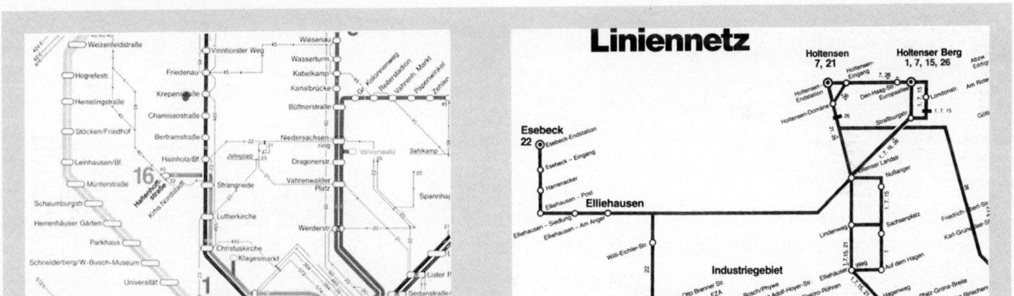

Netze konstruieren:

– Zeichne Netze nach folgenden Bedingungen:

Anzahl der Knoten	Anzahl der Bögen	keine ungeraden Knoten	zwei ungerade Knoten	vier ungerade Knoten
2	1		◖∼◗	╱
2	2	◯	◖◯	╱
2	3	◉◉	◖◯	╱
3	1			
3	2			
3	3			
4	4			

– Bäume sind zusammenhängende Netze, in denen kein Rundweg existiert. Zeichne alle verschiedenen Bäume mit drei (vier, fünf, sechs ...) Bögen.

Lösung für Bäume mit 5 Bögen:

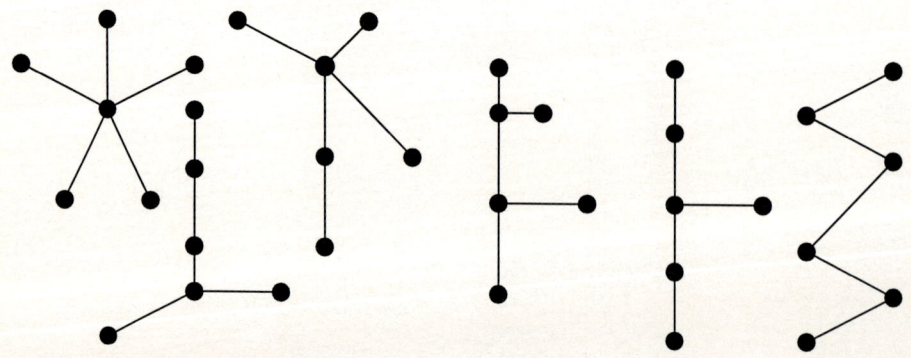

Das Wegespiel:

Im Spielzeughandel gibt es verschiedene Spiele mit Karten, die sich zu Wegenetzen und Mustern zusammensetzen lassen. Ein Kartensatz läßt sich leicht selber herstellen. Dabei lassen sich vier verschiedene Karten unterscheiden (vgl. VAN DE WALLE, 1987):

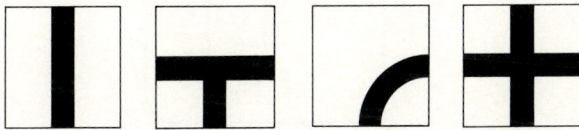

Jede Karte sollte etwa 5 cm Kantenlänge haben und möglichst auf Karton geklebt sein. Für 1 - 4 Schüler benötigt man 16 mal die Kurve und die Gerade und nur 8 mal das T und die Kreuzung. Nachfolgend eine Kopiervorlage:

Mit einem ausreichenden Kartensatz lassen sich die folgenden Aktivitäten in Einzel-, Partner- oder Gruppenarbeit durchführen.

– Freies Spielen und Legen wie z. B.

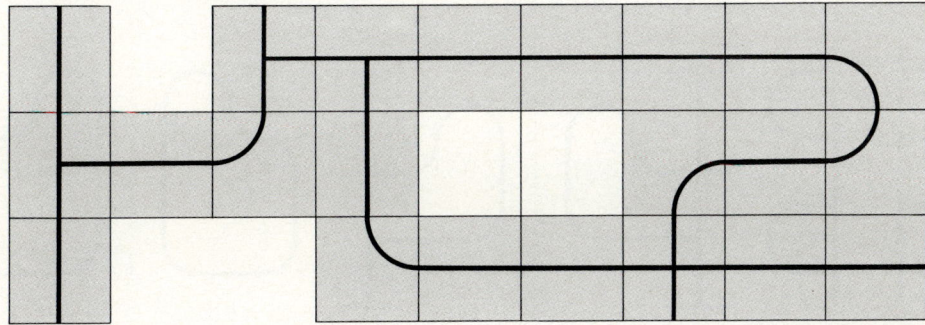

- Nachlegen vorgegebener Muster

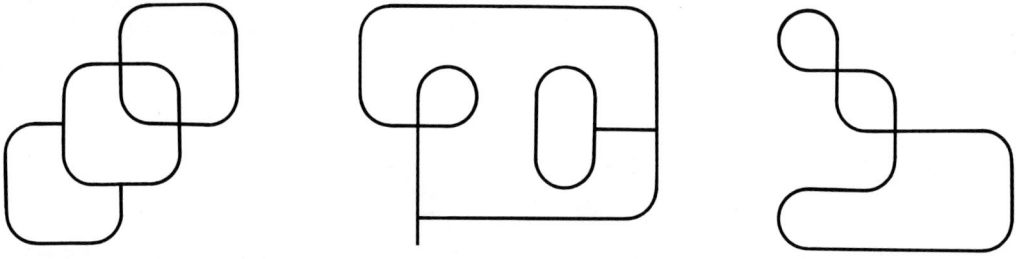

- Welche Ziffern, welche Blockbuchstaben lassen sich legen?

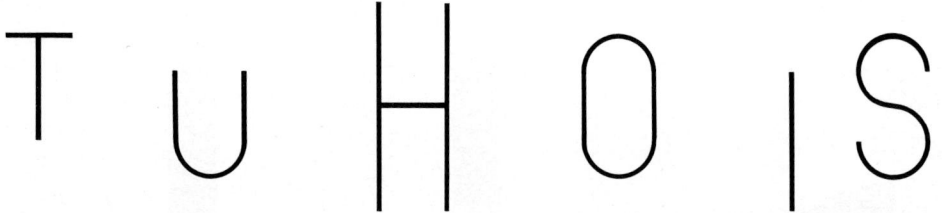

- Wege-Lotto: Die Karten werden gemischt. Jeder Spieler erhält sechs Karten, die restlichen Karten liegen auf einem Stapel. Reihum wird an ein Wegenetz angelegt. Dabei darf es keine Sackgassen geben. Wer als Mitspieler keine passende Karte hat, muß eine vom Stapel nehmen. Verloren hat, wer als letzter noch Karten in der Hand hält.

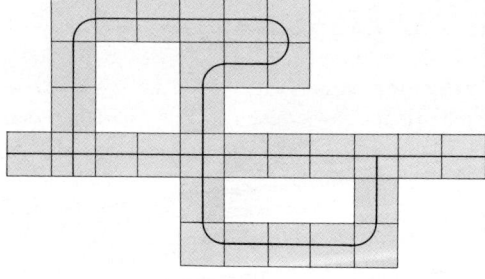

Variante: Man versuche, ein geschlossenes Netz zu legen.

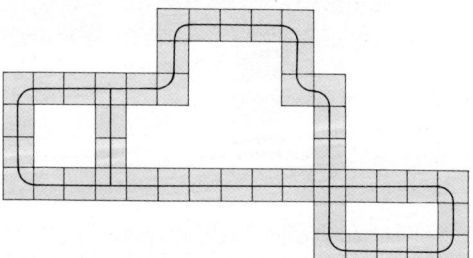

Netz mit Sackgassen.

- Symmetrische Netze legen

Abwechselnd werden von den Spielpartnern Karten und die entsprechenden ‚Spiegelkarten' gelegt, so daß insgesamt eine zu einer Spiegelachse symmetrische Figur entsteht.

3.4 Aktivitäten am Geo-Brett

So gilt es in der Geometrie, die Raumteile einander kognitiv zuzuordnen. Das ist durch Abgucken nicht möglich, sondern erfordert einen geistigen Prozeß, der im wesentlichen in der Verinnerlichung von zuvor ausgeführten Tätigkeiten an Gegenständen besteht.
H. Besuden 1979

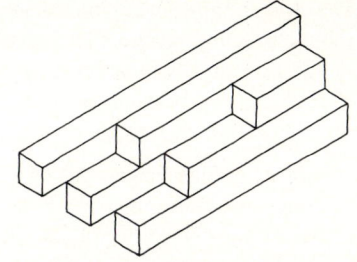

Es ist verwunderlich, daß das Geo-Brett bisher bei uns noch kaum als Arbeitsmittel für den Mathematikunterricht bekannt ist, zumal es ganz besonders geeignet ist, die Ziele des Geometrieunterrichts zu erreichen. Als einige Vorteile lassen sich nennen:

– Beim Arbeiten mit dem Geo-Brett werden Handlungen (enaktive Repräsentation) und Darstellungen (ikonische Repräsentation) unmittelbar miteinander verknüpft, insbesondere wenn die Schüler ihre Arbeitsergebnisse als Skizzen auf Arbeitsblättern festhalten.

– Schüler haben die Möglichkeit, geometrische Formen und Beziehungen selbst zu erzeugen, zu entdecken und dabei kreativ-handelnd tätig zu sein.

– Das Geo-Brett ist als Arbeitsmittel nicht nur für geometrische Aufgabenstellungen und nicht nur für die Grundschulzeit geeignet. Zum Beispiel lassen sich mit ihm Erfahrungen zu einem anschaulichen Bruchbegriff gewinnen oder auch kombinatorische Aufgaben und Probleme bearbeiten.

– Das Geo-Brett hat im Vergleich zu Formen- oder Winkelplättchen einige ‚äußerliche' Vorteile: Die Organisation der Arbeit im Klassenverband ist leichter (wenige Einzelteile, schnelles Bereitstellen und Wegräumen ...). Schließlich soll darauf hingewiesen werden, daß das selbsterstellte Geo-Brett ein überaus preiswertes Arbeitsmittel für die gesamte Grundschulzeit ist.

Das Geo-Brett wird unseres Wissens zur Zeit nur von den Invicta-Lehrmitteln zum Kauf angeboten, sieht man ab von ausländischen Anbietern. Das hat auch einen großen Vorteil: Man kann/muß das Geo-Brett mit den Schülern (ggf. den Eltern) herstellen und schon dabei Geometrie treiben.

Was wird zur *Herstellung* benötigt?

– 8 mm Preßspanplatte für ein 16-Nagel-Geo-Brett in der Größe von 16 cm x 16 cm. Diese Einzelplatten kann man im Heimwerkermarkt gleich zuschneiden lassen. Es müssen dann nur noch die Kanten mit Sandpapier geglättet werden.

– Tapezierstifte von 13 mm Länge,

– Gummiringe in verschiedenen Größen (65 mm, 85 mm, 100 mm) und auch Farben.

Die reinen Materialkosten belaufen sich somit auf nicht mehr als eine DM pro Geo-Brett.
In 3. und 4. Schuljahren lassen sich die Geo-Bretter von den Schülern herstellen, sie sind dabei besonders motiviert und hängen an ‚ihrem' Geo-Brett. Hauptschwierigkeit ist das Markieren der Punkte für die Nägel. Da die Schüler noch nicht sicher genug mit dem Geodreieck umgehen können, empfiehlt es sich, für jeden Schüler eine Vorlage in genauer Größe des Geo-Brettes zu kopieren bzw. zu vervielfältigen.

Verkleinerte Vorlage für ein Geo-Brett:

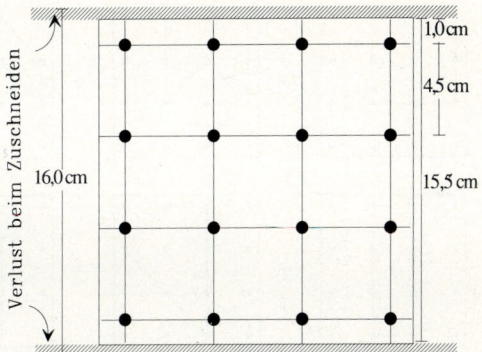

Die Nägel müssen in die Markierungspunkte möglichst senkrecht (‚gerade') eingeschlagen werden, bis sie mit Kopf noch ca. 5 mm herausschauen. Durch zwei Maßnahmen können die Geo-Bretter dann verfeinert werden:

- Vor dem Einschlagen der Nägel können die Holzplatten mit schwarzer Binderfarbe auf einer Fläche eingefärbt werden. Man kann dann die mit farbigen Gummis gespannten Figuren besser sehen als auf dem holzfarbigen Hintergrund.

- Mit Overheadstiften-permanent lassen sich Hilfslinien im Quadratraster einzeichnen, die insbesondere bei Übungen zu Flächeninhaltsvergleichen hilfreich sind. Entweder werden diese Hilfslinien von Nagel zu Nagel gezogen (vgl. die Abbildung zu den Nagelmarkierungspunkten), oder sie werden so gezeichnet, daß ein Nagel jeweils die Mitte eines Quadrates bestimmt.

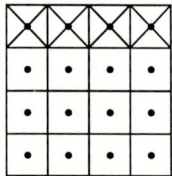

Will man das Geo-Brett im ersten oder zweiten Schuljahr einsetzen wozu es sehr viele interessante Möglichkeiten gibt, dann können die Bretter im Werkunterricht des 3./4. Schuljahres oder während eines Elternabends für die jüngeren Schüler hergestellt werden.

Einige Arbeitsanregungen

Zu den einzelnen Aufgaben gibt es jeweils noch weitere Lösungen. (vgl. auch STEIBL, 1976 und BESUDEN, 1989)

Untersuchungen zu ebenen Figuren

- Spanne zunächt das große Quadrat. Verändere es durch einen Handgriff zu einer neuen Figur. Zeichne auf Dein Arbeitsblatt. Bestimme jeweils die Anzahl der Ecken.

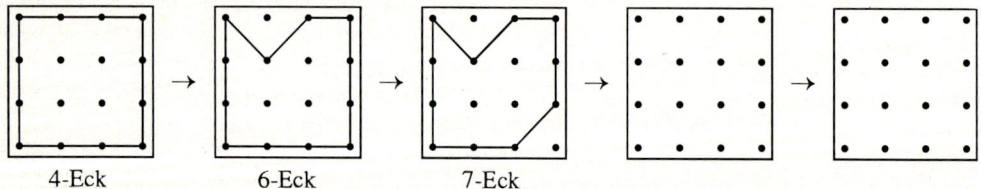

4-Eck   6-Eck   7-Eck

- Spanne nacheinander die sechs Figuren.

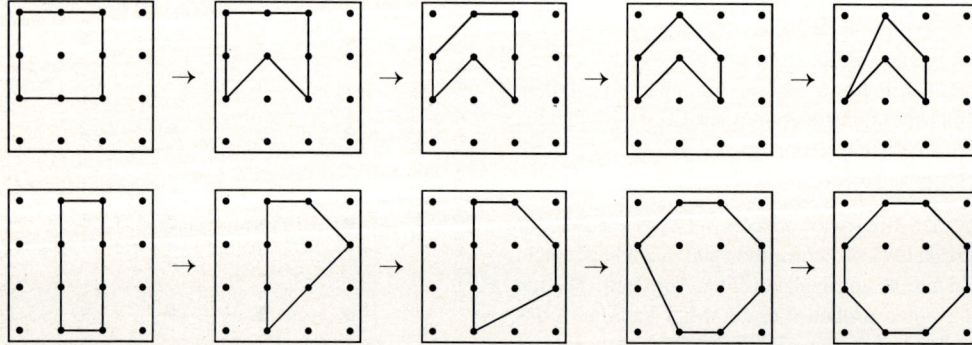

– Spanne viele verchiedene Dreiecke. Zeichne Deine Ergebnisse! (Spanne Vierecke, Fünfecke u.a.)

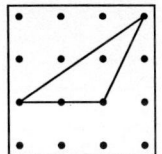 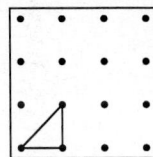 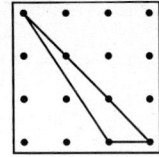 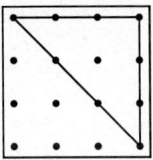 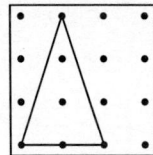

– Spanne das Dreieck in verschiedenen Lagen! (Entspr. zu Quadraten, Rechtecken u.a.)

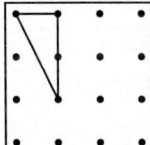 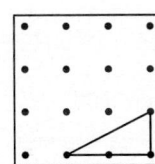 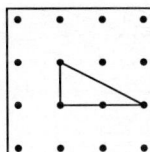 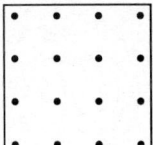 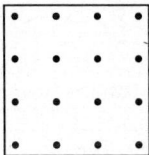

Linienteile und Strecken

Die auf dem Geo-Brett gespannten Gummis sind im mathematischen Sinne selbstverständlich keine Linien oder Geraden. Um begriffliche Schwierigkeiten zu vermeiden, kann man den Terminus ‚Abschnitt' benutzen.

– Spanne Abschnitte zwischen zwei Nägel auf dem Geo-Brett. Welcher Abschnitt ist der längste?

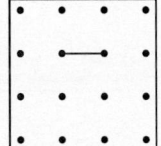 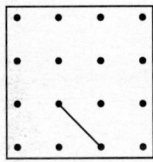 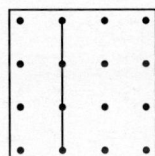 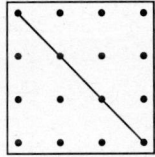 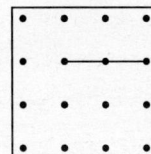

– Spanne jeweils parallele Abschnitte.   – Spanne dazu senkrechte Abschnitte!

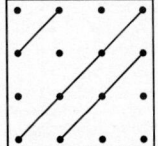 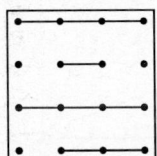 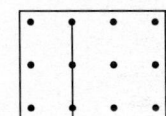 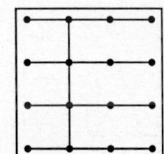

– Spanne rechte Winkel (Faltwinkel) in verschiedenen Lagen auf dem Geo-Brett.

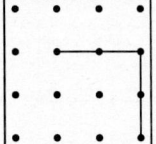 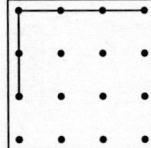 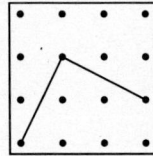 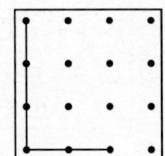 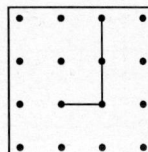

– Halbiere das Geo-Brett durch ein Gummi. Finde verschiedene Lösungen.

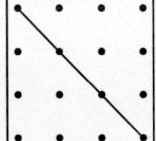 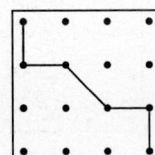 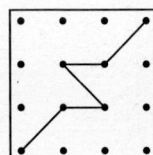 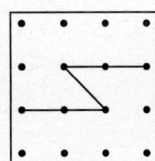 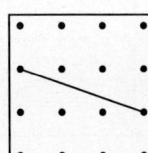

Erfahrungen zur Symmetrie

Bei der Spiegelsymmetrie kann die Spiegelachse festgelegt werden

an einer Brettkante   an einer Seitenmittellinie   an einer Diagonalen.

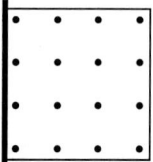 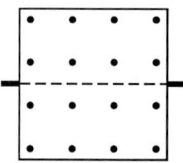 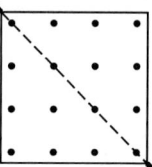

– Spanne zu diesen Figuren auf deinem Geo-Brett jeweils das Spiegelbild!

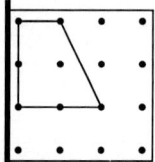 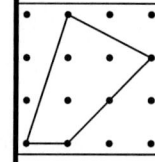 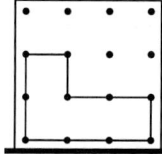 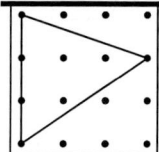 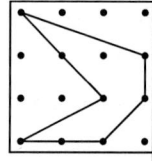

– Spanne Figuren und ihr Spiegelbild.   – Spanne und bestimme die Spiegelachse(n)!

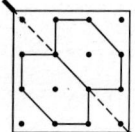 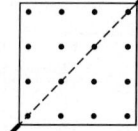 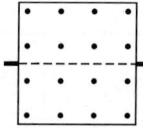 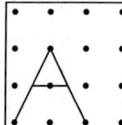 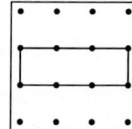 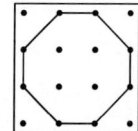

– Spanne weitere Figuren, die sich nur an der eingezeichneten Spiegelachse spiegeln lassen.

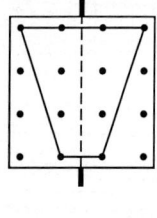 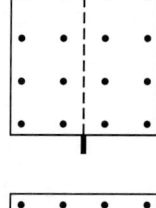 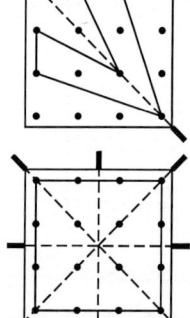 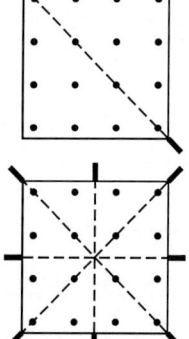

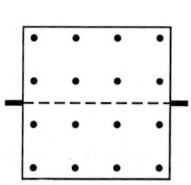

– Drehe jeweils Dein Geo-Brett und zeichne die Figur in der neuen Lage!

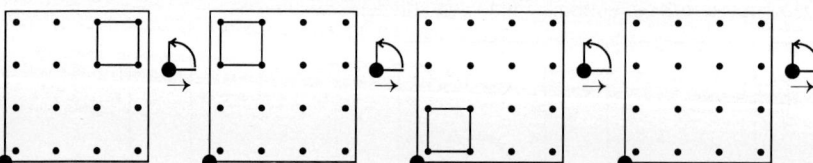

– Drehe und zeichne auch Dreiecke (andere Figuren ...).

– Spanne drehsymmetrische Figuren.

Flächeninhalt und Umfang

– Zerlege in 2 gleichgroße Teile! – Zerlege in 4 (8) gleichgroße Teile!

– Zerlege in 2 gleichgroße Teile! – Spanne Figuren, die doppelt so groß sind.

– Spanne Figuren mit derselben Flächengröße.

– Partnerarbeit: Spannt auf Euren Geo-Brettern die Figuren A und B! Vergleicht die Flächengröße!

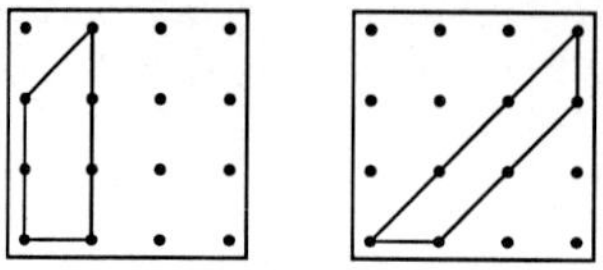

A   B
A größer ☐ gleich groß ☐ B größer ☐

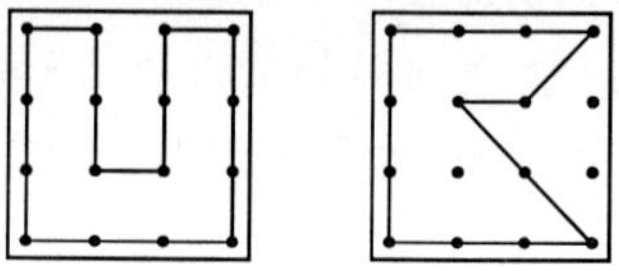

A   B
A größer ☐ gleich groß ☐ B größer ☐

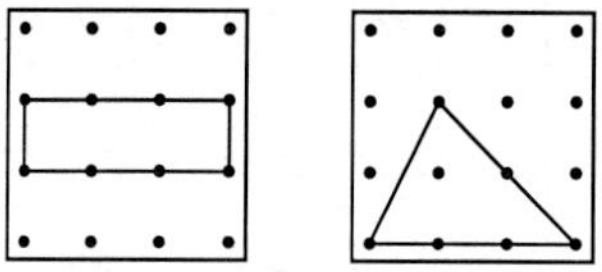

A   B
A größer ☐ gleich groß ☐ B größer ☐

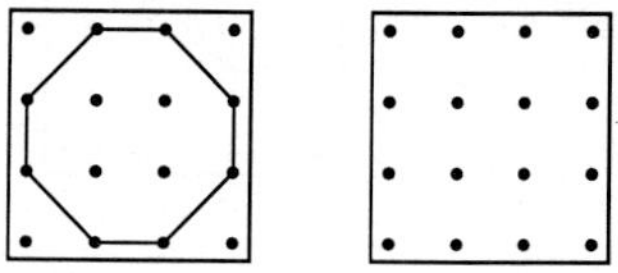

A   B
A größer ☐ gleich groß ☐ B größer ☐

– Flächengröße gemessen in:

	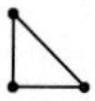 △	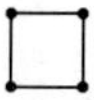 □
A:	6	3
B:	9	–
C:	–	–
D:	–	–

– Spanne Figuren mit folgender Flächengröße:

	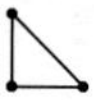 △	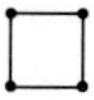 □
E:	7	–
F:	12	–
G:	–	5
H:	–	8

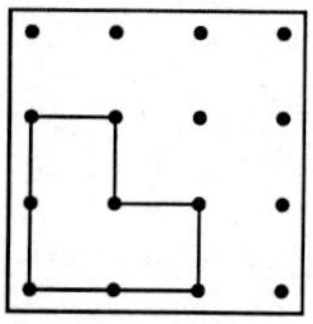

A 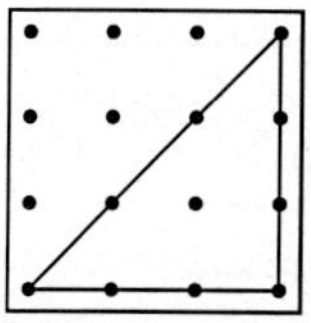   B

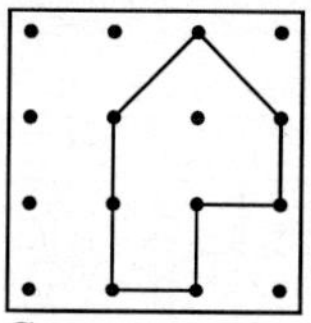

C 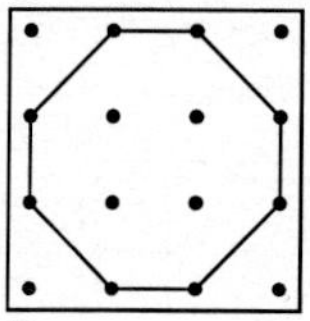   D

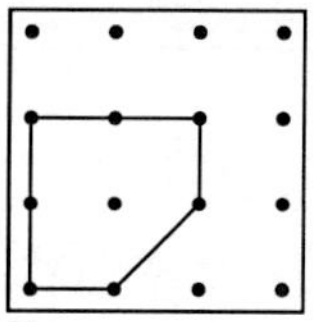

E 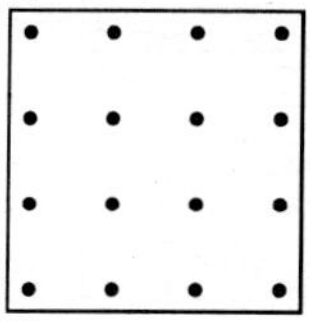   F

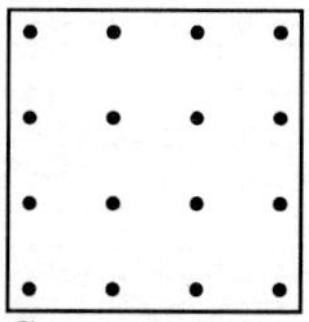

G 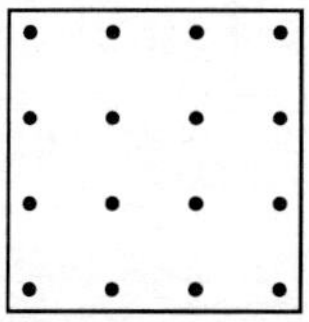   H

– Bei welcher Figur wird das kleinste Gummi am wenigsten gespannt?

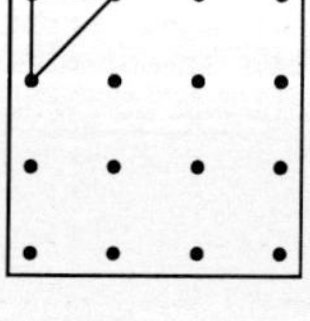

– Bei welcher Figur muß man das größte Gummi am längsten spannen?

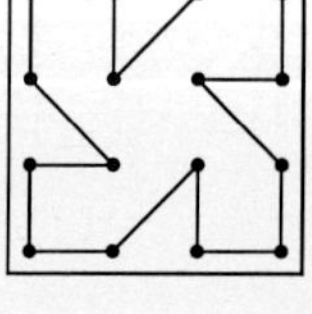

Weitere Aktivitäten, Problemaufgaben und Erfahrungen

- Spanne eine Figur, die genau zwei Nägel einschließt. Suche verschiedene Lösungen.
- Spanne das größte Dreieck, das keinen Nagel einschließt.
- Spanne eine Figur über genau 5 (6, 7 ...) Nägel, die keinen Nagel einschließt.
- Spanne verschiedene Wege von A nach B. Zeichne sie auf.

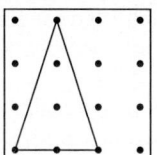 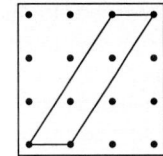

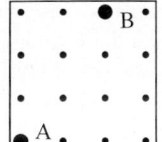 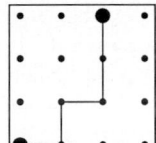 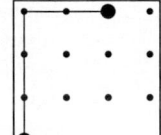 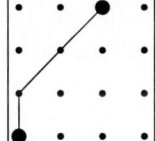 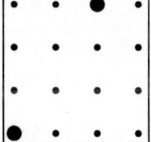

- Spanne folgende Figuren:

1 Nagel innerhalb der Figur und 1 Nagel außerhalb der Figur beim 3x3 Geo-Brett 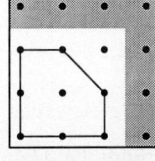 3 Nägel innerhalb und 3 Nägel außerhalb beim 4x4 Geo-Brett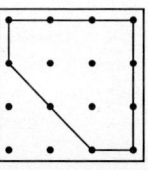

0 Nägel innerhalb und 0 Nägel außerhalb beim 3x3 Geo-Brett 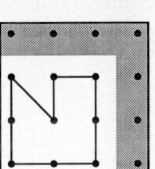 4 Nägel innerhalb und 4 Nägel außerhalb beim 4x4 Geo-Brett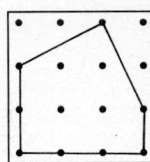

Kann man eine Figur spannen, bei der 2 Nägel innerhalb und 2 Nägel außerhalb sind?

Bruchteile

— Spanne jede Figur auf deinem Geo-Brett. Trenne mit einem Gummiband den jeweiligen Bruchteil ab. Färbe dann auf dem Arbeitsblatt entsprechend ein.

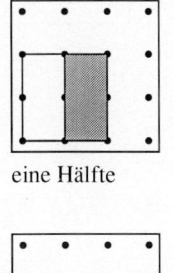 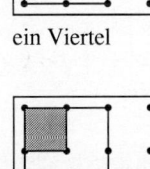 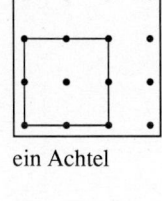 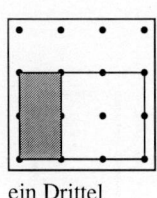 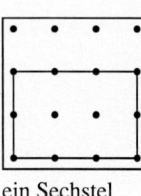

eine Hälfte   ein Viertel   ein Achtel   ein Drittel   ein Sechstel

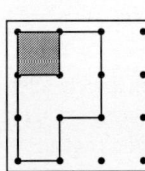 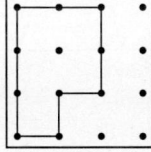 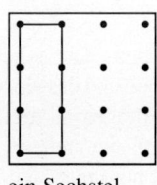 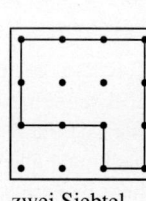

eine Hälfte   ein Fünftel   ein Zehntel   ein Sechstel   zwei Siebtel

Die beschriebenen Aufgaben und Anregungen stellen nur eine Auswahl der vielen Möglichkeiten des geometrischen Arbeitens am Geo-Brett dar. Es muß dem Interesse und der Phantasie der einzelnen Lehrerin überlassen bleiben, die Aufgabenstellungen zu variieren und andere Schüleraktivitäten zu entwerfen. Wichtig ist das gleichzeitige Arbeiten am Geo-Brett und an entsprechenden Arbeitsblättern, so daß die Schüler ihre Lösungen festhalten können. Dabei wird das direkte Hin- oder Herübersetzen zwischen enaktiven und ikonischen Darstellungen geübt, aber auch die Fähigkeit des freihändigen Skizzierens. Die meisten Produkte des Spannens am Geo-Brett lassen sich auch auf Karopapier der normalen Rechenhefte übertragen, so daß die zusätzliche Arbeit des Erstellens von Arbeitsblättern oft vermieden werden kann. Beim Übertragen auf Karopapier muß den Schülern eindeutig klar sein, ob die Nagelpunkte des Geo-Brettes festgelegt werden als Schnittpunkte der Linien oder als Mittelpunkte der Karos.

Zum Beispiel für: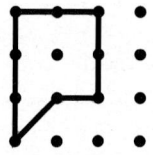

Auf Karopapier übertragen als:

oder

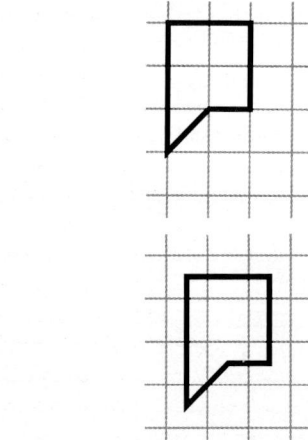

Zu einem geometrischen Themenkreis ist das Geo-Brett selten das erste und das einzige Arbeitsmittel, da die Anforderungen an die Abstraktion manchmal höher sind als bei anderen Arbeitsmitteln (z.B. Formenplättchen) oder den Handlungserfahrungen (Schneiden, Falten ...). Wegen der Tätigkeiten in mehreren aufeinanderfolgenden Schritten eignet es sich bei vielen Aufgaben sehr gut für Partnerarbeiten (abwechselndes Spannen der Gummis).

Man sollte als Lehrerin nicht die Absicht haben, immer alle Lösungen der Schüler einer Klasse vollständig kontrollieren zu wollen. Gerade die Fragestellung "Wie viele verschiedene...?" ist charakteristisch für das Arbeiten am Geo-Brett. Sie bietet Möglichkeiten einer inneren Differenzierung und fordert die Kreativität der einzelnen Schüler, wobei die vielfältigen Lösungen im Laufe einer Unterrichtsphase gar nicht überschaut werden können oder müssen.

Die Leserin/ der Leser möge einmal überprüfen, ob nachfolgend alle möglichen Dreiecksformen im 3x3-Geo-Brett dargestellt sind. Dabei sollen Dreiecke, die sich durch Drehung, Spiegelung oder Verschiebung ineinander überführen lassen, als gleich verstanden werden.

Sind die Dreiecke alle verschieden? Welche Formen fehlen noch?

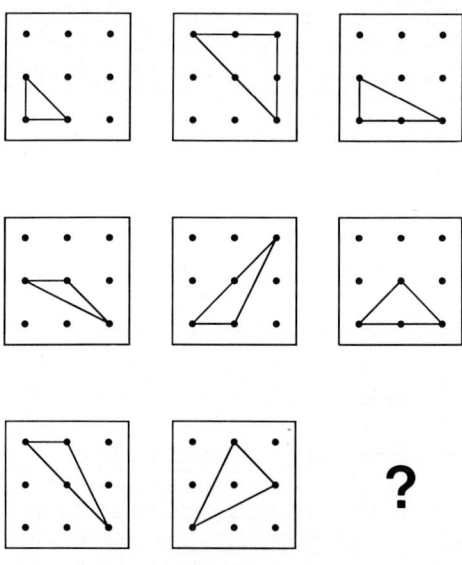

Bei einer entsprechenden Frage nach den Viereckformen lassen sich im Geo-Brett 16 verschiedene Lösungen finden.

3.5 Geometrie am Computer: LOGO

Der Computer entpuppt sich als "umgekehrter Schlemihl", das Gegenstück zu Adalbert von Chamissos Figur des Schlemihl, dem Mann ohne Schatten. Der Computer liefert nur Schatten der übrigen Wirklichkeit, wiewohl er selbst eine unserer Wirklichkeiten ist.
H. Bauersfeld 1984.

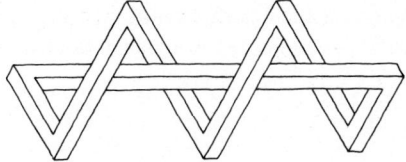

Die Autoren des vorliegenden Handbuches sind keine Verfechter sondern eher sehr kritische Beobachter des Einsatzes von Computern im Mathematikunterricht. Wenn wir dennoch in diesem Kapitel einige Anregungen und Möglichkeiten beschreiben, dann aus den folgenden Gründen:

– In der Realität der Umwelt sind die Neuen Technologien längst auf dem Siegeszug, im alltäglichen Erwachsenen- und Kinderleben sind Computer gar nicht mehr wegzudenken, erst recht nicht in der Industrie, im Handel, in der Wissenschaft u.a. Selbst das Spielzeugangebot - man mag es bedauern - wird zunehmend ‚computerisiert', und viele Grundschüler haben frühzeitig Zugang zum Home- oder Personalcomputer der Familie. Die Grundschule kann an diesen Entwicklungen nicht gänzlich vorbeigehen, will sie Einfluß nehmen auf die Einstellung der Kinder gegenüber Computern bzw. Technologien und einem magischen Glauben vorbeugen.

– In vielen anderen Ländern (z.B. England, Holland, Frankreich, USA) sind seit Anfang der 80er-Jahre Computer oft ‚flächendeckend' in die Grundschulen eingeführt, das Thema nimmt einen breiten Raum ein in der Lehrerausbildung und Lehrerfortbildung, bei curricularen Reformen und erst recht bei allen unterrichtsbezogenen Publikationen. Dabei spielt die Grundschulmathematik eine zentrale Rolle, insbesondere die geometrischen Möglichkeiten über die Sprache LOGO (vgl. PAPERT, 1980).

– LOGO-Geometrie kann das umweltbezogene Lernen und die vielen anderen geometrischen Aktivitäten und Erfahrungen nicht ersetzen. Es spricht aber wenig dagegen, wenn Lehrerinnen und Schülerarbeitsgruppen auch in der Grundschule verschiedene Möglichkeiten erproben, experimentieren und Erfahrungen sammeln. Kurz: Den Computer nutzen für Differenzierungsmaßnahmen, zum Fördern oder allgemein zur Öffnung des Unterrichts. Überspitzungen mit möglichen negativen Effekten sind in den nächsten Jahren aus zwei Gründen kaum zu erwarten: (1) Die finanzielle Situation der allermeisten Schulträger wird eine umfassendere Ausstattung der Grundschulen kaum ermöglichen. (2) Auf Grund der Altersstruktur werden die Kollegien in den nächsten Jahren gerade technologischen Innovationen gegenüber sehr kritisch gegenüberstehen.

An dieser Stelle soll auf eine Darstellung der oft heftigen Pro- und Contra-Diskussion bewußt verzichtet werden, zumal es bisher nur wenige, etwa empirisch abgesicherte Argumente bzw. Aussagen gibt und die Diskussion weitgehend subjektivemotional geführt wird. Zu den Grenzen und Möglichkeiten mit LOGO sei verwiesen auf die Beiträge von BENDER (1986), LÖTHE (1986) und SCHIPPER (1986). Man sollte sich jedoch bewußt sein, daß schulische Veränderungen nur selten aus pädagogischen Erkenntnissen und Argumentationen heraus eingeleitet wurden/werden, dagegen die technischen und ökonomischen Entwicklungen immer sehr einflußreich waren/sind. Wissen darüber schützt ein wenig vor Überraschungen und Betroffenheit.

Der Einsatz des Computers im Unterricht läßt sich unter fünf Aspekten beschreiben:

(1) Der Computer als Tutor bei einer programmierten Unterweisung, wobei der Schüler entlang

dem von einem ‚Experten' erarbeiteten Programm am Computer arbeitet, d. h. Arbeitsanweisungen, Informationen, Aufgaben sowie Rückmeldungen auf Antworten bzw. Aufgabenlösungen erhält.

(2) Der Computer als vorprogrammiertes Werkzeug entspricht der häufigsten kommerziellen Verwendung, in der Schule z.B. zur Erstellung von Tabellen, Schaubildern, Funktionsgraphen oder auch zur Textverarbeitung.

(3) Der Computer als programmierbare Maschine, indem der Schüler den Computer selbst programmiert oder ihm Befehle erteilt und diese von ihm ausführen läßt.

(4) Der Computer als Medium, indem er Aufgaben der traditionellen Medien wie Schulbuch, Overheadprojektor, Film u.a. übernimmt. Hier sind die allermeisten Drill- und Übungsprogramme einzuordnen, bei denen der Computer Aufgaben stellt und auf die Schülerlösungen allenfalls mit ‚richtig' oder ‚falsch' antwortet.

(5) Der Computer als Unterrichts- und Reflektionsgegenstand, wobei einerseits der Aufbau und die Anwendungsmöglichkeiten dieser neuen Technologie thematisiert werden können, zum anderen aber auch sozial- oder gesellschaftspolitische Auswirkungen und Probleme eines Computereinsatzes.

Diese fünf Bereiche sind in der Unterrichtspraxis sicher nicht immer deutlich voneinander trennbar. Die nachfolgenden Anregungen zu LOGO würden sich auf die Möglichkeiten (2) und (3) beziehen. LOGO ist eine von PAPERT (1980) entwickelte Programmiersprache, die u.a. über einfache Grafikbefehle das Konstruieren geometrischer Figuren erlaubt. Nach Anschalten und Starten des LOGO-Programms erscheint nach Eingabe von

BILD

und Drücken der RETURN-Taste in der Mitte des Bildschirms der Igel, ein gerichtetes Dreieck, das sich auf Befehl über den Bildschirm bewegt.

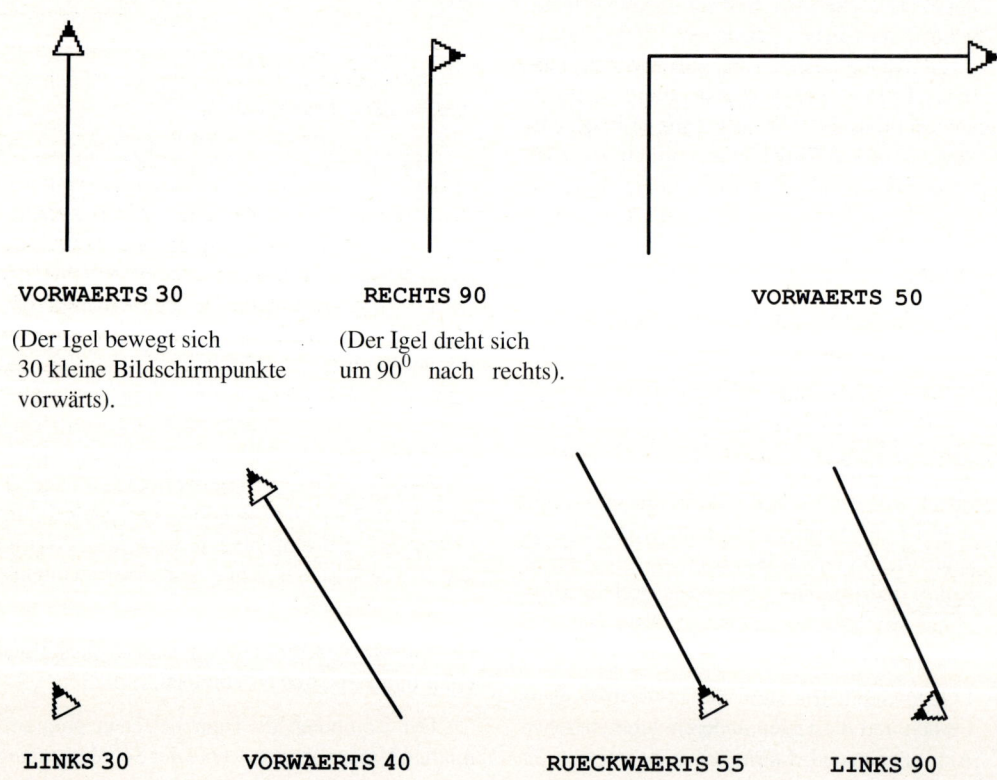

Zusammenstellung der LOGO-Grundbefehle (mit den Abkürzungen):

BILD (Der Bildschirm wird gelöscht und der Igel steht in der Ausgangsstellung)

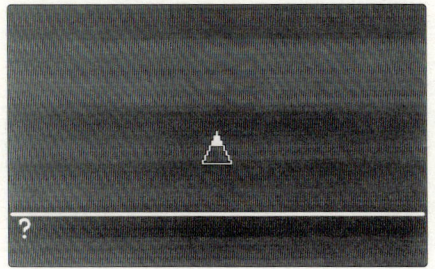

VORWAERTS (VW)
Der Igel bewegt sich in Richtung Spitze vorwärts.

RÜCKWAERTS (RW)

RECHTS (RE)
Der Igel dreht sich um xGrad nach rechts.

LINKS (LI)

STIFTHOCH (SH)
Der Igel bewegt sich auf dem Bildschirm, ohne eine Spur zu hinterlassen (wenn man eine Zeichnung z.B. nicht in der Bildschirmmitte beginnen will).

STIFTAB (SA)
Der Igel zeichnet wieder seine Spur.

RADIERE
Der Igel löscht seine Spur.

WIEDERHOLE (WH)
Eingabe sind eine Zahl und eine Liste von Anweisungen in einer eckigen Klammer. Diese Anweisungen werden so oft ausgeführt wie die Zahl vor der Klammer angibt.
Zum Beispiel:
WH 4 (VW 50 RE 90)
liefert ein Quadrat mit der Seitenlänge 50.

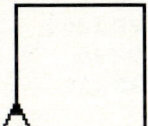

LERNE (PR)
(PR steht für PRozedur oder PRogramm) Auf diesen Befehl hin geht der Computer in den Lernmodus über.

**PR QUADRAT
WH 4 (VW 50 RE 90)
ENDE**

Der Computer hat als neues Grundwort **QUADRAT** gelernt. Nach Drücken der CTRL-C Taste kann das neue Wort **QUADRAT** verwendet werden:

QUADRAT (der Computer zeichnet ohne weitere Befehle)

Quadrat VW 10
Quadrat VW 10
Quadrat VW 10

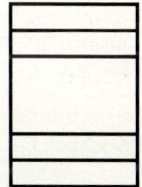

Mit dem Befehl
EDIT (ED)
kann man die Erklärung eines Wortes abrufen, um z.B. Veränderungen vorzunehmen.

Zu weiteren Einzelheiten und anderen Befehlen sei verwiesen auf die Computerhandbücher oder auf LÖTHE (1984). Bei möglichen Experimenten in der Grundschule müssen wir mit nur wenigen der oben beschriebenen Grundwörter bzw. Prozeduren auskommen, soll die folgende Schwierigkeit nicht zu groß werden:

> 1. Schwierigkeit für Grundschüler:
> Verstehen der Fachsprache, der Wortbedeutungen; Eintippen in die Tastatur,...

Arbeitschritte am Computer:
Vorübungen zur Modellvorstellung.

– Igelbewegungen als ‚Kuhschritte' spielen
Vorwärts 5 Kuhschritte, rechts um, vorwärts 4,
links um ..."

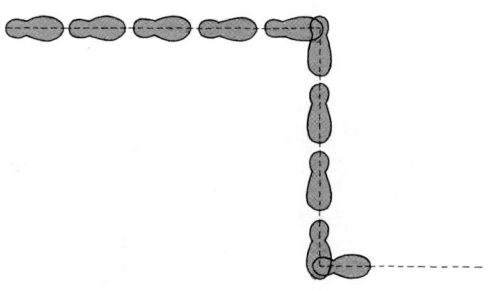

– Entsprechende Vorübungen als ROBOTER-Spiel.

Kennenlernen des Computers, Handhabung der Tastatur.

Den Bildschirm erkunden und experimentelles Zeichnen mit dem Igel zu den Grundbefehlen.

VORWAERTS (VW)

RUECKWAERTS (RW)

RECHTS (RE)

LINKS (LI)

> 2. Schwierigkeit für Grundschüler:
> Ein Verständnis für die Winkelgröße zum Drehen des Igels entwickeln.

Vielleicht hilft hier das Ausprobieren am Bildschirm und das Festhalten einiger wichtiger Winkelgrößen auf Kreisausschnitten.

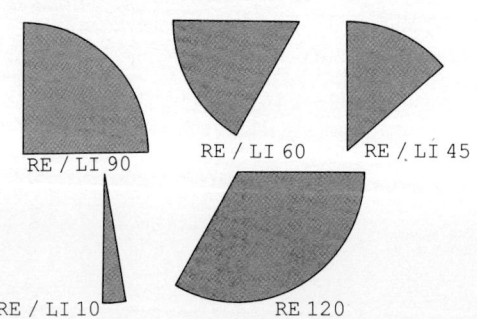

Zeichnen geometrischer Grundformen.

– verschiedene Quadrate, z.B.

VORWAERTS 60
RECHTS 90
VORWAERTS 60
RECHTS 90
VORWAERTS 60
RECHTS 90
VORWAERTS 60

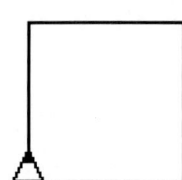

– Rechtecke, z.B.

VW 20
RE 90
VW 70
RE 90
VW 20
RE 90
VW 70

> 3. Schwierigkeit für Grundschüler:
> Links-Rechts-Orientierung bei den verschiedenen Stellungen des Igels auf dem Bildschirm. Schüler helfen sich oft, indem sie mit dem Kopf die Lage des Igels einnehmen.

Natürlich kann der Sinn des Arbeitens am Computer in einer Geometrie-AG der Grundschule nicht sein, von der Lehrerin vorgegebene Befehlsfolgen auszuführen, um vorgeplante Figuren nachzuzeichnen. Die Schüler sollten gemeinsam Figuren und Formen planen, dazu zunächst Skizzen entwerfen und die notwendigen Befehlsfolgen diskutieren. Die nachfolgenden Beispiele könnten als Ergebnisse eines derartigen Prozesses entstehen.

VW 80
RE 120
VW 80
RE 120
VW 80
RE 120

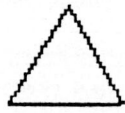

```
VW 50
RE 60
VW 50
RE 60
VW 50
RE 60
VW 50
RE 60
VW 50
RE 60
VW 50
```

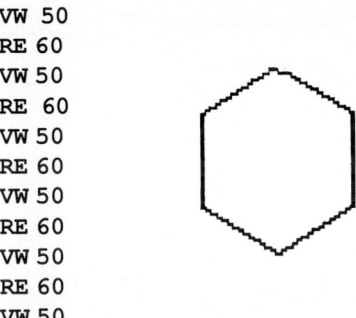

Ist das Verfahren der Wiederholung bekannt, dann lassen sich alle Zeichenaufträge an den Computer einfacher schreiben und z. B. ein ‚zittriger' Kreis entwerfen über **WH 36 (VW 6 RE 10)**.

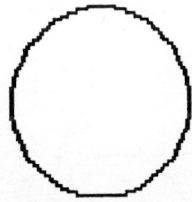

Für alle regelmäßigen n-Ecke gilt:
WH n (VWx RE 360/n), so daß n· 360/n = 360 (Grad).

4. Schwierigkeit für Grundschüler:
Bei keinem anderen Leistungsbereich differenziert die Leistungsfähigkeit und wohl auch die Motivation so schnell wie beim Arbeiten mit dem Computer. Da sind einerseits sehr bald die Fans, die ‚Hacker' mit eigenem Computer zu Hause, bei LOGO-Grafikprozeduren schnell unterfordert und zudem sehr stark dominierend in den Arbeitsgruppen. Zum andern die Kinder, die elementare LOGO-Begriffe nicht anwenden können oder die gerade im Grundschulalter noch kein Interesse haben am ‚Beherrschen' einer Maschine.

Geometrische Figuren über Prozeduren.

Über die anfangs beschriebene Prozedur ‚LERNE' (PR) können die grafischen Möglichkeiten wesentlich erweitert und vom Schreibaufwand her vereinfacht werden, so daß zusammengesetzte geometrische Figuren auf dem Bildschirm konstruiert werden können.

Beispiel: Als neue Vokabel hat der Computer über den Lernmodus gelernt

PR QUADRAT
WH 4 (VW 50 RE 90)
ENDE

Dann läßt sich u.a. entwerfen

QUADRAT VW 10
QUADRAT VW 10
QUADRAT VW 10
QUADRAT VW 10

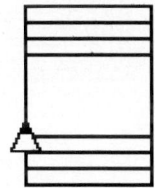

oder

QUADRAT
LINKS 90
QUADRAT
LI 90
QUADRAT
LI 90
QUADRAT
LI 90

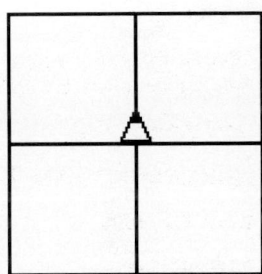

Ist das Programm für die obigen vier Quadrate etwa als ‚Fenster' gelernt worden, dann kann man durch Wiederholung und Drehung diese Figur erstellen:

FENSTER
RECHTS 30
FENSTER

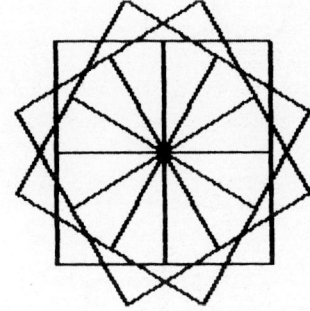

Weitere Beispiele:

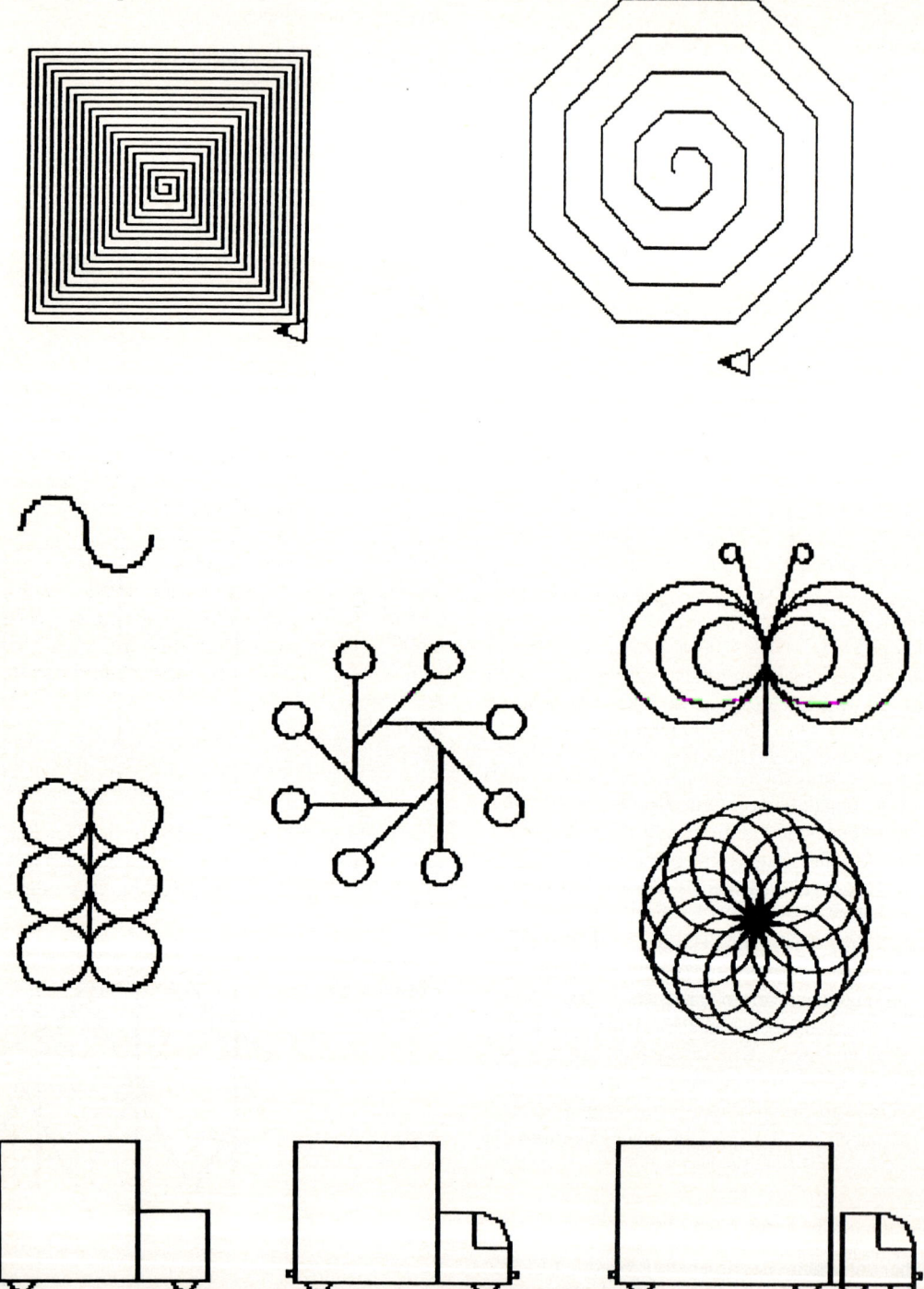

Die in diesem Kapitel in aller Kürze beschriebenen Beispiele und Möglichkeiten sollten die Leserin nicht verzweifeln lassen an der anfänglichen Unverständlichkeit der Computersprache und den ungewohnten Prozeduren. Kinder, auch im Grundschulalter, lernen das alles überraschend schnell, der Umgang mit der Tastatur und den Anweisungen an den Computer bereitet den meisten von ihnen nach wenigen Stunden keine Schwierigkeiten mehr.

Sicher dürfen geometrische Experimente am Computer nicht die vielfältigen Erfahrungen in der Umwelt und mit Materialien ersetzen, sie wären zu mager und zu einseitig im Vergleich zu den anderen Möglichkeiten. Es wäre jedoch eine große Chance für eine unterrichtliche Innovation aus der Schulpraxis heraus, wenn in vielen Arbeitsgruppen oder Klassen der Grundschule Erfahrungen gesammelt und praktikable Modelle entwickelt würden zur Anwendung des Computers als Unterrichtsmedium bzw. Werkzeug. Die Ergebnisse einer derart schulnahen Curriculumentwicklung wären in jedem Fall für die (Grund)schule hilfreicher, als möglicherweise verordnete Reformen in den 90er-Jahren über KMK-Vereinbarungen oder Erlasse (vgl. Mengenlehre-Reform am Ende der 60er-Jahre), um sich so internationalen Entwicklungen anzupassen (übrigens: Länder wie Holland, England u.a. kennen keine Rahmenrichtlinien) oder evtl. unbewußt dem Druck ökonomischer Interessengruppen nachzugeben. Es könnte sich aber durchaus auch zeigen, daß Computer im Grundschulunterricht pädagogisch fragwürdig oder unpraktikabel wären.

Als Argument darf eigentlich nicht zählen, daß die derzeitige Grundschullehrerinnengeneration nicht ausgebildet oder fortgebildet sei für derartige Experimente und Erprobungen in ihrer Unterrichtsarbeit: Eine informationstechnische Weiterbildung wird heute von nahezu allen Berufen erwartet, ohne Ermäßigungen, Vergünstigungen, organisierte Angebote....

Zusammenfassend:

Warum sollte in einer Grundschulklasse nicht in einer Materialecke ein Computer stehen, den man für Textverarbeitung, Übungsprogramme, Fehleranalysen, Geometrie über LOGO, Förderung begabter Schüler, Förderung bei Lernschwierigkeiten und natürlich einfach zum Spielen nutzen könnte? In nahezu allen Bereichen des täglichen Lebens werden diese Werkzeuge angewandt, benutzt, erprobt, integriert usf., warum nicht auch in der Schule?

4. Übungen, Fähigkeiten und Fertigkeiten

Es scheint bemerkenswert, daß der konventionelle Rechenunterricht ständig geometrische Gebilde zur Veranschaulichung von Zahlen und ihren Beziehungen heranzog - man denke an Rechenlatte, Hundertertafel, Bruchkreise usf. - und dabei diese Grundlagen als selbstverständlich voraussetzte, ohne sie vorweg zu klären.
H. Bauersfeld 1972

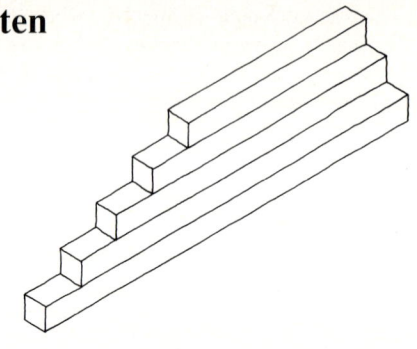

4.1 Förderung visueller Wahrnehmungsfähigkeiten

Unter dem Begriff der ‚visuellen Wahrnehmung' kann man die jeweils notwendigen Fähigkeiten fassen, die bei der Aufnahme, der Verarbeitung und der Speicherung visuell dargebotener Informationen erforderlich sind (vgl. auch Kap. 2.2). Diese Fähigkeiten sind wichtige Voraussetzungen für den Erfolg in den meisten Anforderungsbereichen bzw. Schulfächern der Grundschule (z.B. beim Lesen, Schreiben, Rechtschreiben, Erkennen von Sachzusammenhängen, Rechnen; vgl. als Literatur die Beiträge von ALBRECHT 1985, AYRES 1979, FRÖHLICH 1986, FROSTIG 1981, LORENZ 1989, REINARTZ/REINARTZ 1974). Bei vielen Schulanfängern sind die vom ersten Schultag an notwendigen visuellen Wahrnehmungsfähigkeiten noch nicht ausreichend ausgebildet, so daß sie im Laufe der Grundschulzeit durch die zahlreich angebotenen Materialien, sog. Veranschaulichungen und Ikonisierungen permanent überfordert werden, sofern diese Schwächen nicht erkannt und durch Fördermaßnahmen frühzeitig behoben werden. - Zu den Anforderungen einige Beispiele aus Mathematikbüchern:

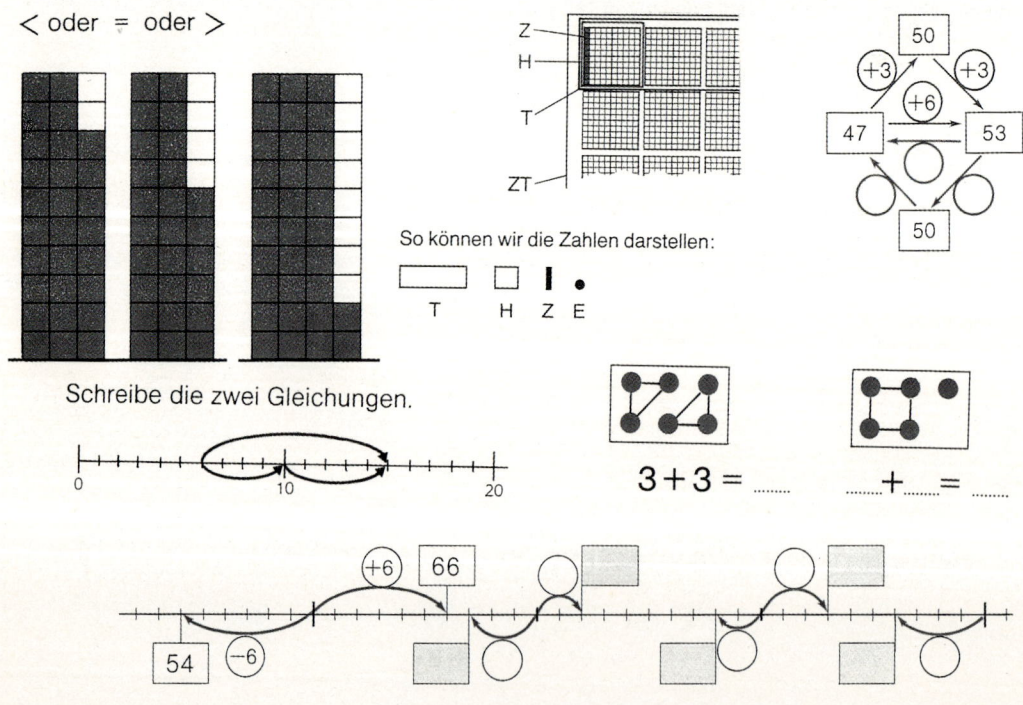

So ist es einerseits nicht verwunderlich, wenn in den Förderprogrammen der meisten außerschulischen Beratungsstellen bzw. Förderinstitutionen zu Lernstörungen das Training verschiedener Aspekte der visuellen Wahrnehmung von zentraler Bedeutung ist, andererseits muß es überraschen, daß dieses Thema in der Praxis des Grundschulunterrichts kaum eine Rolle spielt. Vom ersten Schultag an werden von vielen Lehrerinnen/Lehrern beim Lese-, Schreib- und insbesondere beim Rechenunterricht vielfältige und große visuelle Anforderungen an die Schüler gestellt, offensichtlich im Vertrauen darauf, daß diese Fähigkeiten bei allen Schulanfängern ausreichend ausgebildet sind. Dabei umgeht man in der Regel die Empfehlungen zur unterrichtlichen Gestaltung der ‚ersten sechs Wochen', die das Erfassen der Lernausgangslage und evtl. notwendige Fördermaßnahmen vor Einstieg in die Lehrgänge der einzelnen Unterrichtsfächer vorschlagen. Insofern hat das Bauersfeld-Zitat am Anfang dieses Kapitels immer noch seine Aktualität.

Ein gerade auf den Mathematikunterricht bezogener Aspekt soll in diesem Zusammenhang näher beschrieben werden: Der Zusammenhang zwischen einer Rechenschwäche und den visuellen Wahrnehmungs- und Vorstellungsfähigkeiten (vgl. dazu LORENZ 1989, LORENZ/RADATZ 1986, RADATZ 1989).

Bei der Entwicklung des Zahlbegriffs, bei der Erweiterung des Zahlenraumes und bei der Erarbeitung der Rechenoperationen sollen die Schüler in einer methodischen Stufenfolge *begreifen* (handelnd im Umgang mit vielfältigen Materialien und Arbeitsmitteln), sie sollen dann ein-*sehen* (über Darstellungen, Ikonisierungen bzw. sog. Veranschaulichungen), um schließlich am Ende dieses Verinnerlichungsprozesses für das Arbeiten mit Symbolen und Ziffern ausreichende Vorstellungen zu den mathematischen Begriffen, Operationen und Beziehungen entwickelt zu haben. - Die Arbeit mit rechenschwachen Grundschülern macht jedoch zwei Erkenntnisse deutlich:

- Gerade rechenschwache Schüler entwickeln zu den Operationen und Zahlbeziehungen keine hilfreichen Vorstellungen. Sie können nicht Hin- bzw. Herübersetzen zwischen den Repräsentationsebenen (enaktiv - ikonisch - symbolisch), so daß für sie die Gleichungen und Terme in einem gewissen Sinn Elemente einer Geheimschrift sind, mit denen man nach bestimmten Regeln und ohne Vorstellungen manipulieren muß oder kann. Die Vorstellungsbilder vieler Schüler zu arithmetischen Operationen sind nicht die didaktisch erhofften Handlungsbeziehungen oder Mengenoperationen wie z. B. zu 4 + 3 = 7 bzw. 7 − 2 = 5:

Rechenschwache Grundschüler haben i.d.R. symbolisch-abstrakte Vorstellungsbilder, die Operationen oder Beziehungen nicht deutlich machen können.
Beispiele zu 7 – 2 = 5 bzw. 4 + 3 = 7:

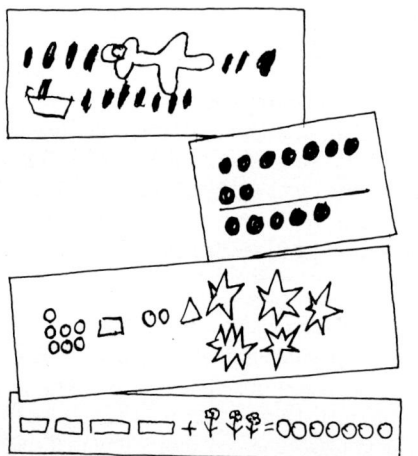

Der zweite Aspekt hängt sicher mit dem ersten eng zusammen:

- Die meisten Grundschüler mit einer Rechenschwäche haben auch große Schwierigkeiten bei der Aufnahme, der Verarbeitung und der Speicherung visuell dargebotener Informationen. Das zeigt sich bei zahlreichen Lehr-Lernexperimenten, z.B. aber auch beim Bearbeiten des Hawig-Wechsler-Intelligenztestes (HAWIK-R): Hier fallen rechenschwache Grundschüler immer wieder auf durch weit unterdurchschnittliche Leistungen bei den Untertests Mosaik (Nachlegen von Mustern mit entspr. gefärbten Würfeln), Figurenlegen (ähnlich einem Puzzle werden Figuren zusammengesetzt) und Bilderergänzen (fehlende Details einer Zeichnung müssen erkannt werden).

Die Bedeutung visueller Fähigkeiten für den Erfolg im Grundschulalter scheint unumstritten; dieser wichtige Bereich sollte bereits im Kindergarten und in der Vorschule thematisiert werden. Im Laufe des Mathematiklehrgangs müssen zu vielen Themen und Aufgaben geometrisches Wissen und räumliches Vorstellen- und Operierenkönnen vorausgesetzt werden (insbesondere auch beim Sachrechnen und beim Umgang mit Größen). Nicht alle Schüler haben aber zu Schulanfang ausreichende visuelle bzw. geometrische Erfahrungen und Fähigkeiten, so daß ein Vernachlässigen der Geometrie und der visuellen Wahrnehmungsförderung für viele Schüler immer wieder verhängnisvolle Folgen in vielen schulischen Lernbereichen nach sich ziehen muß.

Alle in diesem Handbuch beschriebenen geometrischen Aktivitäten und Erfahrungsfelder fördern die zuvor beschriebenen Fähigkeiten. Darüber hinaus gibt es gezielte Förderanregungen, die nachfolgend knapp beschrieben und über einige Beispiele verdeutlicht werden sollen. Am Ende dieses Kapitels weisen wir für interessierte Lehrerinnen auf spezifische Tests und Förderprogramme zum Problemfeld hin.

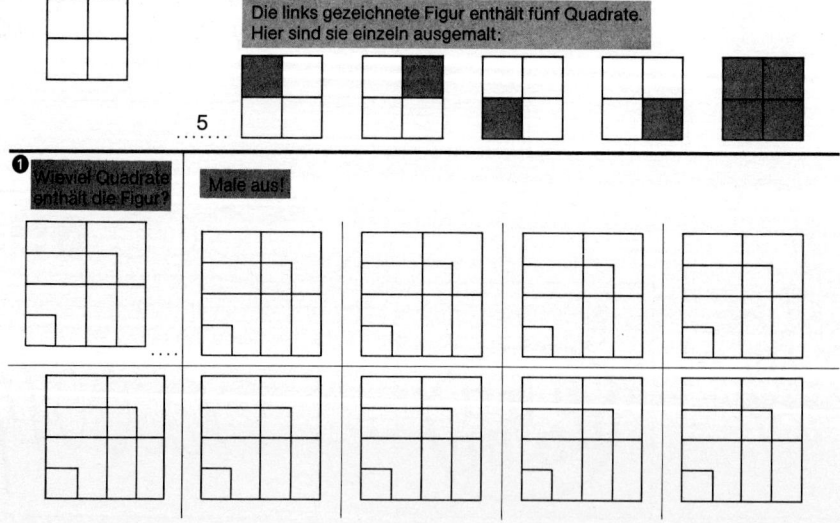

Thema (1): Speichern visueller Informationen / visuelles Gedächtnis

Eine notwendige Fähigkeit gerade für das ‚Sehen' mathematischer Beziehungen und das gedächtnismäßige Durchführen arithmetischer Grundoperationen ist das visuelle Erinnern der im Unterricht selbst durchgeführten Handlungen mit Arbeitsmaterialien bzw. der darauf abgestimmten Darstellungen an der Tafel oder im Schulbuch. Auch außerhalb der Mathematik gibt es vielfältige Anwendungsfelder des visuellen Gedächtnisses, so daß (Vor)-Schulkinder mit Schwächen frühzeitig erkannt werden können: Diese Kinder spielen ungern Memory; sie vermeiden das Zusammensetzen komplexerer Puzzle; es fällt ihnen schwer, ihre Zimmer (ihre Wohnung, Wege im Schulgebäude, im außerschulischen Erfahrungsraum ...) ‚im Kopf' zu beschreiben; sie verlieren sich auf einer Mathe-Schulbuchseite und finden so nicht wieder zu einer bestimmten Aufgabe auf dieser Seite zurück u.v.a.m.. Nachfolgend einige Übungen, die diagnostische Aspekte und Fördermöglichkeiten miteinander verbinden:

- Gedächtnis für Formen, Figuren und Muster

Man zeigt den Kindern eine geometrische Figur, und läßt diese in Ruhe betrachten. Nach 10 - 20 sec. wird eine Menge verwandter Figuren gezeigt, aus denen die Kinder die erste heraussuchen sollen.

Den Kindern wird längere Zeit auf einer Klapptafel oder über einen Overheadprojektor eine Figur gezeigt, die sie sich genau einprägen sollen. Die Figur ist dann für einige Zeit nicht mehr sichtbar, und die Kinder sollen sie nach 15 sec so genau wie möglich nachzeichnen.

Entsprechende Übungen sind möglich mit Mustern, Punktfeldern oder Zahlenmengen:

Zeigen - in Ruhe einprägen - abdecken - nicht gleich mit dem Zeichnen beginnen - warten - dann zeichnen (oder aber nachlegen oder nachbauen).

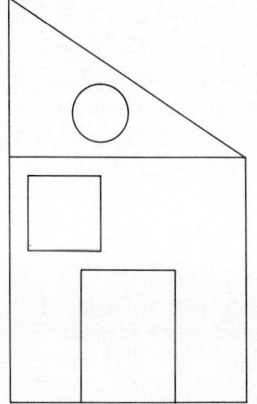

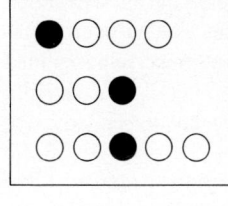 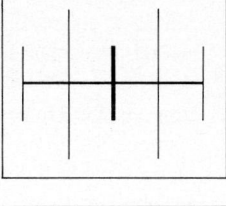

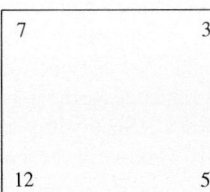 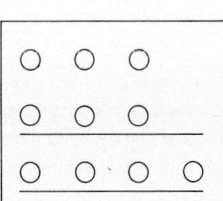

- Das Gedächtnis für die Aufeinanderfolge visueller Informationen wird überprüft und geübt, indem Folgen geometrischer Figuren aufgebaut, diese abgedeckt und dann von den Schülern nachgebaut, nachgelegt bzw. nachgezeichnet werden. Einige Beispiele:

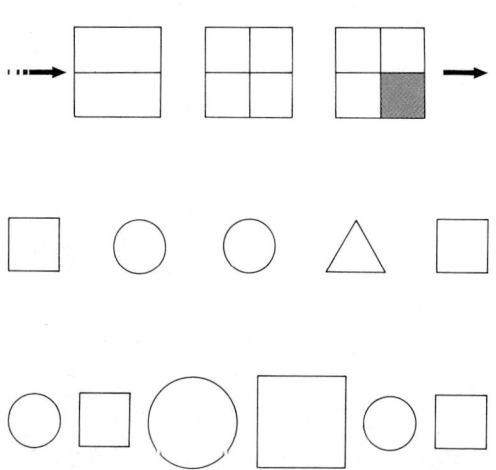

- In dem allen Schülern vertrauten Schulgebäude werden Wege beschrieben, die sich die Schüler im Kopf vorstellen sollen (vgl. dazu Kap. 4.2):

"Vom Schulhof her gehe ich durch die Haupttür in das Schulgebäude, dann gleich links bis zum Ende des Ganges, die Treppe hinauf zum ersten Absatz, rechts an zwei Türen vorbei ... . In welchem Raum bin ich jetzt?"

"Wer kann den Weg von unserem Klassenzimmer bis zum Lehrerzimmer beschreiben?" (Entsprechende Wege im Schulgelände, im Dorf, in der Stadt u.a.)

- Das Wegnehmspiel: Die Schüler sitzen im Kreis, und vor ihnen liegen viele verschiedene Gegenstände auf dem Boden. Ein Schüler nimmt einen Gegenstand auf und legt ihn nach kurzer Zeit wieder zurück. Der nächte Schüler nimmt denselben Gegenstand und einen weiteren auf und legt beide wieder zurück. Ein dritter Schüler nimmt die beiden ersten Gegenstände und einen weiteren ...

- Auch alle Memoryspiele mit entsprechenden Variationen gehören in diese Übungsgruppe.

Thema (2): Visuelles Operierenkönnen

Das Operieren mit und das Umstrukturieren von bildhaften Vorstellungen soll an dieser Stelle beschränkt werden auf Beispiele zum ‚anschaulichen' Rechenunterricht in den ersten Schuljahren.

Viele Arbeitsmittel im arithmetischen Anfangsunterricht haben zumindest zwei gravierende Nachteile:

- Das Lösen arithmetischer Operationen ist nur über das sukzessive Zählen bzw. zählende Operieren mit Einzelelementen möglich, d.h. das Verständnis bei einigen Schülern von Addition bzw. Subtraktion wird verfestigt als Weiterzählen bzw. als ergänzendes Zählen oder Rückwärtszählen. Die Leserin möge selber einmal Aufgaben wie 7 + 6, 16 + 9 oder 13 + 7 mit Hilfe von Steckwürfeln, Rechenplättchen oder am Zahlenstrahl lösen, wobei sie sich in die Rolle eines Grundschülers versetzen muß, der die Ergebnisse dieser Aufgaben noch nicht auswendig kennt. Die einzelnen Mengen und die Lösungen sind auch für uns Erwachsene nur zählend bestimmbar. Das zählende Rechnen ist aber spätestens vom Ende des 2. Schuljahres an eine strategische Sackgasse. Gerade die rechenschwachen Schüler werden und bleiben leider oft sehr lange ‚Zähler'.

- Die oben erwähnten Arbeitsmaterialien und ihre verwandten Modelle ermöglichen nicht die Entwicklung konkreter Vorstellungen in Zahlenräumen bzw. zu Rechenoperationen. Stellen Sie sich einmal die Zahl 19 (36, 578 ...) am Zahlenstrahl oder als Steckwürfel vor! Was sehen Sie? Stellen Sie sich die Operation 7 + 6 als anschauliches Bild von Steckwürfeln vor. Die Vorstellungsbilder können nur unstrukturiert und diffus sein.

So ist für Grundschüler mit Lernschwierigkeiten im Mathematikunterricht das Arbeiten mit den folgenden Materialien hilfreicher, für alle Schüler auch sinnvoller:

Im Zahlenraum bis 20 die Rechenkette (z. B. Spectra, 4270 Dorsten) oder das 20er-Rechenbrett (Betzold, 7090 Ellwangen):

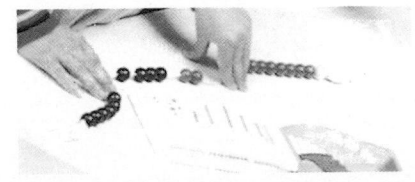

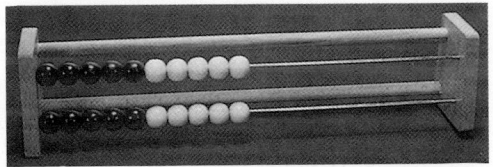

Im Zahlenraum bis 100 die entsprechend erweiterte Perlenkette und die Hundertertafel:

71	72	73	74	75	76	77	78	79	80
61	62	63	64	65	66	67	68	69	70
51	52	53	54	55	56	57	58	59	60
41	42	43	44	45	46	47	48	49	50
31	32	33	34	35	36	37	38	39	40
21	22	23	24	25	26	27	28	29	30
11	12	13	14	15	16	17	18	19	20
1	2	3	4	5	6	7	8	9	10

Im Zahlenraum bis 1000 die Dezimalblöcke (z. B. erhältlich beim Lehrmittelverlag Betzold, 7090 Ellwangen):

Mit derartigen Arbeitsmitteln können Vorstellungen besser entwickelt und gedankliche Operationen an Vorstellungsbildern durchgeführt werden.

Einige Anregungen:

– Operationen unter einem Tuch:

Die Zahl 12 wird an der Rechenkette geschoben

... und dann abgedeckt.

Wie viele Perlen sind jetzt noch unter dem Tuch?

Diese Perlen schiebe ich unter das Tuch!

– Stellt euch die Zahl 13 an der Perlenkette vor! Vier Perlen gehen weg, noch eine Perle, und zwei Perlen kommen dazu. Zeichnet jetzt die Kette.

– Unter einem Tuch liegen

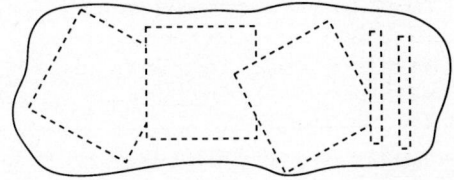

Unter das Tuch werden geschoben: Wie heißt jetzt die Zahl?
Was muß ich noch unter das Tuch schieben, damit dort die Zahl 400 liegt?

Stellt Euch die Zahl 210 mit dem Material vor. In Gedanken nehmen wir fünf Zehner(stangen) weg. Zeichnet die neue Zahl!

– Aus BAUERSFELD u.a. (1971): alef 3 - Arbeitsblatt 93:

Wir arbeiten im Zahlengitter!

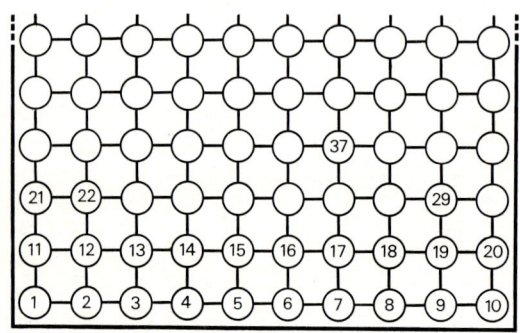

❶ Dies ist der Anfang eines Zahlengitters!

a) Welche Zahl gehört auf den Platz rechts neben 22 (über 15, links neben 29, unter 37, über 22, über 37 ...)?

b) Welche Zahlen stehen in der 3. Zeile? Welche in der 1., 7., 11. Zeile? Wo stehen die Zahlen des fünften Zehners?

c) Was haben alle Zahlen in der 2. Spalte gemeinsam? Was kennzeichnet alle Zahlen in der 1., 8. Spalte? Wo stehen die vollen Zehnerzahlen?

d) In welcher Zeile steht die Zahl 56? In welcher Spalte? – Wo stehen 31, 50, 74, 99, 101?

e) Wie heißen die vier Gitter-Nachbarn von 19? Beschreibe ihre Lage! Beschreibe die Gitter-Nachbarn von 22 (34, 65, 40, 1)!

Im Gitter gibt es folgende Operatoren:
Man kommt

durch → zum rechten Nachbarn,
durch ← zum linken Nachbarn,
durch ↑ zum oberen Nachbarn,
durch ↓ zum unteren Nachbarn.

Beispiele:

17 → = 18   56 ↓ = 46
17 ← = 16   56 → = 57
17 ↑ = 27   56 ← = 55
17 ↓ = 7   56 ↑ = 66

Beachte:

6 ↓ = /
10 → = /
21 ← = /

/ = keine Lösung

❷ Für welche Zahlen in diesem Gitter liefert der Operator ↓ keine Lösung? – Wie ist es mit den anderen Operatoren?

❸ 4 → = x   ❹ 18 □ = 17   ❺ x → = 20   ❻ 98 ↓ = x   ❼ 33 □ = 43   ❽ x ↑ = 100
   12 ↑ = x   38 □ = 28   x ↑ = 30   100 ← = x   76 □ = 66   x → = 100
   37 ← = x   11 □ = 10   x ← = 29   64 ↑ = x   52 □ = 51   x ↓ = 88
   26 ↓ = x   19 □ = 9   x ↓ = 19   51 → = x   67 □ = 68   x ← = 74
   48 ↑ = x   25 □ = 35   x ← = 18   72 ↑ = x   87 □ = 77   x → = 89

3 → ↑ = 14

*❾ 7 → → = x   *❿ 18 ↓ ↑ = x   *⓫ x ← → = 10   *⓬ 99 → □ = 90   *⓭ 18 □ ↑ = 18
   33 → ↑ = x   47 → ← = x   x ↓ ↑ = 48   7 ↑ ↓ = 16   34 □ → = 36
   95 ↓ → = x   79 ↑ ↓ = x   x ↑ → = 82   24 ↓ ↓ = 4   42 □ ↓ = 33
   86 ↓ ↓ = x   83 ← ← = x   x ↓ ← = 29   42 ← □ = 51   66 □ ← = 75
   22 ← ↑ = x   61 → ↓ = x   x ↑ ↑ = 7   55 → □ = 55   19 □ ↑ = 39

14. 19 → ↓ = x   15. Suche mehrere   16. 27 → → ↓ = x   17. 15 → □ ↓ =   7   *18. Suche mehrere
     9 → ↓ = x   Lösungen   48 ↑ ↓ ← = x   28 ↓ □ ↑ = 27   Lösungen
    89 → → = x   15 □ □ = 26   69 ↓ ← ↑ = x   82 ← □ → = 72   19 □ □ □ = 38
    72 ← ← = x   12 □ □ = /   77 ↑ ← ↑ = x   98 ↑ □ ↑ = 119   71 □ □ □ = 52
    99 ↑ ↑ = x   51 □ □ = 42   100 ↓ ← ↓ = x   76 → □ ↑ = 86   68 □ □ □ = 58
                       80 □ □ = /   19 □ □ □ = /

*19. 48 → ↑ → ↓ ← ← = x   *20. 100 □ □ ← □ ↓ ← □ □ = 78

– Anregungen aus den ‚Bergedorfer Kopiervorlagen' (siehe Literaturverzeichnis unter MÜLLER, H.) zum visuellen Differenzieren, zur Figur-Grund-Unterscheidung, zu den geometrischen Lagebeziehungen und Qualitätsbegriffen sowie zur visuellen Orientierung:

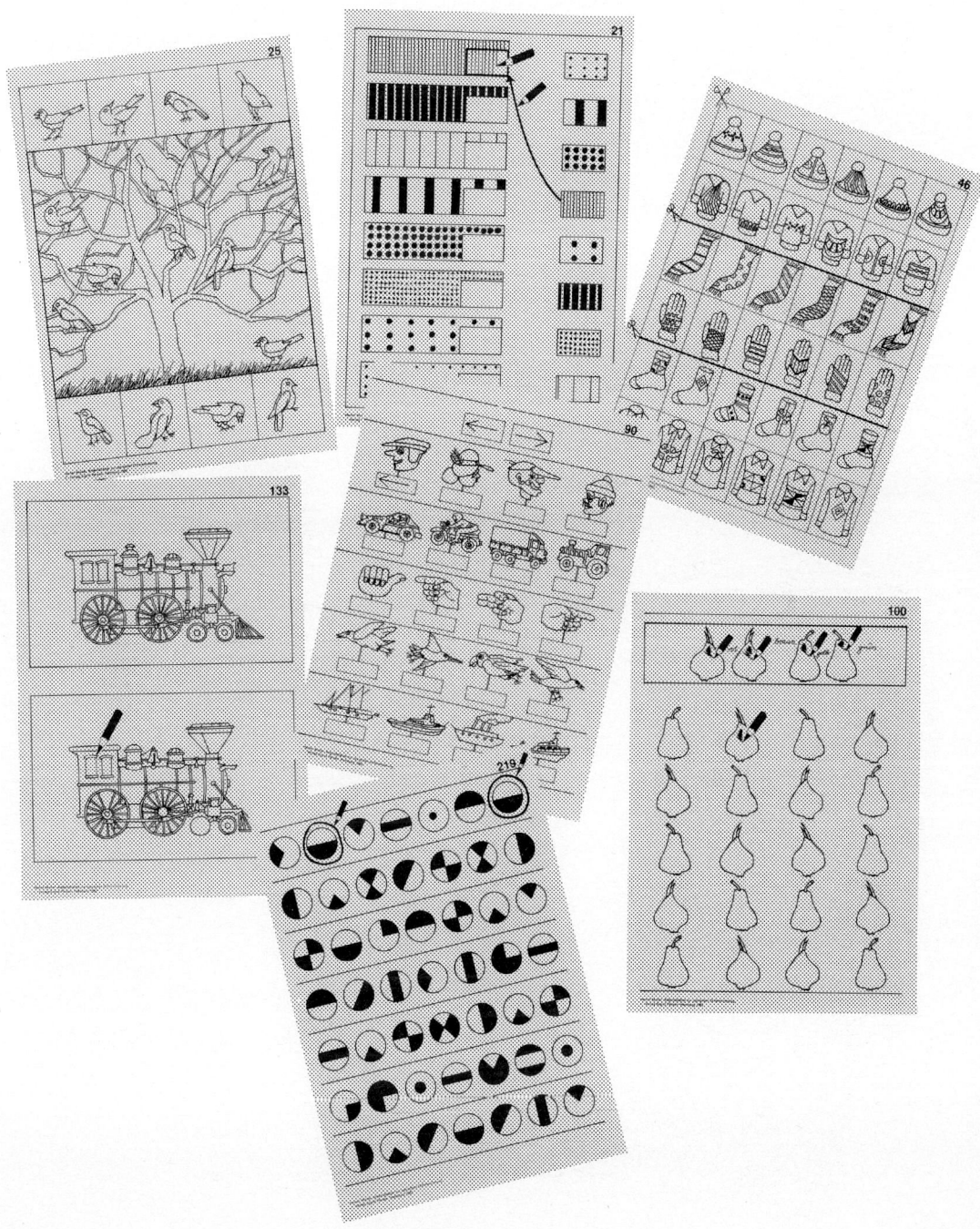

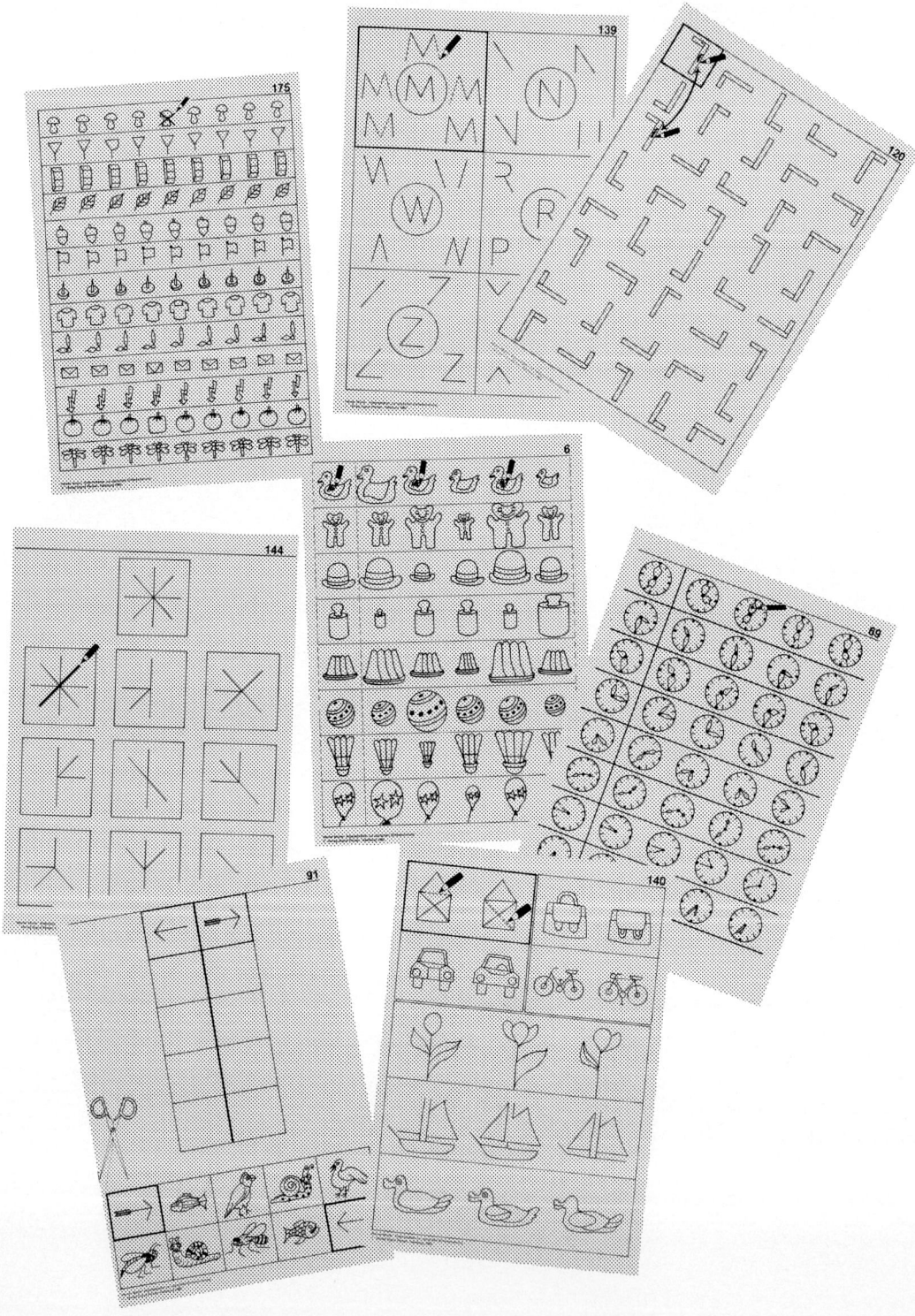

Thema (3): Übungen zur rechts-links Orientierung

Zu den drei Dimensionen der Orientierung im Raum (vorn - hinten, oben - unten und rechts-links) haben die allermeisten Schulanfänger im Vorschulalter ausreichende Erfahrungen zu den beiden erstgenannten Dimensionen gesammelt, diese können sicher unterschieden und angewandt werden. Dagegen ist die rechts-links Unterscheidung oft bis spät in die Grundschulzeit unsicher. Gezielte Übungen scheinen somit sinnvoll und notwendig, da ein eindeutiges Unterscheidenkönnen in den meisten Unterrichtsfächern wichtig ist (in Mathematik z.B. beim Arbeiten am Zahlenstrahl oder beim Anwenden der Stellenwertordnung der Einer, Zehner usw.).

Zahlreiche Ergänzungen der nachfolgenden Übungen bietet das sog. Frostig-Programm zur visuellen Wahrnehmungsförderung an (siehe REINARTZ/REINARTZ 1974).

Rechts-links Unterscheidungen am Körper:

– Hebe die rechte Hand, den linken Fuß ...

– Lege die rechte Hand auf dein linkes Knie, zeige mit dem Zeigefinger auf dein rechtes Ohr...

– Wir heben den rechten Arm nach vorne und den linken Arm nach hinten, jetzt umgekehrt...

– Jetzt hüpfen wir fünfmal auf dem rechten Fuß...

Bewegung und Orientierung auf Anweisungen:

– Gehe drei Schritte (,Kuhschritte') vor, rechts um, vier Schritte vor, links um, nochmals links um, drei Schritte zurück ...

– Wir zeichnen einen Weg auf Karopapier: Sechs Kästchen nach oben, fünf Kästchen nach rechts, zwei nach unten, drei nach links, vier nach unten, zwei nach links.

– Wo endet dieser Weg?

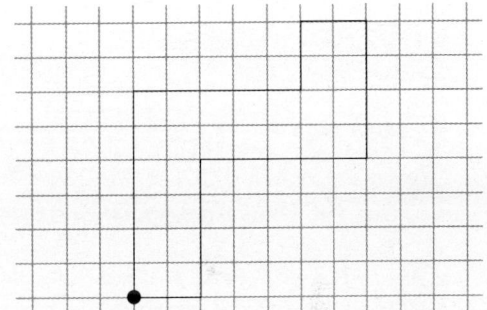

– Partnerspiel ,Männchensuchen' (Prinzip ,Schiffe versenken'): Jeder Schüler zeichnet eine Strecke quer über sein Rechenheft und kennzeichnet die Mitte durch einen dicken Strich.

Zwei Männchen werden links oder rechts von der Mitte in ein Karo auf die Strecke gestellt, z.B.

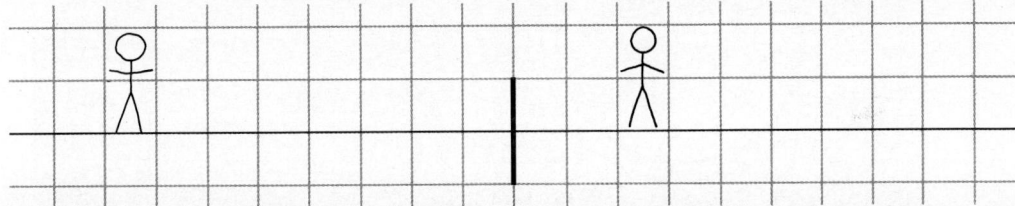

Abwechselnd versuchen dann die Spieler, durch Fragen wie ,links 5', ,rechts 9' ... die Männchen des Spielpartners zu finden. Die abgefragten Quadratplätze des anderen Spielers werden auf dem eigenen Spielplan festgehalten. Sieger ist, wer als erster beide Männchen entdeckt hat.

Rechts-links von der eigenen Person:

– Wer sitzt links von dir? ...

– Nenne Gegenstände im Klassenraum, die rechts von dir sind. ...

– Gehe nach vorne und schaue zur Tafel. Was ist rechts von dir? Drehe dich um und schaue in die Klasse. Was ist jetzt rechts (links) von dir?

Rechts-links bei Gegenständen oder auf Bildern:

– Gut sichtbar für alle Schüler werden drei Körper oder Gegenstände aufgebaut, z. B.

  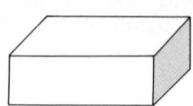

– Was liegt rechts von der Kugel? Was liegt links vom Quader? ... Den Tisch mit den drei Körpern umdrehen (nicht umbauen!), so daß die Lagebeziehungen neu zu beschreiben sind:

 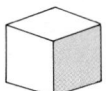

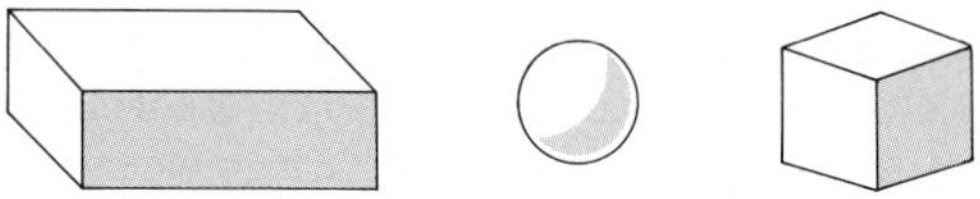

Betrachtungen und Beschreibungen von (Wimmel-) Bildern.

Wir fahren mit der Bahn und beschreiben, was wir rechts und links aus dem Fenster sehen.

Links-rechts von anderen Personen aus gesehen:

- Wer sitzt links von Peter? ...
- Ein Schüler stellt sich im Klassenraum auf verschiedene Plätze. Die Mitschüler beschreiben jeweils Lagebeziehungen wie vor - hinter und links von - rechts von.
- Auf Bildern die Sicht nach links bzw. rechts von abgebildeten Personen beschreiben ...

Thema (4): Figuren und Muster abzeichnen / Folgen fortsetzen

Sehr geeignet zur Förderung der visuellen Wahrnehmung - dem genauen Schauen - und der Fertigkeit des Freihandzeichnens ist das Abzeichnen von Figuren oder Mustern auf Karopapier oder Punktgittern.

Zeichne genau ab!

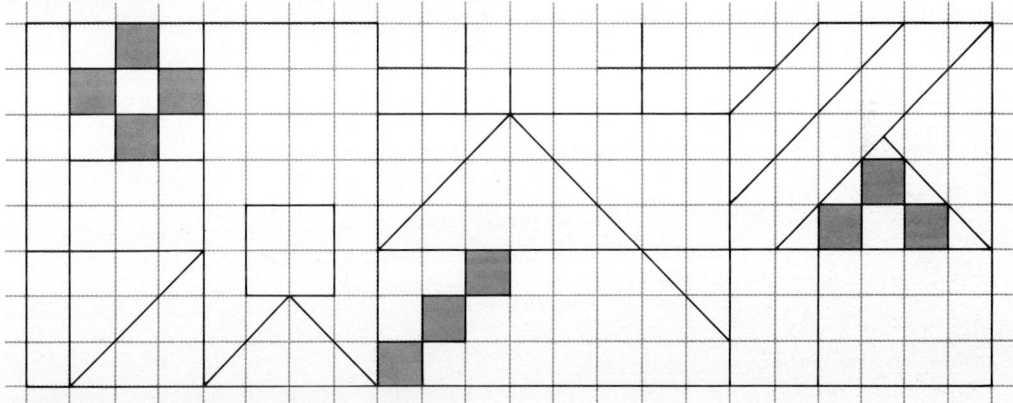

Zwei Beispiele aus den Bergedorfer Kopiervorlagen (MÜLLER 1982):

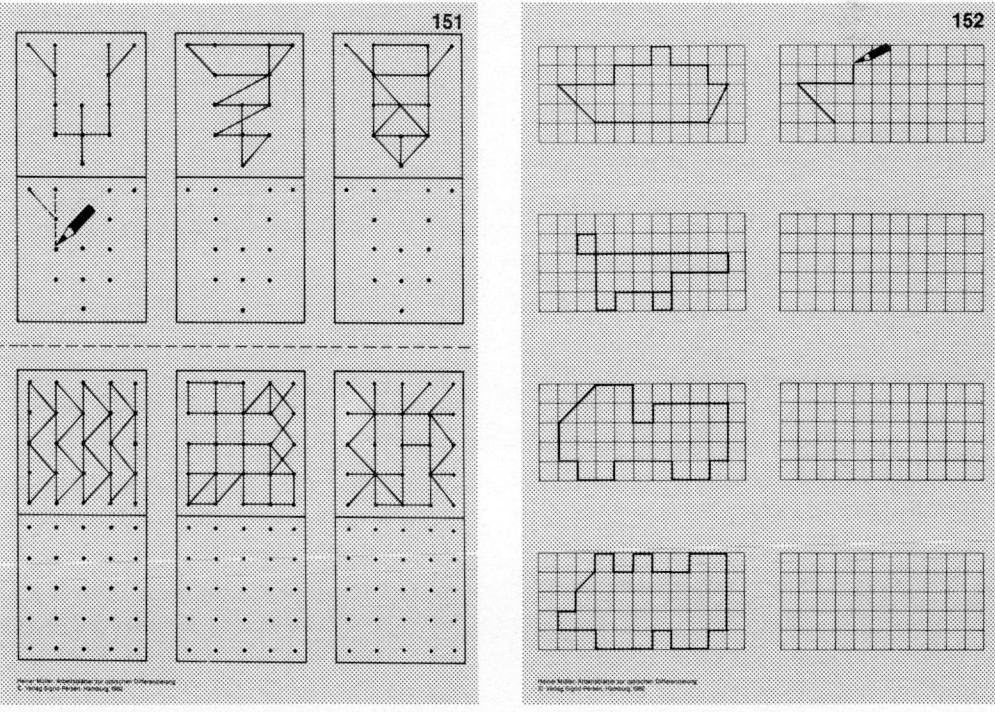

Spiele wie ‚Schau genau' oder ‚Differix' fördern ebenfalls das visuelle Differenzieren und Achten auf Einzelheiten bzgl. der Anordnung von Teilen. Hinzu kommt das Trainieren der Konzentrationsfähigkeit und der Anstrengungsbereitschaft der Schüler.

Neben der Förderung der visuellen Wahrnehmung wird beim Fortsetzen geometrischer Folgen auf Karopapier von den Schülern verlangt, die Gesetzmäßigkeiten dieser Folgen zu erkennen, um diese dann beim Zeichnen richtig anzuwenden. Einige Beispiele:

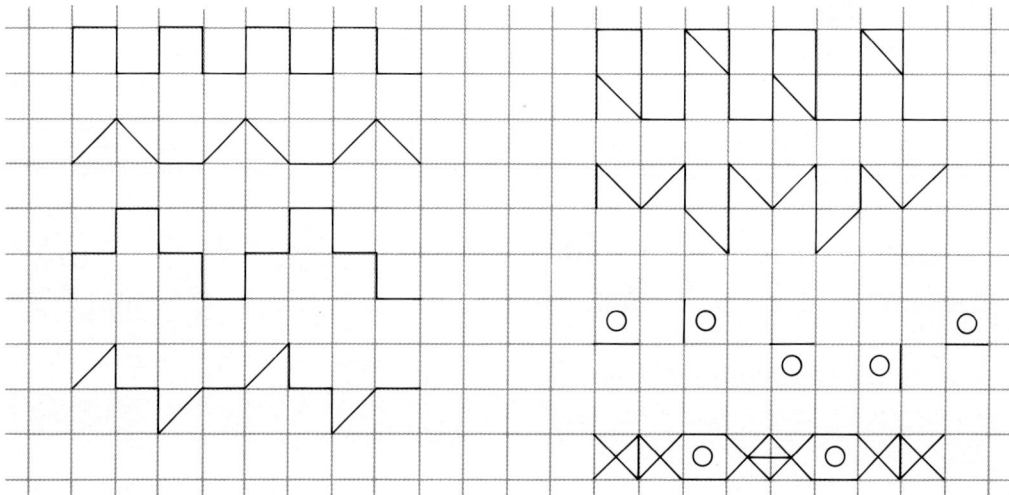

Förderprogramme und Tests - eine kleine Auswahl

Die Förderprogramme von AFFOLTER (1977) und AYRES (1979) gehen in Teilen auf die Förderung der Form- und Raumwahrnehmung bei besonders ausgeprägten Schwächen einzelner Kinder ein und haben ihre Bedeutung für außerschulische Förderinstitutionen.

Zahlreiche Anregungen für die Vorschule und Grundschule geben die nachfolgenden Programme:

Förderprogramm von Frostig
(vgl. REINARTZ/REINARTZ 1974)

Im Frostig-Programm werden Spiel- und Übungsanregungen sowie Arbeitsblätter insbesondere zur Steigerung folgender Fähigkeiten angeboten:

– visuo-motorische Koordination (Verknüpfen visueller Informationen mit motorischen Reaktionen),

– Figur-Grund-Diskrimination,

– Wahrnehmungskonstanz (Erkennen von Gegenständen unabhängig von Wahrnehmungsentfernung, Blickwinkel, Größe u.a.),

– Wahrnehmung der Raumlage (im Sinne des Verstehens der räumlichen Lagebeziehungen wie über, unter, vor, neben ...),

– Wahrnehmung der räumlichen Beziehungen (die Lage von mehreren Gegenständen zu sich selbst erkennen und beschreiben können).

Optisches Differenzierung- und Konzentrationstraining (MÜLLER 1982)

Dieses Programm besteht aus 256 Kopiervorlagen im Format DIN A4 und einem Informationshandbuch dazu. Angeboten werden zahlreiche Übungen zum Anmalen, Ausschneiden, Ankreuzen, Kleben ... bzgl.

– geometrischer Lagebeziehungen,

– Qualitätsbegriffen,

– der Mengenerfassung,

– der visuomotorischen Koordination,

– der visuellen Differenzierung,

– der Figur-Grund-Wahrnehmung,

– der Symmetrie- und Flächenpropädeutik u.a.

Siehe Beispiele auf den Seiten 135/136 und 139 dieses Handbuches.

Die Verwendung standardisierter (oder halbstandardisierter) Tests darf vom Nicht-Fachmann nur mit größter Zurückhaltung erfolgen, wie überhaupt auch die Testergebnisse eines ‚Fachmannes' immer kritisch hinterfragt werden sollten. Das kann man aber nur auf dem Hintergrund gewisser Kenntnisse der Tests. Aus diesem Grund - und nicht so sehr als Handlungsanregungen für die Grundschullehrerin, sie wird sich auf informelle Verfahren weitgehend beschränken müssen - sollen an dieser Stelle einige Tests und Untertests kurz beschrieben werden, die Schwächen bestimmter visueller Fähigkeiten diagnostizieren helfen.

Frostig Entwicklungstest der visuellen Wahrnehmung (FEW)

Dieser bekannte Test erfaßt die oben beim entspr. Förderprogramm beschriebenen fünf Faktoren.

Test zur Prüfung der optischen Differenzierung (POD)

Neben dem Frostig-Test ist dieser als einziger auf visuelle Fähigkeiten beschränkt bzw. spezialisiert; geeignet für Kinder im Vorschul- und Einschulungsalter.

Hawik - Wechsler - Intelligenztest für Kinder (HAWIK - R)

Drei Subtests gehen explizit auf visuelle Faktoren ein:

– Figurenlegen (Eine zerschnittene Figur muß aus Einzelteilen wieder zusammengelegt werden, wobei vielfältige geometrische Fähigkeiten verlangt werden.) Beispiele:

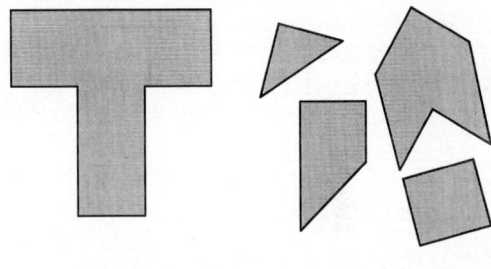

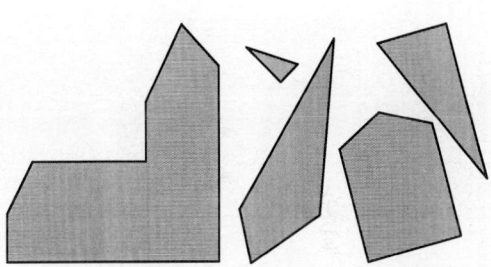

– Mosaik - Test (Rot-weiße Muster sollen mit den oberen Flächen von vier unterschiedlich eingefärbten Würfeln nachgebaut werden.) Wie an anderer Stelle bereits erwähnt, haben gerade Schüler mit Rechenschwäche beim Mosaik-Test große Schwierigkeiten und ihre Werte weichen hier deutlich negativ von den meisten anderen Intelligenzfaktoren ab (vgl. LORENZ 1989).

Nachzulegende Muster aus dem Mosaik-Test:

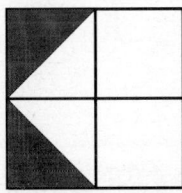 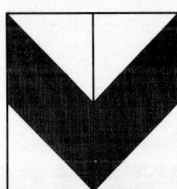

– Bilderergänzen (Zeichnungen, auf denen wesentliche Details fehlen, müssen analysiert werden.)

Gestörte Mittagsruhe

Ausgerechnet in der Mittagszeit beginnt vor dem Hochhaus eine wilde Schneeballschlacht. Und plötzlich kommen auch noch von oben Schneebälle geflogen! Wer gerade getroffen wird, siehst du auf den sieben Puzzle-Teilen. Jedes Teil paßt in ein freies Feld im Bild. Die dazugehörenden Buchstaben verraten, wo drei Schneebälle gelandet sind.

N G L E L K I

Entwicklungstest für das Schulalter

Dieser Test enthält für jedes Schulalter eine eigene Testreihe, an der die erwartbaren Entwicklungsfortschritte ablesbar sind. Zum geometrisch-visuellen Verstehen sind Teiltests zur Raumerfassung, zum anschaulichen Gedächtnis, zur Reproduktion eines visuell dargebotenen Ganzen, zur Teil-Ganzes-Beziehung sowie zur Erfassung von Form- und Größenbeziehungen vorhanden. Beispiele:

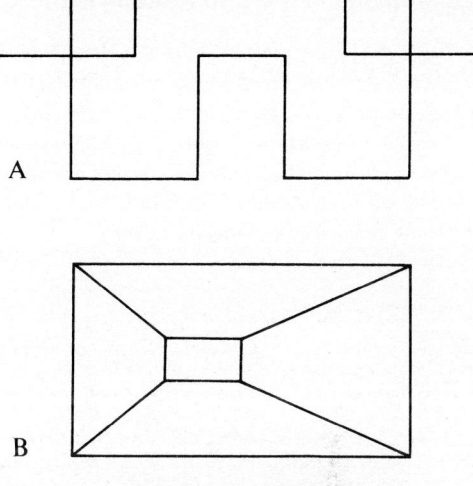

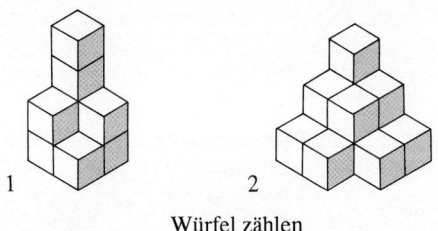

1 2
Würfel zählen

Anschauliches Gedächtnis

In sehr vielen Tests, gerade auch zur Untersuchung von minimalen Cerebralschäden, spielen visuelle Anforderungen eine große Rolle. Daraus darf durchaus der Schluß gezogen werden, daß das visuell-geometrische Denken ein zentral wichtiger kognitiver Fähigkeitsbereich ist.

4.2 Kopfgeometrie und Raumorientierung

Will der Lehrer die geometrischen Vorstellungskräfte des Kindes entwickeln, so muß er sich entschließen, an geeigneten Stellen "Kopfgeometrie" zu treiben. Diese Kopfgeometrie ist ebenso wichtig wie das Kopfrechnen. Nur sie ermöglicht die Entfaltung der Kräfte der Raumanschauung, die - zumal in der Volksschule - das wichtigste Mittel sind, geometrische Fragen zu lösen.
W. Breidenbach 1964

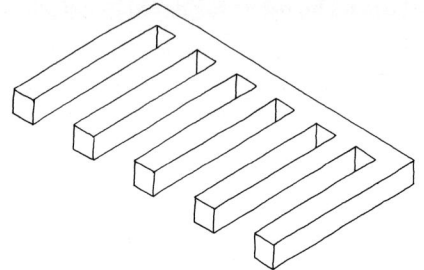

Beispiele für erfahrungs- und umweltbezogenes Lernen:

- Orientierungsübungen auf dem Schulweg: Ausgewählte Schulwege gemeinsam abgehen. Wie merkst du dir deinen Weg von der Haustür bis zur Schultür? Welche auffallenden Häuser, Bäume, Geschäfte stehen rechts oder links am Wege? Wo biegst du ab, wo überquerst du die Straße?

- Zeichne dazu einen einfachen Plan.

- Orientierungsübungen in der Schule: Beschreibe den Weg vom Eingang des Schulgebäudes zum Klassenraum, vom Klassenraum zum Lehrerzimmer, zur Turnhalle, zur Toilette, ...

- Orientierungsübungen im Klassenraum: Wo befindet sich die Tafel? Wo steht der Lehrertisch, der Abfalleimer, ...? Wo sitzt du, wo sitzen Tanja, Ole, ...?

- Wo steht das Regal für die Schulsachen der Kinder? Wo hat Peter sein Fach im Regal? Links oben, rechts unten, in der Mitte rechts, in der zweiten Reihe von oben, ... Wir zeichnen einen Plan vom Regal. In welches Fach schreibt Sandra ihren Namen? Wessen Fächer liegen übereinander, nebeneinander, ...? Anke's Fach liegt links von Sandra's Fach. Wie gelange ich von Sandra's Fach zu Peter's Fach?

- Unterrichtsgänge. Wir besuchen den Wochenmarkt: Wo ist der Gemüsestand, der Obststand? Wo liegen die Zitronen, die Pampelmusen, ...?

- Wir besichtigen das Warenhaus: Wo befinden sich die Spielwaren, die Lebensmittel, die Computer, ...? Auf dem Bauernhof, in der Mühle, beim Bäcker, im Heimatmuseum, ...

- Verkehrsunterricht. Wir machen eine Ortsrundfahrt mit der Polizei. Mit Schachteln, Papierrollen usw. bauen wir gemeinsam ein Modell des Ortes und fahren darin mit Spielzeugautos. Beschreibe, wie gefahren wird, was wir unterwegs alles sehen, worauf wir achten müssen, ... Erkläre einem Fremden den Weg zum Bahnhof.

"Im einzelnen bedeutet *Raumanschauung* die Fähigkeit, Lagebeziehungen zwischen und an Gegenständen sowie geometrische Grundformen an Gegenständen erkennen, sich vorstellen und beschreiben zu können." (PALZKILL/ SCHWIRTZ 1971, S. 13). Statt von *Raumanschauung* spricht man heute von *Raumvorstellung*.

Eine genauere Begriffsbestimmung für *Raumvorstellung* findet man in psychologischen Theorien über die Intelligenz: Die Raumvorstellung wird hier als ein Primärfaktor der Intelligenz neben sechs weiteren angesehen. Nach der "Drei-Faktoren-Hypothese" von Thurstone werden drei Unterfaktoren unterschieden: *Veranschaulichung* (visualization), *Räumliche Beziehungen* (spatial relations) und *Räumliche Orientierung* (spatial orientation).

Folgende Fähigkeiten gehören u.a. zu den Dimensionen:

- Veranschaulichung: Das Zerlegen von Figuren oder Körpern in kleinere Teile, das Umordnen dieser Teile durch Verschieben oder Drehen, das sich anschließende Zusammenfügen zu neuen (vorgegebenen) Figuren oder Körpern.
- Räumliche Beziehungen: Das Erfassen und sich Vorstellen von Beziehungen zwischen Gegenständen oder zwischen Teilen von ihnen.
- Räumliche Orientierung: Das räumlich richtige Einordnen der eigenen Person in die Umwelt (TREUMANN 1974, WÖLPERT 1983).

Es sollte aber nicht unerwähnt bleiben, daß es innerhalb der Psychologie, Mathematikdidaktik, Psychiatrie, Neurologie, ... zahlreiche, sich auch überschneidende oder sich gar widersprechende Definitionen des Begriffs *Raumvorstellung* gibt.

Für den Unterricht wesentlich aber ist zudem die Feststellung, daß sich die Raumvorstellung zwischen dem 7. und dem 13. Lebensjahr - verglichen mit den anderen Intelligenzfaktoren - besonders stark entwickelt (BESUDEN 1979, WÖLPERT 1983). Damit gewinnt die Behandlung geometrischer Inhalte in der Grundschule unter dem Aspekt der Förderung der Raumvorstellung eine fundamentale Bedeutung.

Die Pflege des räumlichen Vorstellungsvermögens beim Kinde setzt beim konkreten Handeln mit Materialien an. Erst auf der Grundlage vielfältiger Handlungserfahrungen lassen sich Handlungen allmählich auch in der Vorstellung vollziehen. Verinnerlichtes Handeln fördert nicht nur die Fähigkeit zur Raumvorstellung, sondern ist ein grundlegender Schritt auf dem Wege zum geometrischen Denken. *Geometrisches Denken* bedeutet "... vorstellendes Operieren an geometrischen Gebilden." (PALZKILL/SCHWIRTZ 1971, S. 15).

Dabei wird zunächst an konkreten Gebilden vorstellend operiert, ehe man sie durch eine Zeichnung ersetzt oder gar ganz wegläßt.

Das lange Verweilen im konkreten Bereich, das allmähliche und behutsame Weiterschreiten und Loslösen vom handelnden Umgang mit Materialien ist besonders für lernschwächere Kinder mit Störungen im Umfeld der Raumwahrnehmung, Raumorientierung und Raumvorstellung von grundlegender Bedeutung, u.a. weil derartige Störungen sich "vor allem im Rechnen auswirken und auch die Entwicklung des Denkens beeinträchtigen" (DRÖGE 1987, Seite 230).

Übungen zur Entwicklung der Raumvorstellung, der Raumorientierung und des geometrischen Denkens sollten sich nicht auf einzelne Unterrichtsstunden beschränken, sondern den gesamten Geometrieunterricht durchsetzen. Ähnlich wie das Kopfrechnen ein fester Bestandteil des Arithmetikunterrichts ist, sollte die *Kopfgeometrie* ihren festen Platz im Geometrieunterricht finden: Kopfgeometrie als Unterrichtsprinzip! Sie dient nicht nur der vertiefenden Wiederholung und immanenten Übung, sondern auch der vorbereitenden Einstimmung auf einen neuen Inhalt und insbesondere den oben angesprochenen Lernzielen. Man kann sie zudem so gestalten, daß sie zugleich ein vorzügliches Training der Konzentrationsfähigkeit darstellt (DEGNER/KÜHL 1984).

Schon in den bisherigen Kapiteln treten zahlreiche kopfgeometrische Übungen auf; an einigen Stellen wird ausdrücklich darauf hingewiesen. Die folgenden Anregungen setzen häufig entsprechende Handlungserfahrungen voraus. Sie dienen zudem nicht nur der Entwicklung der Raumvorstellung, sondern zusätzlich der Vertiefung der Einsicht in geometrische Grundformen, in die Eigenschafts- und Ordnungsbegriffe, in die Rechts-links-Beziehung, ... Die Einteilung in Übungen zur Raumorientierung mit und an räumlichen bzw. mit und an flächenhaften Gegenständen ist nicht überlappungsfrei. Sie soll nur Schwerpunkte kennzeichnen.

Übungen zur Raumorientierung

- Die Kinder schließen die Augen. Welche Dinge hängen rechts an der Wand unseres Klassenraumes, stehen vorn links in der Ecke,...?

- Mit verbundenen Augen werden Gegenstände im Klassenraum ertastet, erraten, beschrieben.

- Ich sehe etwas, was du nicht siehst und das ist rund. Ist es die kugelförmige Vase auf dem Fensterbrett, der Ball auf dem Schrank, das Schild neben der Tür, ...?

- Die Lehrerin zeigt Ecken am Klassenschrank und läßt ihre Lage von den Schülern beschreiben: Die Ecke ist oben vorn rechts, ...

- Kim-Spiel: Einem Kind werden die Augen verbunden. Danach werden an Gegenständen auf einem Tisch Veränderungen vorgenommen: ein Gegenstand wird ausgetauscht, an eine andere Stelle gelegt, weggenommen, dazugelegt, ... Die Augenbinde wird wieder entfernt und das Kind soll nun die Veränderungen nennen.

- Nach Anweisungen gehen: Du sollst sieben Schritte vorwärts gehen. Zeige zunächst, wo du dann stehen wirst. Überprüfe nun.

- Stehe von deinem Platz auf, gehe drei Schritte nach links und dann vier Schritte nach vorn zur Tafel. Zeige zuerst, wohin du gelangen wirst.

- Wiederholung der Übungen mit verbundenen Augen.

- Auf dem Fußboden werden zwei Punkte im Abstand von drei Metern gezeichnet. An einem Punkt steht Katja. Mit verbundenen Augen soll sie zum zweiten Punkt laufen.

- Fasse mit der rechten Hand an dein linkes Ohr, an das linke Ohr deiner Nachbarin. Fasse an das rechte Ohr, linke Bein, linke Auge, ...

- Elke stell dich bitte vor die Klasse. Erika stell dich links neben Elke. Werner stell dich vor Elke... Weitere Kinder stellen sich hinter, links vor, rechts vor, links hinter, ... bis ein Gruppenbild mit 3 x 3 Kindern entsteht. Verschiedene Lagebeschreibungen für ein Kind angeben.

- Da liegen ein blauer, ein gelber, ein roter, ein schwarzer und ein weißer Stein in einer Reihe nebeneinander. In der Mitte liegt der blaue Stein. Der vierte Stein von links ist weiß. Der rote Stein liegt ganz links. Der schwarze Stein liegt neben dem weißen Stein. Wo liegt der gelbe Stein?
Verschiedene Beschreibungen der Lage des gelben Steines sind erwünscht: Es ist der zweite Stein von links. Er liegt unmittelbar zwischen dem roten und dem blauen Stein. Er liegt links neben dem blauen Stein. Es ist der vierte Stein von rechts.

- Neun Kinder haben sich in einem 3 x 3-Feld aufgestellt. Monika steht hinter Andreas. Wolfgang steht vor Sabine. Holger steht zwischen Fritz und Wolfgang. Silke steht zwischen Fritz und Anja. Holger steht vor Andreas. Anja steht auf der rechten Seite von Monika. Sabine steht auf der linken Seite von Andreas. Wo steht Irene? Auch hier sind verschiedene Lagebeschreibungen der Lösung möglich: Irene steht links neben Monika. - Irene steht hinter Sabine. Usf.

- "Wanderungen im Kopf". Wir betreten das Schulgebäude, gehen den ersten Gang nach rechts und öffnen die dritte Tür links. In welchen Raum sehen wir hinein?
Beschreibe den Weg vom Klassenraum zum Musikzimmer, ...

Übungen mit und an räumlichen Gegenständen

- Die Kinder schließen die Augen. Wo gibt es in unserem Klassenzimmer (unserer Schule,...) kugelförmige, würfel-, quaderförmige Gegenstände?

- Ein Kind versteckt einen Würfel (einen Quader, eine Kugel, eine Pyramide, ein Quadrat, ein Dreieck, usw.) in einem undurchsichtigen Beutel. Sein Partner versucht, den versteckten Gegenstand allein durch Tasten zu "erraten".
Variante: Der versteckte Gegenstand wird über das Tasten beschrieben (z. B.: Er hat acht Ecken, seine Flächen sind glatt, ...). Dabei darf

nicht verraten werden, wie der Gegenstand heißt. Die Zuhörer bestimmen den Gegenstand aufgrund der Beschreibung.

- Die Kinder schließen die Augen und stellen sich einen Würfel vor. Nun werden die Ecken des Würfels gezählt. Dabei zeigen die Kinder mit dem Finger auf die Ecken ihres vorgestellten Würfels. Ebenso zählen sie die Kanten des Würfels. Legt eure flache Hand auf die obere Fläche eures "Luftwürfels" (TREUTLEIN 1911), auf die rechte Seitenfläche, usw. Wie viele Flächen hat der Würfel?

- Wanderungen auf dem Kantenmodell eines Würfels von Ecke zu Ecke. Die Kinder haben ein Kantenmodell vor sich. Zeigt auf die Ecke 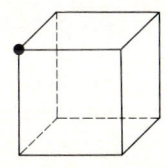 vorn-oben-links. Hier beginnt unsere Wanderung. Wir wandern nach hinten (nach rechts, nach unten). Welche Ecke erreichen wir? Wir wandern nun nach unten, dann weiter nach hinten und schließlich nach rechts. Welche Ecke erreichen wir jetzt?

- "Wanderungen im Kopf". Die Kinder stellen sich das Kantenmodell eines Würfels vor. Die Wanderung beginnt an der Ecke vorn-unten-rechts. Wir wandern nach hinten, dann nach oben. An welcher Ecke sind wir jetzt? Wir beginnen wieder an der Ausgangsecke vorn-unten-rechts. Wie müssen wir wandern, um zur Ecke oben-links-hinten zu gelangen? Wie müssen wir wandern, um zur Ausgangsecke zurückzukommen? Gibt es mehrere Wege?

- Wir numerieren die Ecken eines Würfels von 1 bis 8. Unsere Wanderung beginnt an der Ecke 1. Suche einen kurzen Weg, der zur 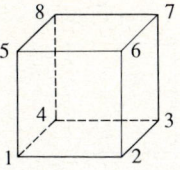 Ecke 1 zurückführt. Notiere: 1-4-8-5-1. Wie viele Wege mit vier Kanten gibt es?
Suche einen langen Weg, der zur Ecke 1 zurückführt. Dabei darf keine Kante mehrfach benutzt werden. Suche einen Rundweg, der über sämtliche Ecken geht. Gibt es auch einen Rundweg, der über sämtliche Kanten geht, ohne eine Kante zweimal zu durchlaufen?

- Zeichne mit dem Geodreieck den Quader zu Ende. Es fehlen eine Ecke und drei Kanten.

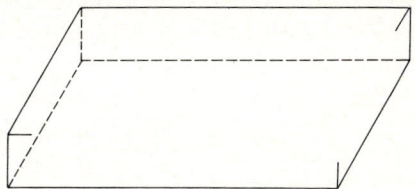

- Zeichne mit dem Geodreieck den Würfel zu Ende. Wo liegt die fehlende Ecke?

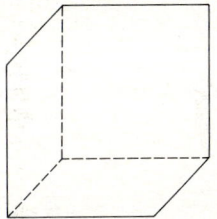

- Schneide einen Würfel aus Knete (Styropor, Kartoffel) mit einem Messer in zwei Teile. Welche Form hat die Schnittfläche? Schneide einen Würfel so in zwei Teile, daß als Schnittfläche ein Quadrat (Rechteck, Dreieck) entsteht.

- Schneide eine Kugel aus Knete in zwei Teile. Welche Form hat die Schnittfläche? Schneide so, daß der Kreis möglichst groß wird. Wie mußt du schneiden?

- Ein Würfel mit numerierten Ecken steht auf dem Tisch. Die Kinder schließen die Augen und stellen sich diesen 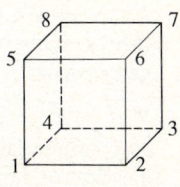 Würfel vor. Zeige die Ecke 5 an deinem Würfel, die Ecke 6, ... Zeige die Kante 2-3. Wo liegt die Fläche mit den Eckzahlen 5, 6, 7, 8? Oben, unten, rechts, links, vorn oder hinten?

- Der Würfel aus der letzten Aufgabe wird nach rechts (an der Kante 2-3) gekippt. Welche Fläche liegt nun unten? Welche Nummer hat 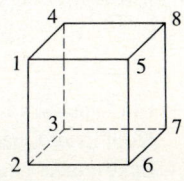 jetzt die Ecke vorn-oben-rechts? Der Würfel wird nach vorn, hinten, links gekippt.

– Hier siehst du drei Spielwürfel. Addiere die Augenzahlen, die du nicht siehst.
Bei welchem Würfel ist diese Augenzahl am größten, am kleinsten?

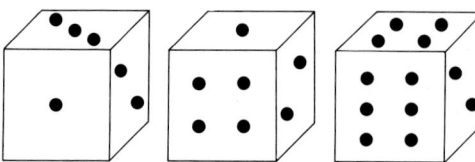

– Ein Würfel trägt auf seinen sechs Flächen folgende Zeichen:

Hier siehst du drei verschiedene Ansichten dieses Würfels:

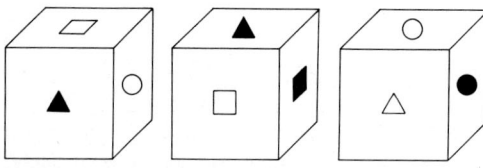

Welches Zeichen befindet sich auf der gegenüberliegenden Seite von ○ (▲, □) ?

Übungen mit und an flächenhaften Gegenständen

– Augen zu! Wo gibt es in unserem Klassenzimmer quadratische, runde, dreieckige, rechteckige Formen?

– Was kann das sein? Einfache geometrische Figuren werden an die Tafel gezeichnet. Die Kinder interpretieren sie (nach Droodles-Art). Beispiele:

Zelt, Hausdach, Zipfelmütze, Verkehrsschild, Eiswaffel falsch herum, ...

Spiegelei, Betonröhre, Mexikaner von oben, ...

– Ein Quadrat wird hochgehalten: 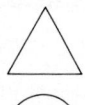 Lege "im Kopf" vier Quadrate so, daß sie alle mit einer Ecke einen gegebenen Punkt berühren. Wie

sieht die fertige Figur aus? (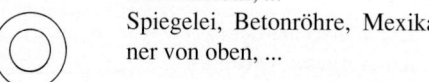).

Lege ebenso: vier Rechtecke, sechs gleichseitige Dreiecke, ...

– An der Tafel steht ein Quadrat mit numerierten Ecken. Die Kinder betrachten es, schließen dann die Augen und zeichnen das Quadrat mit den Fingern in die Luft.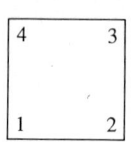
Zeige die rechte obere Ecke. Welche Zahl steht dort? Welche Zahl "siehst" du unten links, links oben, ...?
Wo steht die 4, die 2?

– Jedes Kind erhält ein Pappquadrat mit gleich numerierten Ecken auf der Vorderseite u. Rückseite. Das aufrecht gehaltene Quadrat wird nach rechts (übereck) gekippt.

Welche Zahl ist nun rechts oben, links unten,...?
Das Quadrat wird nach links gekippt, zweimal nach links gekippt, ... Wo steht die 4, die 3, ...?

– Nun schließen die Kinder die Augen und lösen die Aufgaben der letzten Übung. Das "im Kopf" gefundene Ergebnis kann jeweils sofort überprüft werden.
Wie oft muß man nach rechts (nach links) kippen, bis die Zahlen wieder so liegen wie am Anfang?

– Zeichne ein Quadrat (mit dem Finger in die Luft). Zerschneide es mit einem geraden Schnitt (mit der Handfläche als Messer). Was für Figuren können entstehen?

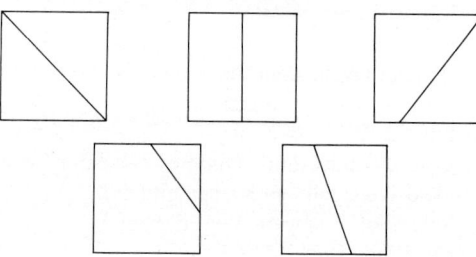

Wie verläuft die Schnittlinie? (von einer Ecke zur Gegenecke, von einer Seite zur Gegenseite, von einer Seite zu einer Nachbarseite, von einer Ecke zu einer Gegenseite.)

Kopfgeometrische Aufgaben beanspruchen und fördern auch das *visuelle Gedächtnis*. Für Kinder mit Schwierigkeiten in diesem Bereich empfehlen sich Vorübungen der folgenden Art:

- Die Kinder sitzen in Gruppen. Jede Gruppe hat den gleichen Satz Figuren (Plättchen) vor sich auf dem Tisch.
Die Lehrerin hebt eine Figur für einen Augenblick hoch. Danach suchen die Gruppen die kurz gezeigte Figur aus ihrem Satz heraus.

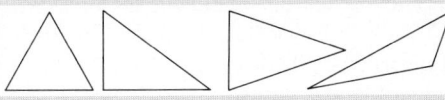

Variationsmöglichkeiten:

- Die Figuren eines Satzes bestehen nur aus Dreiecken (Rechtecken).

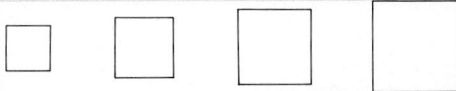

- Die Figuren haben unterschiedliche Größen.

- Die Figuren - hier auf Kärtchen gezeichnet - weisen zusätzliche Merkmale auf.

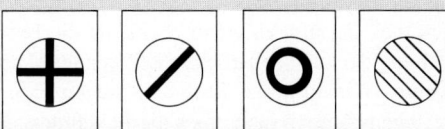

- Analog verfährt man mit den Körperformen.

- Auf die richtige Reihenfolge kommt es an. Vier Plättchen werden in dieser Reihenfolge gelegt:

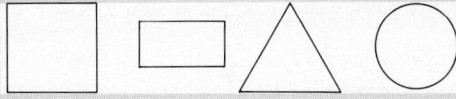

Nun werden die Plättchen "gemischt". Ein Kind legt wieder die ursprüngliche Reihenfolge.

Die Reihenfolge wird geändert.

Auf Karten gezeichnete Figuren lassen zahlreiche Variationsmöglichkeiten zur letzten Aufgabe zu:

- Die Anzahl der Figuren wird kleiner, größer.

- Die Figuren werden komplexer, mit Zusätzen versehen.

- Die Figuren werden farbig gestaltet.

- Die Reihenfolge zeigt deutlich Legeregeln.

- Zerschneide ein Quadrat mit einem geraden Schnitt in zwei deckungsgleiche Teile. Was für Figuren können entstehen?

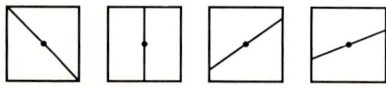

- Zerschneide ein Quadrat in vier deckungsgleiche Teile. Wie viele Schnitte sind erforderlich? Hinweis: Es gibt Lösungen, die sich ausgezeichnet als Legespiel eignen: Kindern und Erwachsenen fällt es nicht leicht, aus diesen vier Teilen wieder das "ausgefüllte" Quadrat zu legen, wenn sie die Entstehung der vier Teilstücke nicht kennen. Die rechten Winkel in der Mitte der obigen Figur verleiten nämlich dazu, hier die Ecken des zu legenden Quadrates zu sehen. So jedoch entsteht ein größeres Quadrat mit einem quadratischen Loch. Das ist aber auch sehr hübsch!

- Zerschneide ein Quadrat mit einem Schnitt so, daß du aus den Teilen ein Dreieck legen kannst (ein Rechteck legen kannst).

- Zerschneide ein Quadrat so in vier Teile, daß du mit den Teilen ein Rechteck legen kannst (ein Dreieck legen kannst). Wie oft mußt du schneiden?

- Zerschneide ein Rechteck mit einem Schnitt in zwei Dreiecke.

- Zerschneide ein Rechteck mit zwei Schnitten in drei Dreiecke (in drei Vierecke).

- Zerschneide ein Rechteck mit drei Schnitten in vier Dreiecke.

- Zerschneide ein Rechteck mit einem Schnitt so in zwei Teile, daß du aus den beiden Teilen ein Dreieck (einen Drachen) legen kannst.

- Zerschneide ein Rechteck mit einem Schnitt so, daß du zwei deckungsgleiche Teile erhältst.

- Falte ein Quadrat an den Mittellinien zum Faltwinkel.
Stich mit einer Nadel durch den Faltwinkel. Wie viele Löcher hat nun das Ausgangsquadrat?

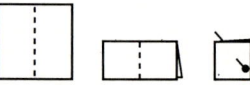

Stich so durch den Faltwinkel, daß die Löcher nach dem Auseinanderfalten ein Quadrat aufspannen.
Wo mußt du durchstechen, damit nach dem Entfalten ein Rechteck entsteht?
Welche der Figuren können nicht entstehen?

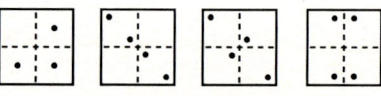

- Falte ein Quadrat an den Diagonalen zum Faltwinkel.

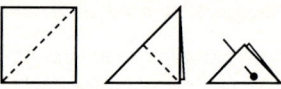

Stich mit einer Nadel durch den Faltwinkel. Wie viele Löcher hat nun das Ausgangsquadrat?
Beantworte auch hier die Fragen der letzten Aufgabe.

- Falte ein Quadrat an den Mittellinien zum Faltwinkel. Es entsteht wiederum ein Quadrat. Von diesem Quadrat werden nun alle Ecken abgeschnitten. In wie viele Teile zerfällt der Faltwinkel? Welche Figur entsteht beim Auseinanderfalten?

- Falte ein Quadrat an den Diagonalen zum Faltwinkel. Es entsteht ein Dreieck. Von diesem Dreieck werden nun alle Ecken abgeschnitten. In wie viele Teile zerfällt hier der Faltwinkel? Welche Figur entsteht beim Auseinanderfalten?

Einen offenen Würfel durch Falten herstellen

1. Wir stellen zuerst ein Rechteck her, das 3 mal 4 Quadrate enthält (Bild 1).

Falte dazu wie in dem kleinen Bild in ein Quadrat die Mittellinien ein und zwischen diesen und den Seiten je eine gleichlaufende Linie! Trenne dann einen Streifen von 4 Feldern ab!

Falte in das Rechteck noch die beiden schrägen Linien ein (Bild 1)!

2. Falte die linke Hälfte des rechteckigen Blattes auf die rechte (Bild 2)!

(Damit du das Falten mit Hilfe der Zeichnungen besser verstehst, ist angenommen, daß das Papier auf der einen Seite rötlich gefärbt ist, auf der anderen Seite grau.)

3. Falte die beiden linken Ecken nach oben um! Ebenso die rechten, aber nur die des oberen Blattes (bild 3)!

4. Klappe die rechte obere Hälfte auf die linke linke hinüber (Bild 4)! Es entsteht dadurch eine "Tasche", die nun geöffnet werden muß.

5. Bild 5 zeigt die Tasche halb geöffnet.

6. Nun kannst du die Seitenflächen des Würfels nach oben aufbiegen, so daß ein länglicher Kasten entsteht, dem eine Seitenwand fehlt (Bild 6).

7. Kniffe jetzt die in Nr. 1 gefalteten schrägen Linien in den äußeren Quadraten scharf ein! Dadurch werden diese Quadrate zu Kopftüchern gefaltet. Es entstehen zwei "Zipfel" (Bild 7).

8. Nun müssen noch die Zipfel unter die dreieckigen Taschen an den Außenwänden geschoben werden, wie du es im Bild 8 bei dem vorderen Zipfel siehst.

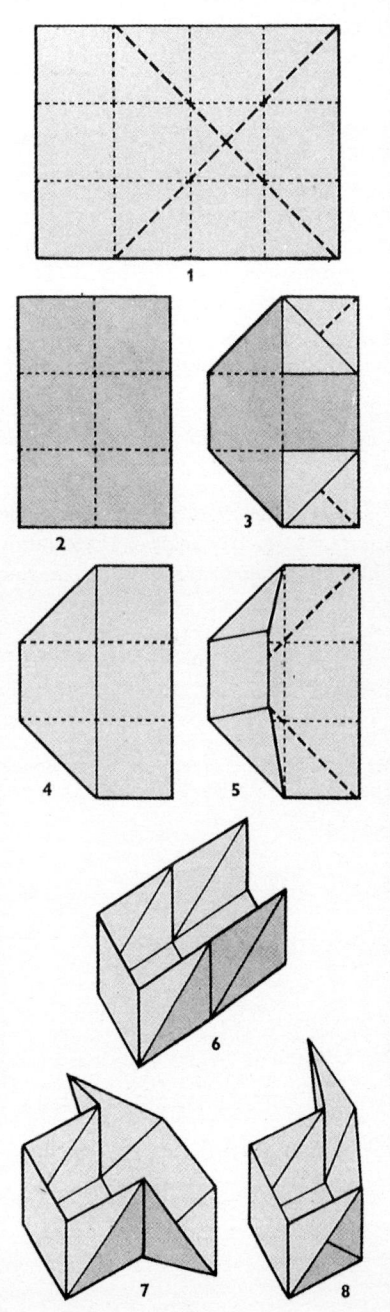

- Ein weißes Blatt Papier (DIN A4) wird auf einer Seite rot gefärbt. Falte das Papier nun so, daß die Teile genau aufeinanderfallen und die rote Fläche innen ist. Eine Nadel durchsticht das gefaltete Papier. In welcher Reihenfolge trifft die Nadel auf die Farben (wrrw)?

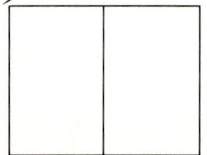 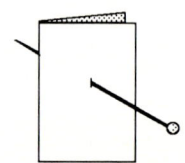

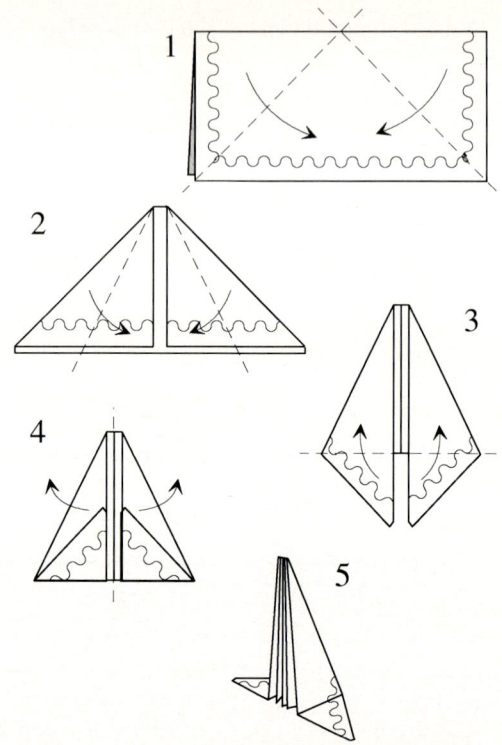

Welche Farbfolge entsteht, wenn man das Papier zweimal, dreimal faltet?
Vergleiche die Farbfolge rwwrrwwr mit der Folge wrrwwrrw.
Ist diese Farbfolge möglich: wrwrwrwr?

- Papiertaschentücher werden gefaltet verpackt. Kannst du ein quadratisches Stück Papier wie ein Taschentuch falten?

- Papierservietten werden in Verpackungen geliefert, auf denen oftmals ein Dekorationsvorschlag abgedruckt ist. Kannst du eine Serviette nach nebenstehender Bildfolge falten?

Weitere Anregungen zur Kopfgeometrie finden sich in den Lehrerhandbüchern zu "alef - Wege zur Mathematik" (BAUERSFELD u. a. 1970 ff.), in den Lehrerausgaben zu "Die Welt der Zahl" (von BREIDENBACH/BAUERSFELD 1968 ff., ab 5. Schuljahr) und in DEGNER/KÜHL (1984).

Besser: Lassen Sie sich durch die Beispiele anregen, selbst Übungsvarianten oder neue Aufgaben zu entwickeln!

4.3 Umgang mit Schablonen und Zeichengeräten

Vielleicht das vorzüglichste Mittel, daß Kinder leicht und sicher zu einem Verständnis der geometrischen Formen und ihrer Gesetzmäßigkeiten kommen, ist, daß sie sehr viel selber zeichnen.
W. Breidenbach 1964

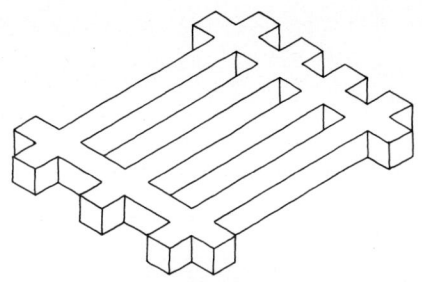

Beispiele für erfahrungs- und umweltbezogenes Lernen:

– Wie kannst du mit einer Untertasse einen Kreis, mit einer Seifenschachtel ein Rechteck zeichnen?

– Mit welchen Gegenständen kannst du eine gerade Linie zeichnen: Heftkante, Faltlinie, Lineal, ...

– Wie zieht der Gärtner im Garten eine gerade Linie, einen Kreis? Wie der Plattenleger, der Straßenbauer, ...

– Wie stellt der Tapezierer fest, ob die Tapete gerade hängt? Wie der Maurer, ob die Wand gerade gemauert ist?

– Suche in deiner Umgebung linienhafte Gegenstände (Schienen, Leitungsdrähte, Markierungen auf Straßen und Sportplätzen, Rechenkästchen im Heft, Spielplan beim Mühlespiel, Zaunlatten, Fachwerk, Kamm, Parklinien auf einem Parkplatz, Leitersprossen, Zähne, ...). Vergleiche und beschreibe sie. Warum sind sie oft parallel oder senkrecht zueinander?

– Überprüfe die Rechtwinkligkeit an Gegenständen mit einem Faltwinkel.

– Im alten Ägypten vor über 4000 Jahren hießen die Feldmesser "Seilspanner", weil sie zum Vermessen des Landes ein Seil benutzten, welches sie - wie abgebildet - eingeteilt und zum Messen rechter Winkel verwendeten.
Spannt auch solch ein Seil und überprüft den rechten Winkel mit eurem Faltwinkel.

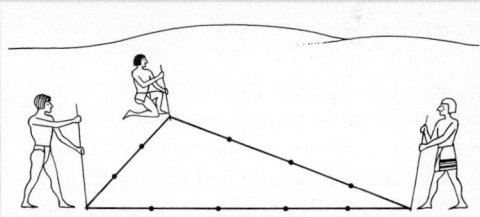

– Warum legt man Straßen, Eisenbahnschienen möglichst geradlinig an?

– Warum wachsen viele Pflanzen gerade nach oben?

– Suche und diskutiere Wörter/Sätze, die sich auf den Begriff "gerade" beziehen: ich bin gerade gekommen, der Weg ist ganz gerade, geradeaus gehen, gerade klingelte das Telefon, ein gerader Mensch, gerader Sinn, gerade Zahlen, schnurgerade, ...

– Wie sind die Wörter "waagerecht" und "senkrecht" entstanden?

– Nenne Gegenstände, an denen du Kreise entdecken kannst, die kreisförmig sind oder sich im Kreise drehen: Blüten, Wasserwellen, Räder, Zahnräder, Töpfe, Kräne, Karussell, Uhr, Pilzhut, Reifen, Windmühle, Röhren, Walzen, ...

– Wie stellen wir kreisrunde Plätzchen aus Teig her? Wie teilt man eine runde Torte in vier Teile?

– Ein bissiger Hund ist mit einer Leine an einem Pflock gebunden. In welchem Bereich kann er mich beißen?

– Welche Art Gefäße kann der Töpfer auf seiner Drehscheibe herstellen? Welche nicht?

– Suche und sammle Wörter/Sätze in denen "Kreis" vorkommt: kreisfömig, kreisrund, Kreisel, Blutkreislauf, Bekanntenkreis, Umkreis, Landkreis, Kreismeisterschaft, Polarkreis, Gesichtskreis, Familienkreis, sich im Kreise drehen, im Kreise der Lieben, im Kreise laufen, einen Kreis schlagen, Stromkreis, einkreisen, Kreisverkehr,... Welche Bedeutung?

Am Ende der Grundschulzeit sollen die Kinder unter anderem "Strecken, Figuren und Muster mit Lineal/Geodreieck zeichnen", "parallele/senkrechte Geraden mit dem Geodreieck zeichnen" können (vgl. z. B. die Rahmenrichtlinien Niedersachsen 1984, S. 68).

Der angestrebte sachgerechte Umgang mit den Zeichengeräten wird nicht in einem speziellen "Zeichenkurs" vermittelt, sondern ist integriert in den Geometrieunterricht. Zunehmende Verwendung der Zeichengeräte schafft Vertrautheit und verbessert Schritt für Schritt die Handhabung bis zum sauberen, exakten Ausführen von Zeichnungen. Das schließt Phantasie und Kreativität nicht aus. Im Gegenteil. Beim Anlegen "schöner" Muster, beim Ausmalen und farbigen Gestalten zeigt sich Erfindungsgabe, erfährt das Kind ein Stück schöpferisches Tun. Das erhält - bei aller Genauigkeit - die Freude am Zeichnen, an geometrischen Figuren.

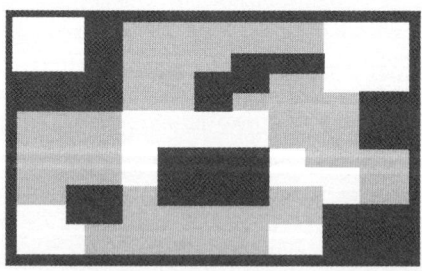

Zeichnen mit Schablonen

Die bisherigen Ausführungen enthalten zahlreiche Anlässe zum Zeichnen. Sehr hilfreich am Anfang ist eine *Schablone* für Quadrate, Rechtecke, Dreiecke, Kreise. Mit ihrer Hilfe lassen sich die Grundformen und die aus ihnen zusammengesetzten komplexeren Figuren leicht wiedergeben.

So entstehen Häuser, Tiere, Blumen, Autos, usw., die anschließend farbig ausgemalt werden. (RADATZ/SCHIPPER 1983, S. 155)

Steht keine Schablone zur Verfügung, lassen sich die Grundformen durch *Umfahren von Plättchen* erzeugen. Auch Spiegelbilder, Flächeneinteilungen oder Würfelnetze können durch Umfahren gezeichnet werden, solange kein Gitternetz zugrunde liegt.

– Zeichne ein Quadrat mit deiner Schablone auf ein Zeichenblatt:
Dein Zeichenblatt wird dabei in 2 Gebiete (innen und außen) unterteilt. Male die Gebiete verschiedenfarbig an.

– Zeichne nun ein Quadrat und ein Rechteck. Wie viele Gebiete können entstehen?

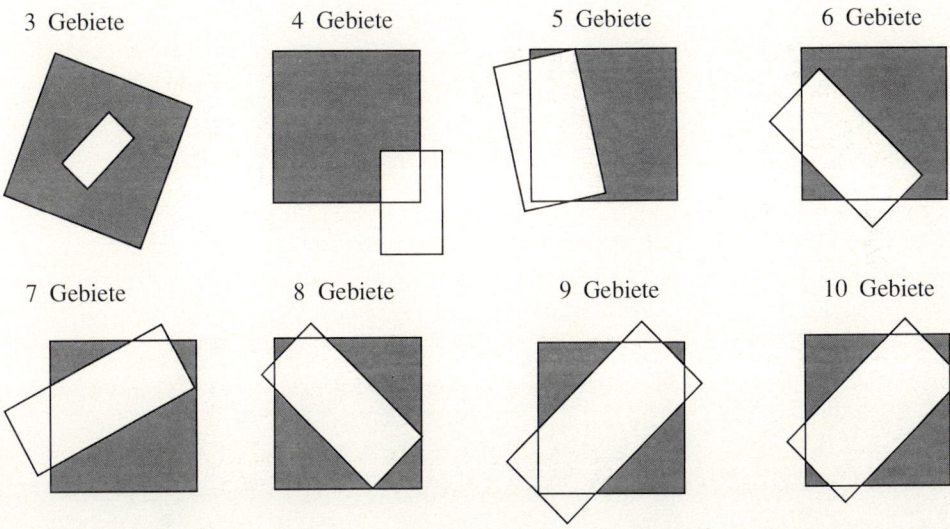

Wie viele Gebiete entstehen, wenn du jeweils Kreise zeichnest? (a) zwei Rechtecke, (b) zwei Dreiecke, (c) zwei

– Zeichne zwei beliebige Rechtecke mit deiner Schablone:

"Der Schüler muß sich ganz auf die Figur konzentrieren, wenn sie gelingen soll. Beim Zeichnen einer geraden Linie wird er die konstante Richtung unbewußt spüren" (GLATTFELD 1975, S. 401).

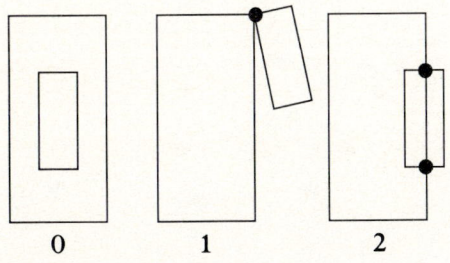

Wie viele Schnittpunkte bzw. Berührpunkte sind entstanden? Suche weitere Möglichkeiten.

Freihandzeichnen

Das Freihandzeichnen darf nicht vergessen werden. Es erfüllt wichtige Funktionen.

– Zeichne aus freier Hand eine gerade Linie, ein Quadrat, einen Kreis.

Beim Zeichnen eines Kreises wird er die überall gleiche Krümmung erfahren. Mehrfaches Umfahren vertieft diese Erfahrung, korrigiert ungewollte Abweichungen.

Das Freihandzeichnen trägt aber nicht nur zur Verbesserung der visuellen Wahrnehmungsfähigkeit bei, sondern ist auch außerordentlich hilfreich beim Anlegen von Skizzen im Sachrechnen, wenn es um das Verstehen des Aufgabentextes geht.

– Zeichne aus freier Hand eine Strecke der Länge 10 cm. Überprüfe Länge und Geradlinigkeit mit dem Lineal.

– Zeichne aus freier Hand zwei gerade Linien, die sich senkrecht schneiden, oder die parallel zueinander sind. Überprüfe mit dem Faltwinkel oder Geodreieck .

– Zeichne ebenso ein Rechteck mit den Seitenlängen 4 cm und 8 cm. Überprüfe. Stimmen die Winkel einigermaßen? Um wieviel Millimeter bzw. Zentimeter hast du dich bei den Seitenlängen verschätzt?

Zeichnen mit dem Lineal

Spätestens im 2. Schuljahr wird das Lineal als Hilfsmittel zum Messen von Längen, zum Zeichnen von Strecken, zum Anfertigen von Tabellen, zum Unterstreichen von Ergebnissen verwendet.

Im Geometrieunterricht übernehmen Lineal und Geodreieck zunehmend die Aufgabe der Zeichenschablone. *Aufgaben zur Förderung der visuellen Wahrnehmung* und *kombinationsfördernde Aufgaben* bieten u. a. Gelegenheiten zum Einsatz des Lineals (vgl. IMMERZEEL/ THOMAS 1987).

– Verbinde jeweils 4 Punkte so, daß ein Quadrat und ein Rechteck entstehen.

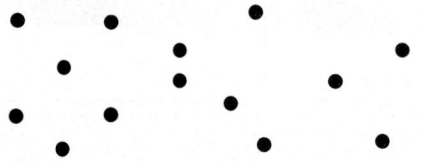

– Verbinde jeweils 4 Punkte so, daß zwei Quadrate und ein Rechteck entstehen.

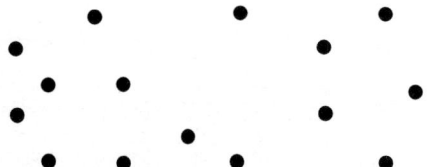

– Verbinde jeweils 4 Punkte so, daß fünf Quadrate entstehen.

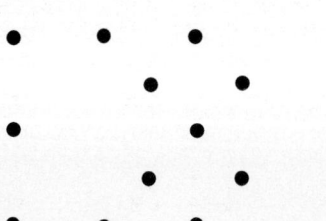

– Verbinde 5 Punkte so, daß sie auf einer geraden Linie liegen.

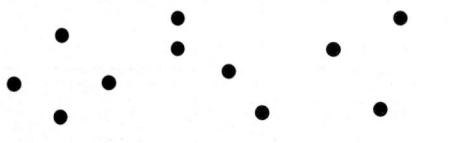

– Verbinde 6 Punkte so, daß ein Kreuz aus zwei Linien entsteht.

– Verbinde die Punkte so, daß ein Stern entsteht.

- Verbinde jeweils drei Punkte so, daß zueinander parallel liegende gerade Linien entstehen und zueinander senkrecht liegende gerade Linien entstehen.

- Verbinde jeweils drei Punkte so, daß drei gleichseitige Dreiecke entstehen.

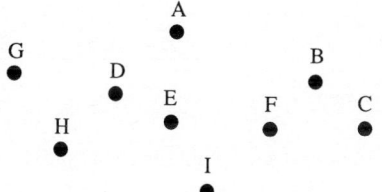

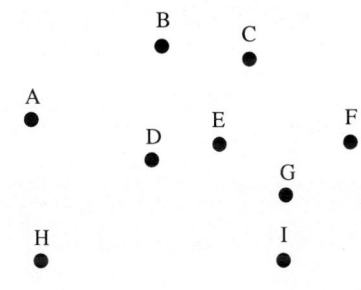

- Falte ein Rechteck einmal. Zeichne die Faltlinie ein. Wie viele Gebiete entstehen auf dem Rechteck? Färbe sie verschieden ein.

- Falte ein Rechteck zweimal. Wie viele Gebiete entstehen jetzt? Gibt es mehrere Möglichkeiten?

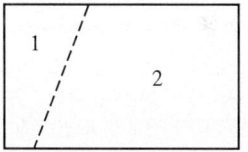

- Unterteile ein Rechteck mit drei geraden Linien. Wie viele Gebiete entstehen? Gibt es mehrere Möglichkeiten? Färbe die Gebiete verschieden. Wann ist die Anzahl der Farben am größten?

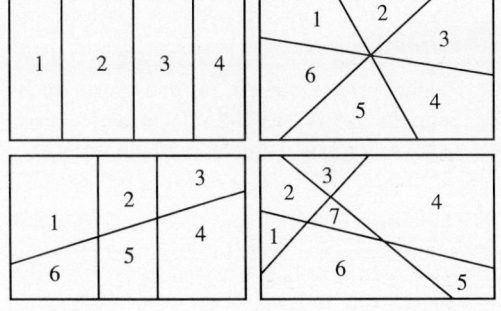

- Zeichne durch einen Punkt 1 Gerade (2, 3, 4, 5, Geraden). Wie viele verschiedene Gebiete entstehen?

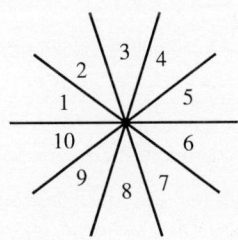

- Gegeben sind vier Punkte A, B, C und D wie in der Abbildung. Wie viele verschiedene Dreiecke kannst du zeichnen? Wie viele Dreiecke sind bei fünf Punkten möglich?

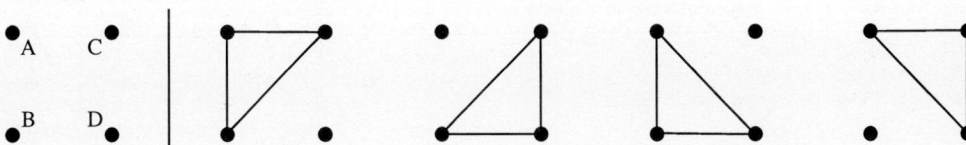

– Im Garten stehen vier Wäschepfähle (von oben gesehen). Wie kannst du die Wäscheleinen spannen? Zeichne die Verbindungstrecken.

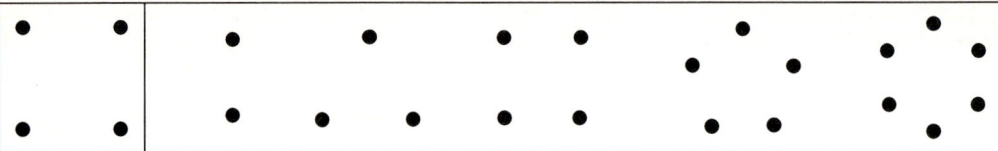

Es sind zwei, drei, vier, fünf, sechs Wäschepfähle vorhanden:

Zeichne die Verbindungsstrecken. Wie viele Strecken gibt es jeweils? Fällt dir etwas auf?

 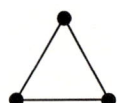 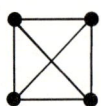  

Jeder weitere Punkt kann mit allen schon vorhandenen Punkten verbunden werden. Wie viele Strecken gibt es bei 9 Pfählen? Kannst du das sagen ohne zu zeichnen?

– Untersuche - ähnlich wie in der letzten Aufgabe mit den Wäschepfählen - wie viele Diagonalen ein Dreieck, ein Viereck, ein Fünfeck, ein Sechseck, ... hat.

– Zeichne vier Geraden so, daß genau sechs Schnittpunkte entstehen. Auf jeder der vier Geraden sollen genau drei Schnittpunkte liegen.

– Für Tüftler: Verbinde die neun Punkte durch vier Strecken, ohne den Bleistift abzusetzen (in einem Zug).

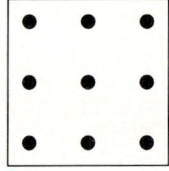

"The game of Tri" (HAGGARD/SCHONBERGER 1977)

Ein Stück Papier mit sechs Punkten, von denen keine drei auf einer Geraden liegen (regelmäßiges Sechseck), dient als Spielplan.

Zwei Spieler verbinden diese Punkte abwechselnd mit verschiedenen Farben.

Gewonnen hat der Spieler, dem es gelingt, ein Dreieck aus seiner Farbe zu zeichnen.

Im Beispiel hat der nachziehende Spieler (- - -) beim 6. Zug gewonnen. Schnittpunkte, die während des Spiels entstehen, sind bedeutungslos.

Neben einer Reihe möglicher Einsichten stellt das Abwägen von Alternativen mit ihren Konsequenzen den mathematischen Kern dar. Wir verändern den Spielplan auf 5 Punkte, auf 8 Punkte. Gibt es immer einen Sieger?

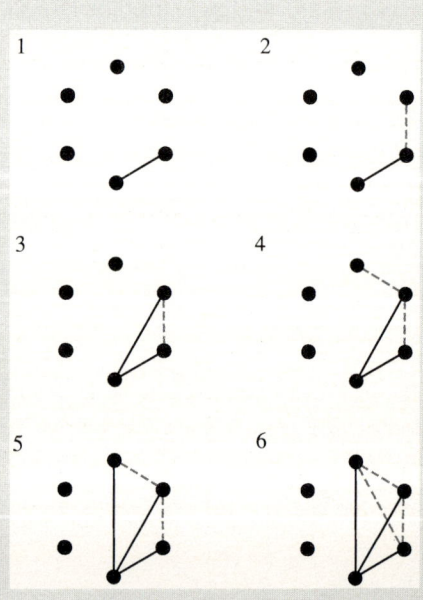

Zeichnen mit dem Geodreieck

Das Geodreieck ist wohl das wichtigste Zeichengerät in der Grundschule. Seine vielseitige Verwendbarkeit zum Messen und Zeichnen verlangt allerdings, daß man das Geodreieck zunächst selbst zum Unterrichtsgegenstand macht, ehe es als Hilfsmittel benutzt wird. Hierbei kann das Falten wieder wertvolle Hilfe leisten.

– Wir falten aus einem Stück Papier einen rechten Winkel (Faltwinkel).

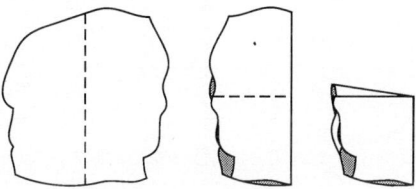

– Mit dem Faltwinkel untersuchen wir Gegenstände im Klassenzimmer auf rechte Winkel.

– Mit dem Faltwinkel untersuchen wir nun das Geodreieck auf rechte Winkel.

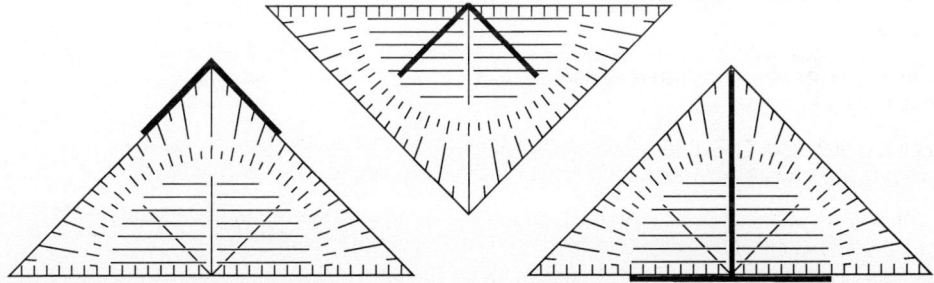

– Mit dem Geodreieck überprüfen wir nun Gegenstände auf rechte Winkel, insbesondere auch Quadrate, Rechtecke, Dreiecke, ...

– Zeichne mit dem Geodreieck rechte Winkel.

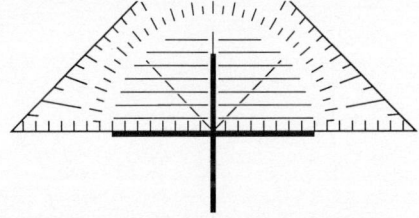

– Zeichne mit dem Geodreieck ein Rechteck.

– Wir entfalten einen Faltwinkel. Die beiden Faltlinien sind *senkrecht zueinander*.

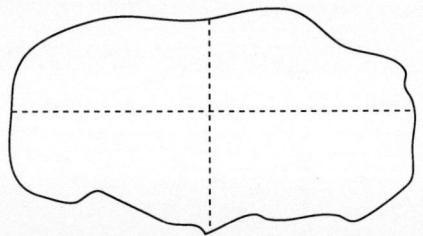

– Zeige zueinander senkrechte Linien (Geraden) im Klassenraum.

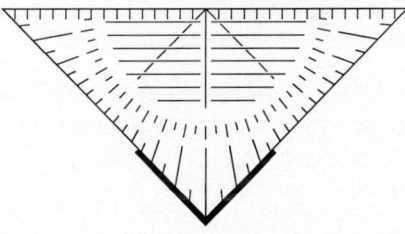

– Zeichne mit dem Geodreieck zu einer Geraden g zwei senkrechte Geraden.
Die beiden zu g senkrechten Geraden liegen *parallel zueinander*. Sie haben überall den gleichen Abstand.

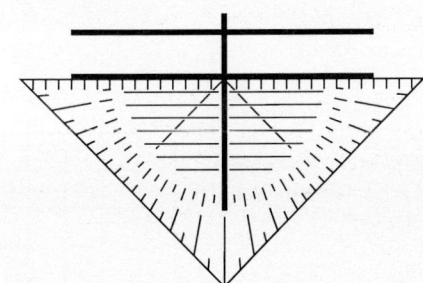

- Falte zwei zueinander parallele Geraden. Denke dabei an den Faltwinkel.

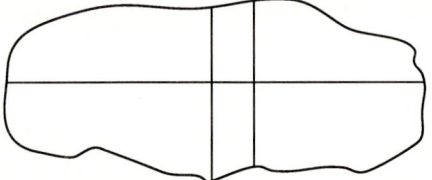

- Zeige zueinander parallele Geraden im Klassenzimmer.
- Untersuche Quadrate, Rechtecke, Dreiecke auf zueinander parallele Seiten.
- Untersuche das Geodreieck auf zueinander parallele Linien.
- Zeichne mit dem Geodreieck zueinander parallele Linien (Geraden).

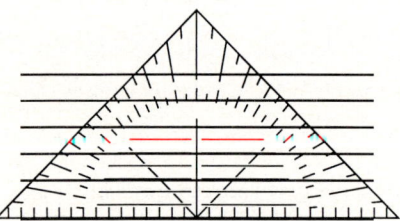

- Zwei zueinander parallele Geraden bilden einen *Streifen*. Zwei Streifen schneiden sich. Was für Schnittfiguren können entstehen?

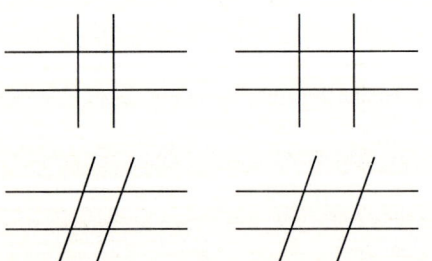

- Zeichne auf weißes Papier ein Karofeld wie in deinem Rechenheft.

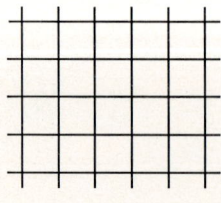

- Zeichne das Quadrat zu Ende. Zeichne das Rechteck zu Ende.

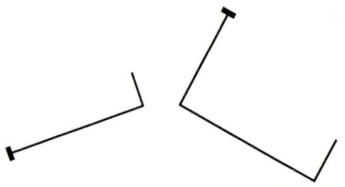

- Hier sind nur zwei Geraden parallel zueinander. Entdeckst du sie?

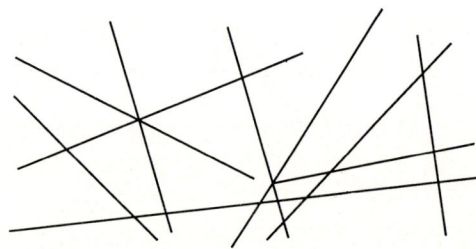

- Hier sind nur zwei Geraden senkrecht zueinander. Entdeckst du sie?

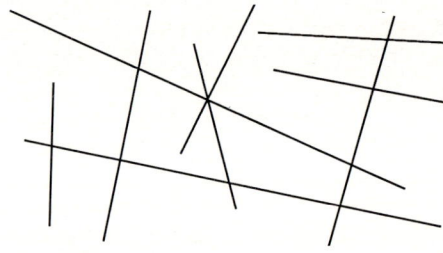

- Sechs Punkte (Dörfer) liegen auf beiden Seiten der Geraden (Straße).

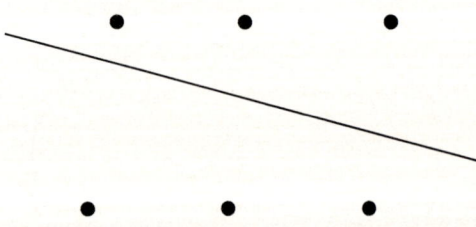

Welchen Abstand haben die Punkte von der Geraden? Zeichne und gib den Abstand in cm an.

– Übertrage die Punkte in dein Heft. Verbinde sie zu einer Figur. Zeichne zueinander parallele Linien in derselben Farbe. Wie viele rechte Winkel hat die Figur (vgl. SCHMIDT 1986)?

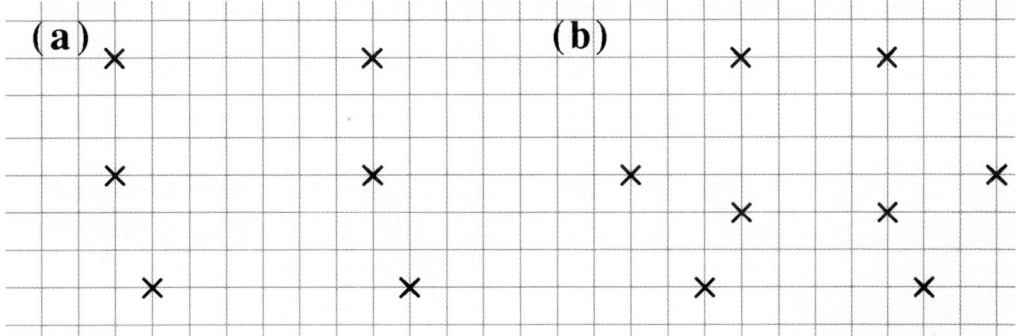

– Kennst du die deutsche Flagge? Zeige, welche Linien zueinander parallel sind, welche zueinander senkrecht stehen. Wie viele rechte Winkel zählst du? Zeichne die Flagge in dein Heft.

– Sind die dicken Linien zueinander parallel?

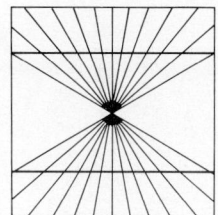 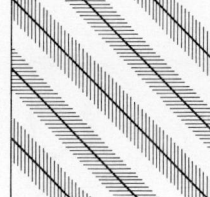 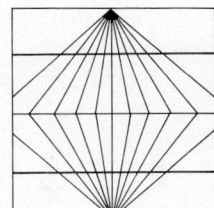

– Sind die Figuren quadratisch?

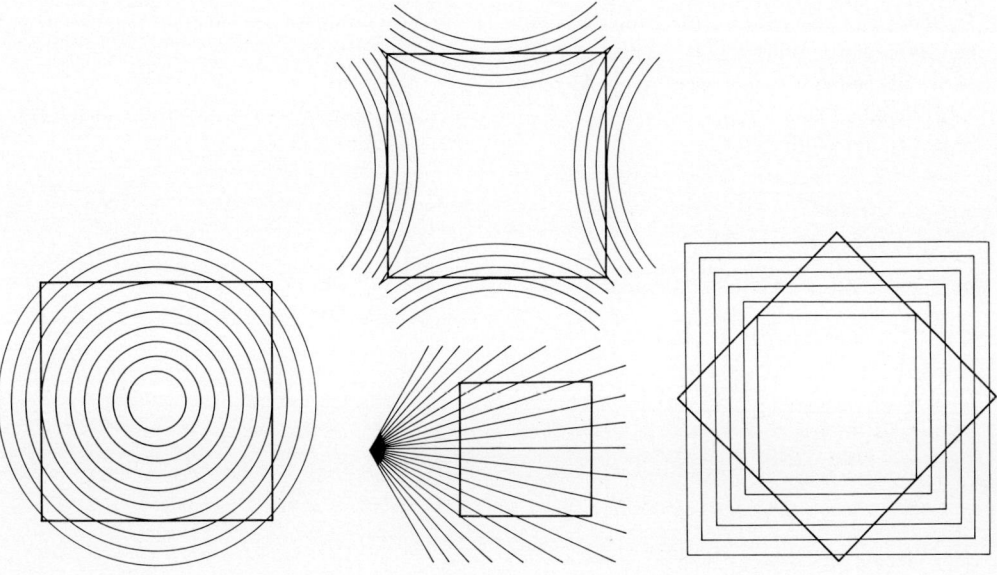

Zeichnen mit dem Zirkel

Die Verwendung des Zirkels in der Grundschule ist nicht von allen Rahmenrichtlinien vorgesehen. Dennoch empfiehlt es sich, auch runde Figuren zu betrachten, um der Einseitigkeit geradlinig-begrenzter Figuren zu begegnen. Der Gebrauch des Zirkels wird über die entstehenden Ornamente und Muster motiviert. Steht ein Zirkel nicht zur Verfügung, helfen Dosen, Bierdeckel oder Schablonen.

– Es gibt mehrere Möglichkeiten, einen Kreis zu zeichnen. Vergleiche Vor- und Nachteile.

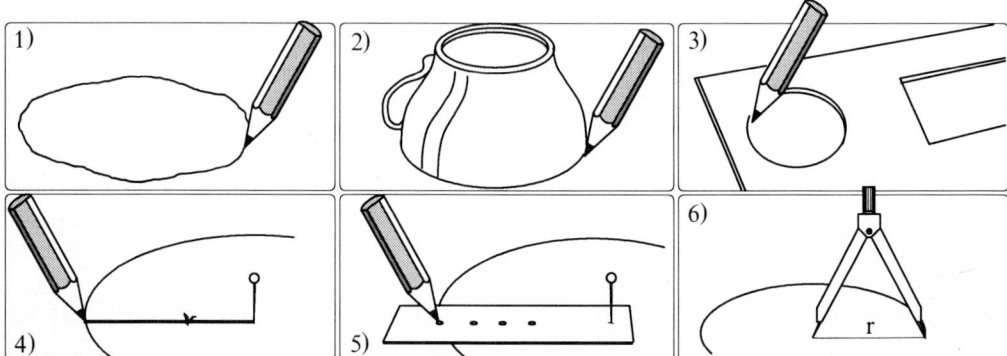

– Wie groß sind unsere Münzen? Zeichne den Umriß folgender Münzen zunächst mit dem Zirkel aus der Vorstellung.

Prüfe dann mit den Münzen nach. Passen sie in deinen Umriß?

– Stellt mit dem Schulzirkel große Wurfscheiben her. Wer seinen Würfel z. B. in das 15-Feld wirft, bekommt "15 mal geworfene Augenzahl" Punkte.
Jeder hat drei Würfe. Wer ...

– Kannst du auch Tiere mit dem Zirkel zeichnen?

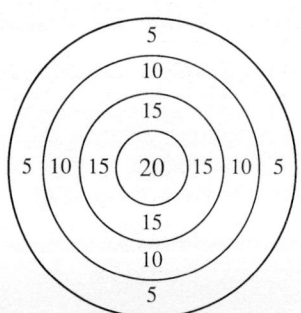
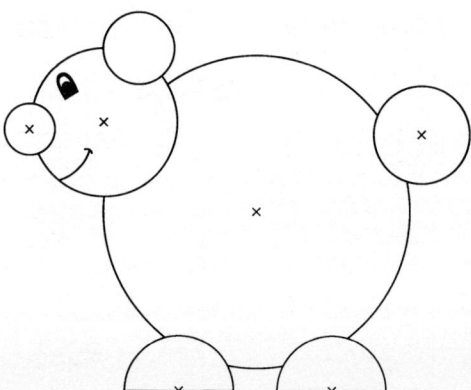

– Hier siehst du Kreise und Punkte. Welcher Punkt ist Mittelpunkt eines Kreises? Prüfe mit dem Zirkel.

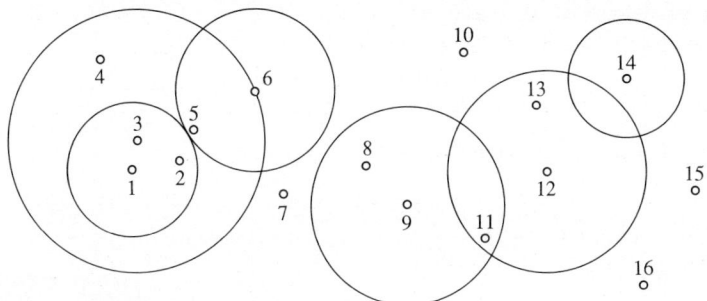

– Wie findet man den Mittelpunkt eines Kreises?

(a) Durch Probieren mit einem Zirkel.

(b) Durch Falten zweier unterschiedlicher Faltachsen.

(c) Durch Suchen des Schwerpunktes mit Hilfe einer Nadel oder eines Bleistifts.

(d) Durch zweimaliges "Aufhängen des Kreises" und jeweils Eintragen der Schwerelinie.

(e) Für die Lehrerin: Nur ein Teilstück des Kreises ist vorhanden.

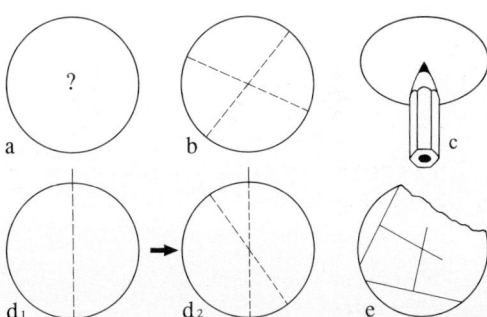

– Zeichne nach und setze die Muster fort. Färbe sie.

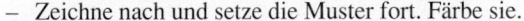

– Zeichne die folgenden Figuren nach.

Beim Zeichnen der Muster 6 und 7 wird deutlich, daß sich der Radius sechsmal auf dem Kreisumfang abtragen läßt.

- Konstruiere mit Hilfe des Zirkels ein (regelmäßiges) Sechseck.

 Welche Figuren ergeben sich außerdem?

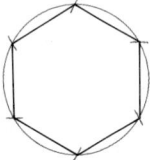 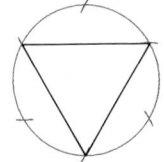 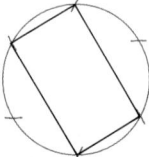 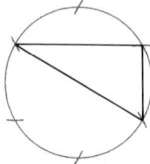 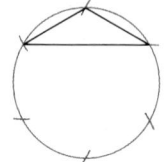

- Zeichne die Figur größer nach. Färbe die Gebiete zu hübschen Mustern aus.

- Zeichne die Figur der letzten Aufgabe größer nach. Verbinde entsprechende Schnittpunkte so, daß Sechsecke, Rechtecke, Dreiecke, ... entstehen.

- Welcher Innenkreis ist größer?

- Das große Rad wird gedreht. Das kleine Rad dreht sich dann mit. Wie herum dreht sich das kleine Rad? Dreht es sich langsamer oder schneller als das große Rad?

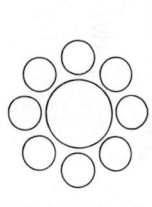 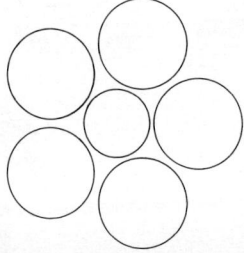   

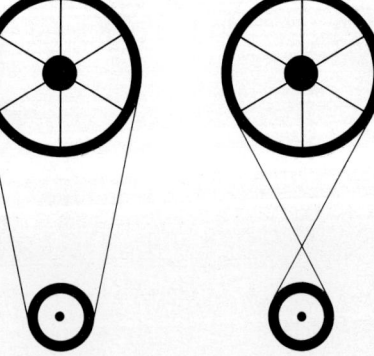

Vorschlag zu einem Stoffverteilungsplan

In der Vorbemerkung zu diesem Handbuch wurde bereits auf die unterschiedlichen geometrischen Anforderungen in den Lehrplänen der einzelnen Bundesländer hingewiesen und die Fragwürdigkeit dieser gegenwärtigen Praxis betont. Nachfolgend wird ein Stoffverteilungsplan vorgestellt, der sich bemüht, die wesentlichen Empfehlungen von elf recht unterschiedlichen Landeslehrplänen zu berücksichtigen. Der nachfolgende stoffliche Verteilungsplan stellt aber keine ‚Schnittmenge' dar - zu groß sind die Unterschiede zwischen den einzelnen Bundesländern - , sondern eher eine sinnvolle und anzustrebende Auswahl sowie Anordnung der Inhalte. Dabei sollte bedacht werden, daß die Geometrie in der Grundschule kein hierarchisch geordneter Lehrgang ist und somit Verschiebungen zwischen den einzelnen Schuljahren durchaus möglich und sogar sinnvoll sind. Aus diesem Grund werden bereits die Schuljahre 1/2 und 3/4 zusammengefaßt, da eine strikte Trennung nach den einzelnen Jahrgangsstufen wenig hilfreich wäre.

Manche Lehrpläne gewichten die Geometrie innerhalb der Grundschulmathematik nach Zeitanteilen. Wegen der Bedeutung geometrischen Lernens und geometrischer Erfahrungen für alle Grundschulkinder plädieren wir für die Empfehlung im Lehrplan des Landes Baden-Württemberg, der ca. 20% der Mathematikstunden für geometrische Aktivitäten vorsieht. Im Hinblick auf die fachübergreifenden aber auch die fachbezogenen Ziele des Mathematikunterrichts wäre für alle Grundschüler ein derart großer Anteil Geometrie wichtiger als manch arithmetisches Traditionsthema bzw. seit Jahrzehnten überlieferte Anteile des Rechnens, deren Bedeutung in einer Zeit weitverbreiteter elektronischer Rechner immer fragwürdiger erscheint.

Stoffverteilungsplan zur Geometrie in der Grundschule

1. / 2. Schuljahr

Inhalte, Themen, Aktivitäten, ...	Anregungen auf den Handbuchseiten:
(1) *Geometrie in unserer Umwelt*	
– Räumliche Beziehungen in der Umwelt erkennen, beschreiben, nutzen ...	19ff., 32
– Raumerfahrungen und Raumvorstellungen durch Begehungen und Orientierungen im Raum sammeln, vertiefen ...	20ff., 144
– Formqualitäten erkennen und unterscheiden... (dick-dünn, rund-eckig ...)	25, 33, 37, 46
– Lagebeziehungen erfahren, einsehen, benennen ... (links-rechts, vor-hinter, oben-unten...)	38, 46, 62, 82ff., 138ff.
(2) *Ebene Figuren*	
– Figuren legen, auslegen, nachlegen, beschreiben, benennen ...	62ff.
– Muster und Parkette legen, auslegen, zeichnen ...	64
– Auslegen von Flächen, Vorstellungen vom Flächeninhalt entwickeln, Flächen bezüglich ihrer Größe qualitativ miteinander vergleichen ...	69ff.

Stoffverteilungsplan zur Geometrie in der Grundschule

1. / 2. Schuljahr

Inhalte, Themen, Aktivitäten, ...   Anregungen auf den
                                    Handbuchseiten:

– Vorerfahrungen zur Symmetrie sammeln, achsensymmetrische   79ff., 84f., 90ff.
  Figuren herstellen, erkennen, legen, falten, schneiden ...

(3) Körperformen

– geometrische Körper unterscheiden, beschreiben, benennen,   16, 33ff., 46ff.
  bauen ...

– kugel-, würfel- und quaderförmige Gegenstände näher untersu-   34ff., 47ff.
  chen

– Bauen mit Würfeln und Quadern, Anzahlbestimmungen bei   34ff., 46ff., 57
  Würfelkörpern, einfache Kippbewegungen mit Würfeln/Qua-
  dern durchführen ...

(4) Sonstiges

– Förderung der visuellen Wahrnehmungsfähigkeit und der Raum-   15ff., 133ff., 144ff.
  anschauung

– Untersuchungen an einfachen Netzen und Irrgärten   102ff.

– Strecken schätzen, messen und zeichnen   115, 123ff.

Stoffverteilungsplan zur Geometrie in der Grundschule

3. / 4. Schuljahr

Inhalte, Themen, Aktivitäten, ...

(1) Geometrie in unserer Umwelt

– Im Raum orientieren, räumliche Beziehungen erkennen, be-   19, 23ff., 32, 144
  schreiben und anwenden (z.B. Himmelslrichtungen)

– In Verbindung zum Sachunterricht Landkarten untersuchen,   20ff.
  Wanderkarten und Faustskizzen erstellen ...

– Grundrisse untersuchen, Wege finden, beschreiben ...   23ff., 153

– Lagebeziehungen erfahren, benennen, ... (links-rechts, vor-hin-   46ff., 53ff., 77, 86ff.
  ter, oben-unten)

– weitere fachübergreifende Themen   26ff., 33, 153

Stoffverteilungsplan zur Geometrie in der Grundschule

3. / 4. Schuljahr

Inhalte, Themen, Aktivitäten, ...	Anregungen auf den Handbuchseiten:

(2) Ebene Figuren

- Vertiefung der Formenkenntnisse (z.B. durch Geobrett), komplexere Figuren auslegen, legen, umformen ... 114ff., 123ff.

- Übungen zum Flächeninhalt, Figuren bzgl. ihrer Größe auch quantitativ miteinander vergleichen (Flächengröße von Quadrat und Rechteck bestimmen), Untersuchungen zum Umfang, Figuren vergrößern bzw. verkleinern (Ähnlichkeitsuntersuchungen) 72ff., 76ff., 118ff.

- Muster und Parkettierungen erstellen 101

- Symmetrien in der Umwelt erkennen, Übungen und Erfahrungen zur Achsen-, Dreh-, und Schubsymmetrie (Falten, Schneiden, Legen, Nachbauen ... Überprüfen, Verändern) 79, 81ff., 90ff., 94ff., 116ff.

(3) Körperformen

- Körperformen untersuchen, bauen, zusammensetzen, beschreiben, bzgl. Eigenschaften untersuchen ... in der Umwelt erkennen und vergleichen. 41ff., 46ff.

- Modelle und Netze zu Würfel und Quader herstellen, untersuchen, unterscheiden, zum Bauen nutzen ... 44ff., 52ff.

- Körper in verschiedenen Ansichten beschreiben 39ff.

- Bauen von Körpern und Erstellen von Bauplänen 34ff.

- Kippbewegungen am Würfel/Quader durchführen und untersuchen ... 57ff.

(4) Sonstiges

- Vertiefung der visuellen Wahrnehmungsfähigkeiten, Übungen zur Raumvorstellung 128ff., 144ff.

- Untersuchungen von Netzen und Wegen 102ff.

- Schulung der zeichnerischen Fähigkeiten und Umgehen mit Zeichengeräten (Schablonen, Lineal, Geo-Dreieck, Zirkel), Freihandzeichnungen üben, 44ff., 49, 153ff.

- Senkrechte Linien und parallele Linien zeichnen, erkennen, untersuchen ... 159f.

- Vertiefungen zum Winkelbegriff (rechter Winkel) 83, 94, 159ff.

Materialien - Anregungen für eine Mathe-Ecke im Klassenzimmer

Auf den folgenden Seiten werden selbst herstellbare oder im Handel erwerbbare Materialien vorgestellt. Dabei wurde nicht darauf verzichtet, auch in einer Materialiensammlung didaktisch-methodische und sachliche Überlegungen mitaufzunehmen. Sie sollen einerseits Bedeutung und Verwendbarkeit bestimmter Materialien aufzeigen, andererseits die Ausführungen des 3. Kapitels ergänzen. Natürlich handelt es sich hier um eine begrenzte Auswahl. Am Ende der Sammlung findet sich eine Liste mit Lehrmittelfirmen, die alle, manchmal sehr umfangreiche Kataloge vertreiben, in denen man nach Herzenslust stöbern kann. Soweit Abbildungen aus Katalogen stammen, ist dies vermerkt.

Zunehmend werden in Klassenzimmern Spiel- und Arbeitsecken eingerichtet, in denen auch Unterrichtsmaterialien aufbewahrt werden. Hier lassen sich die von den Kindern mitgebrachten Körper und Formen (Schachteln, Lego, usw.) lagern, hier sollten vor allen Dingen Holzwürfel u. ä. zum Bauen und Legen frei verfügbar sein, wie vielleicht auch ein Computer zum Erproben neuer Spiel- und Arbeitsmöglichkeiten.

Bausteine, Widmaier

Sternbrettchen, Dusyma

Auch von Kindern gebastelte Zusammensetzspiele, wie z. B. besonders angemalte Zweierwürfel (vgl. Kapitel 3.2.), die nach dem Aufbau ein besonderes Muster aufweisen, können in der Spielecke ihren Platz finden.

Drei Zweierwürfel:

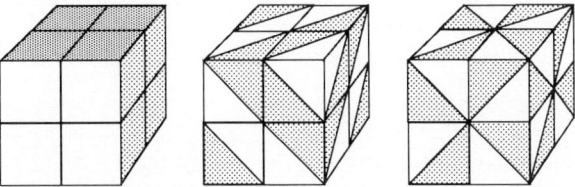

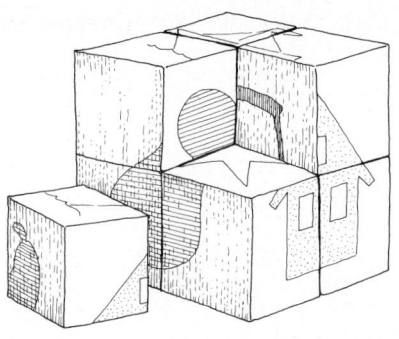

Einige Exemplare des sogenannten Soma-Würfels sollten nicht fehlen. Er besteht aus den folgenden 7 Teilen, die sich zu einem Würfel zusammensetzen lassen. Der Soma-Würfel regt erfahrungsgemäß sehr stark zum Experimentieren an, auch in der Pause.

Der Soma - Würfel der Firma Ratec weist eine interessante Einfärbung auf.

Teile des Soma - Würfels.

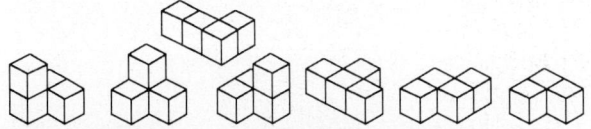

Soma-Würfel kann man kaufen oder auch selbst herstellen. Dazu einige Anmerkungen:

Der folgende Baum zeigt die Herleitung aller möglichen Würfelvierlinge (Anordnungen von 4 Würfeln). Ausgehend von einem Würfelzwilling gibt es zwei Würfeldrillinge und acht Würfelvierlinge (BAUERSFELD u. a. 1973 b, Seite 34).

Herleitung der Würfelvierlinge:

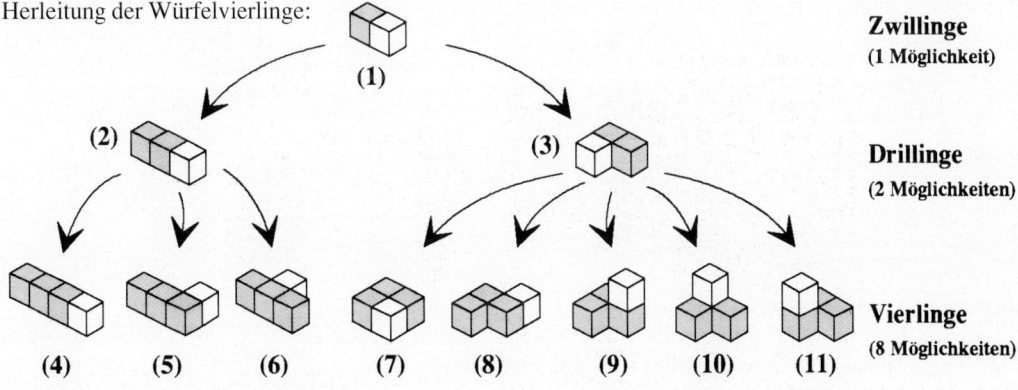

Der Somawürfel besteht nun aus den Anordnungen 3, 5, 6, 8, 9 10 und 11, also aus einem Würfeldrilling und sechs Würfelvierlingen. Bemerkenswert ist, daß man den Drilling (3) gegen den Drilling (2) austauschen kann; die Anordnungen 2, 5, 6, 8, 9, 10 und 11 ergeben auch einen Dreierwürfel. Sieht man von der Anordnung (4) ab, so läßt sich sogar jede Kombination von sechs Vierlingen mit einem der beiden Drillinge zum Dreierwürfel zusammensetzen, so daß insgesamt 2 x 7 = 14 verschiedene Dreierwürfel möglich sind (BESUDEN 1984, Seite 52).

Für die Somawürfel-Spezialisten der Klasse gibt es eine Fülle von zusätzlichen Aufgaben (GARDNER 1966, Seite 98/99):

Baue nach. Erfinde weitere Figuren.

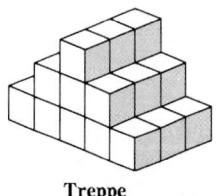 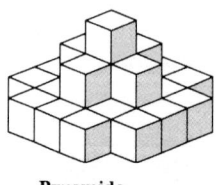 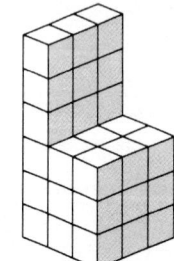

Treppe **Pyramide** **Stuhl**

Kann man eigentlich mit den sieben Teilen des Somawürfels einen Quader bauen, der kein Würfel ist?

Als Vorstufe für den Somawürfel bietet sich das Bauen mit einfachen und homogenen Bausteinen an. So kann der Dreierwürfel z. B. auch aus 9 Bausteinen der Anordnung (3) erstellt werden.

Das Experimentieren in der Spielecke, frei von der Lehrerin, frei von Lernzielen und Lernkontrollen, bietet die Chance, Lernängste, Lernschwierigkeiten, negative Einstellungen zur Mathematik abzubauen, bietet die Chance, Motivationen zu wecken, das Selbstbewußtsein zu stärken, Freude am eigenen Entdecken zu spüren.

Auf ein Gesellschaftsspiel, das in besonderem Maße Raumvorstellung, Konzentration, Wahrnehmung und Denken (u. a. Strategieentwicklung) fördert, sei extra hingewiesen. Bekannt ist es unter dem Namen "Vier in einer Reihe" oder "Kubik-Mühle". Es handelt sich dabei um ein quadratisches Grundbrett, in das 4 x 4 = 16 Holzstäbe senkrecht zum Brett geleimt sind. Über diese Stäbe werden Kugeln gesteckt.

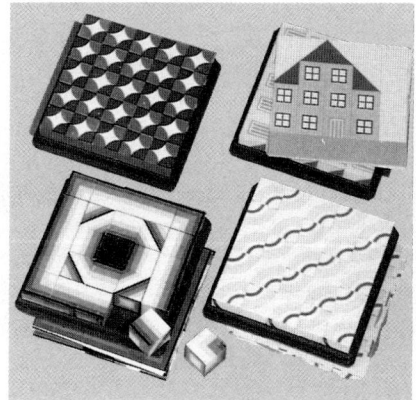

Würfel-Puzzle, Dusyma

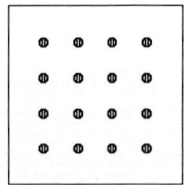 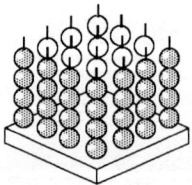

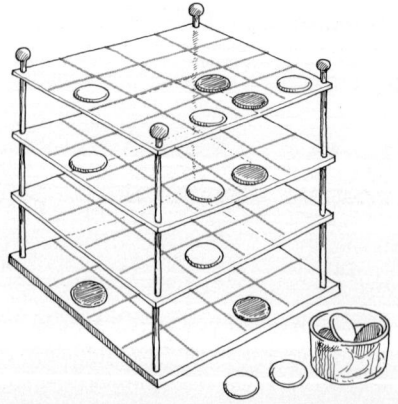

Insgesamt gehören 4 x 4 x 4 = 64 Kugeln in zwei Farben (32 in rot und 32 in grün) dazu. Jeder der beiden Spieler erhält 32 Kugeln einer Farbe. Abwechselnd wird nun eine Kugel über einen beliebigen Stab gesteckt. Wer zuerst vier Kugeln in einer Reihe, einer Spalte oder in einer Diagonalen hat, ist Sieger. Zugelassen sind alle möglichen Raum- und Flächendiagonalen.

Während bei den bisherigen Anregungen fast ausschließlich räumliche Materialien im Vordergrund stehen, werden nun "ebene" Arbeitsmittel angesprochen.

Erfreulicherweise bietet der Handel zunehmend Legespiele zur Freizeitgestaltung an. Ihre Verwendung im Unterricht kann eine Beschäftigung mit Geometrie auch im häuslichen Kreis auslösen, zumal die käuflichen Spiele oft recht handlich und motivierend sind. Nachstehend sind die Schnittmuster dreier Spiele abgebildet:

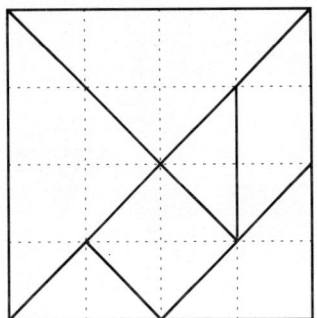 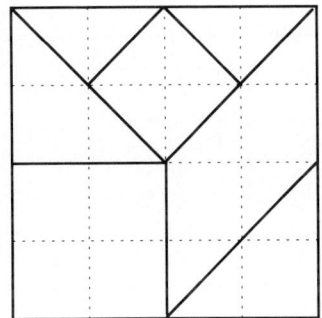 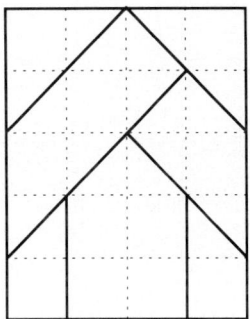

Die drei Spiele bestehen jeweils aus sieben Bausteinen, die beim Legen in der Regel alle benutzt werden. Die Spiele lassen offene und themengebundene Aufgabenstellungen zu.

Am Beispiel "Tangram" sei das erläutert.
Offene Aufgabe: Lege Figuren. Erzähle dazu!

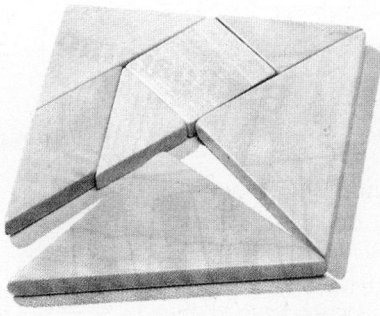

Tangram, Habermaaß

Die Zahl der möglichen Figuren ist schier unübersehbar. Phantasie, Erfindungsgabe, ja künstlerisches Gespür sind gefragt.

Themengebundene Aufgabe: Lege ein Quadrat aus allen Tangram-Steinen. Kannst du auch ein Rechteck, Dreieck, Parallelogramm, Trapez, Fünfeck, Sechseck legen?

(die Figuren stammen aus: VAN DELFT/BOTERMANNS 1985[6], Seite 182)

Da sämtliche Figuren aus allen sieben Steinen bestehen, sind sie alle zerlegungsgleich. Übungen dieser Art stützen somit die Entwicklung des Begriffs "Flächeninhalt". Auch die Formenkunde wird vertieft und erweitert. Haben Kinder das Rechteck gefunden, ist daraus leicht ein Dreieck, ein Trapez oder ein Parallelogramm herzustellen. Es genügt, eine Teilfigur umzulegen. Über konkretes Tun wird das *vorausschauende Denken* geschult, werden *Legestrategien* entwickelt und wird das *räumliche Vorstellungsvermögen* trainiert.

Ähnliche Aufgabenstellungen sind auch mit den anderen Spielen möglich. Beim Kreuzbrecher sei noch auf die beiden legbaren Kreuze hingewiesen:

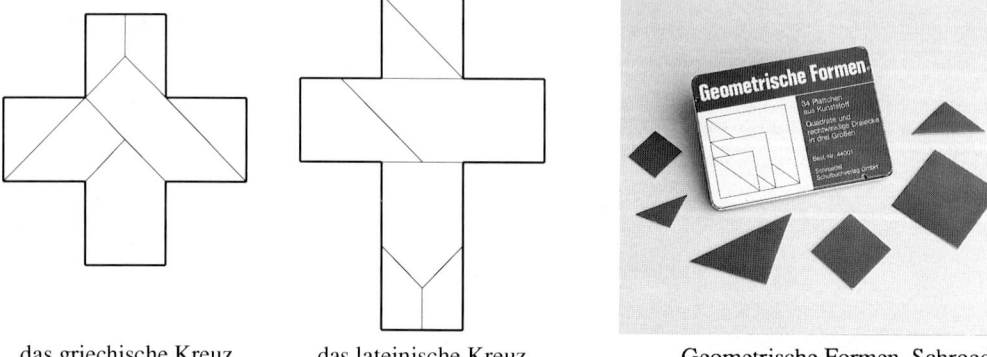

    das griechische Kreuz   das lateinische Kreuz   Geometrische Formen, Schroedel

Auch die bekannten Plättchen aus dem Formenspiel und die Winkelplättchen (LTZ-Plättchen) eignen sich für Betrachtungen zum Flächeninhalt und zur Symmetrie und sollten in der Spielecke nicht fehlen. Bei den Winkelplättchen handelt es sich um besondere Quadratvierlinge (Anordnungen von vier Quadraten).

Der folgende Baum zeigt die Herleitung aller Quadratvierlinge und Quadratfünflinge (Bauersfeld u. a. 1972 b, S. 12 ff):

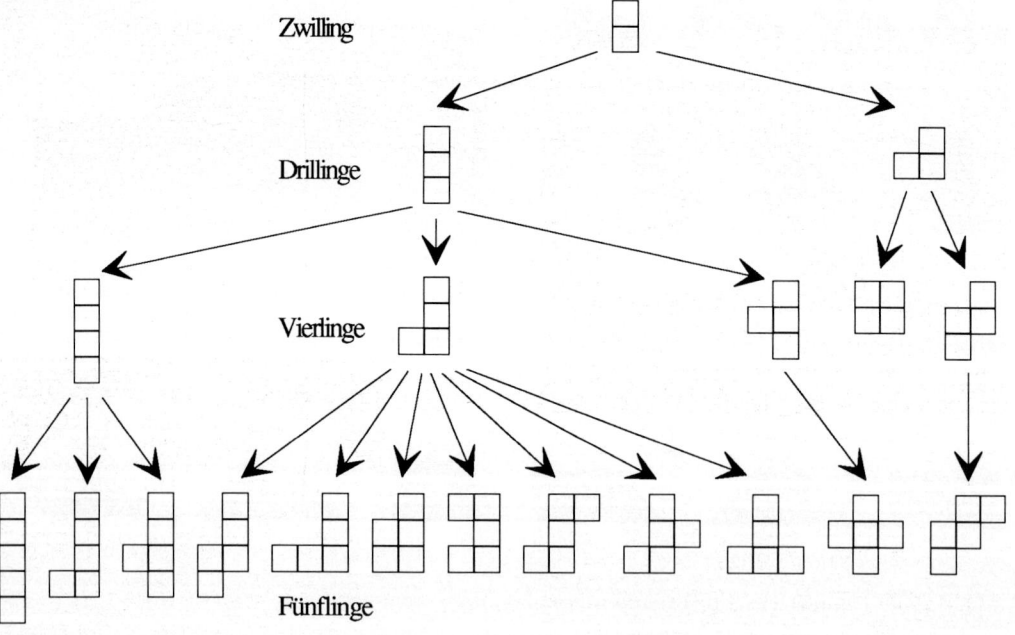

Es gibt also einen Quadratzwilling (1 Domino), zwei Quadratdrillinge (2 Trominos), fünf Quadratvierlinge (5 Tetrominos) und zwölf Quadratfünflinge (12 Pentominos). In Klammern sind die in der Literatur gebräuchlichen Namen vermerkt. Insgesamt werden diese Quadratanordnungen "Polyominos" genannt. Die Winkelplättchen sind nun genau die drei nicht-konvexen Quadratvierlinge.

Eine sehr lustige, kindgemäße Herleitung der Pentominos findet sich im Handbuch für den Mathematikunterricht an Grundschulen (RADATZ/SCHIPPER 1983, Seite 15-16).

Die Pentominos kann man aus Kartonpapier selbst herstellen oder auch im Handel erwerben. Das Schnittmuster rechts gibt an, wie geschnitten wird und wie sich die 12 Pentominos zu zwei Rechtecken zusammenlegen lassen.

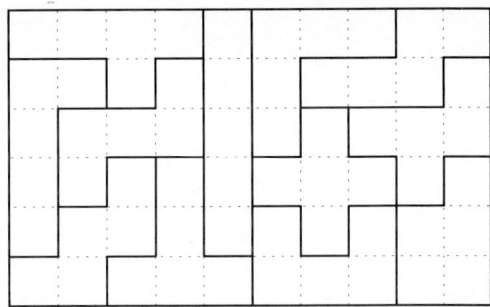

Für Puzzle-Freunde und Legespezialisten in der Grundschule gibt es eine Fülle von Legeplänen für die Pentominos. So lassen sich z. B. sämtliche Pentominoformen mit 9 Pentomino-Steinen nachlegen (VAN DELFT/BOTERMANNS 1985). Ein Beispiel rechts:

Übrigens: Es gibt 35 Quadratsechslinge (Hexominos), 11 davon sind Würfelnetze.

Fast alle Legespiele fördern nicht nur die Formenkenntnis, sondern ermöglichen auch Erfahrungen zum Flächeninhalt und zur Symmetrie durch das Legen achsen- und drehsymmetrischer Figuren.

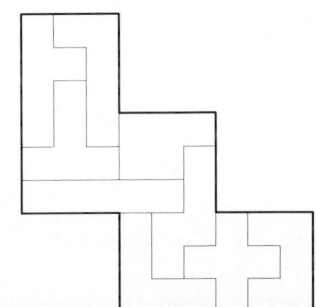

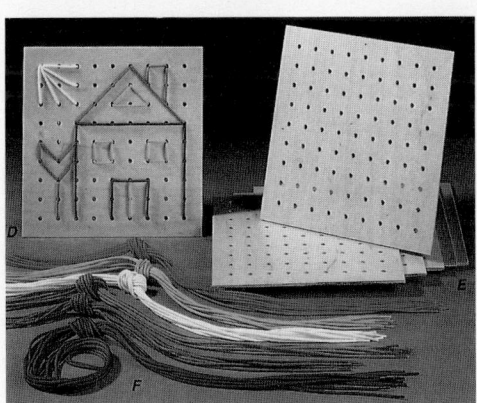

Lochbrettchen, Wehrfritz

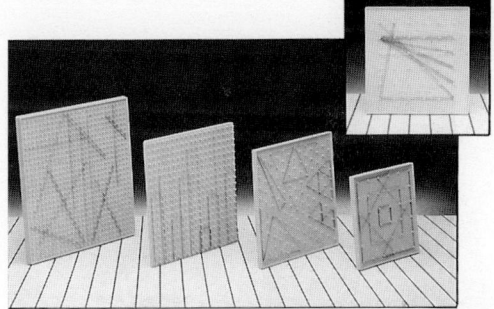

Geo-Nagelbretter, Invict

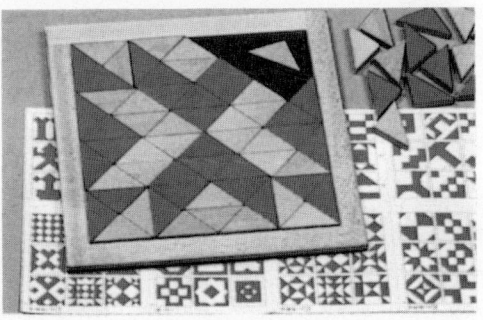

Magisches Mosaik, Dusyma

Trapezlegespiel, Dusyma

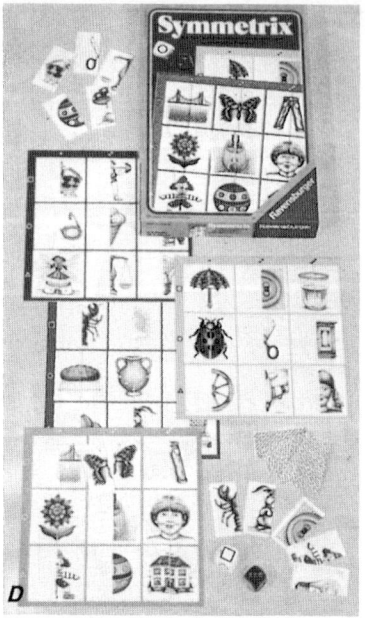

Symmetrix, Ravensburger

Legespiel Schmetterling, Wehrfritz

Spiegel-Symmetriespiel, Betzold

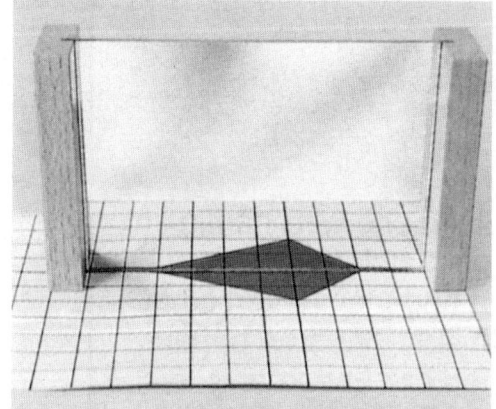

Geometriespiegel, Betzold

Neben Legespielen zur Symmetrie sollte auch ein Satz Taschenspiegel in der Mathe-Ecke vorhanden sein. Die Zeit im Unterricht ist viel zu kurz, um all das zu entdecken, was ein Spiegel bietet. Kennen wir Erwachsenen denn unseren Spiegel, den wir täglich benutzen, wirklich?

- Wie groß muß ein Spiegel sein, damit man sich ganz in ihm sehen kann (vgl. SCHOEMAKER 1984)?
- Muß der Spiegel auf dem Fußboden stehen, wenn man seine eigenen Füße sehen will?
- Wie hoch muß der Spiegel hängen?
- Gibt die Abbildung des Winkelspiegels rechts das Spiegelbild richtig wieder?

Auf einer Lehrerfortbildungsveranstaltung wurde das Spiegelbild spontan als falsch bezeichnet. Warum? Und was meinen Sie dazu?

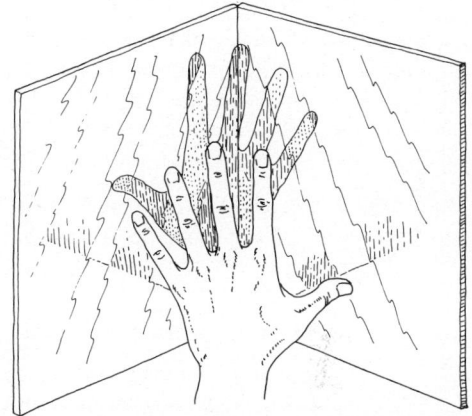

Kleben Sie zwei Taschenspiegel (besser: Spiegelfliesen) mit einem Klebeband zu einem Winkelspiegel zusammen und stellen Sie ihn so auf, daß der Öffnungswinkel $90°$ beträgt. Überprüfen Sie Ihre Vermutung (vgl. REIFFERT 1984).

Was sehen Sie im Spiegel, wenn Sie eine Streichholzschachtel, ein Quadrat, ein Dreieck einschieben? Von oben gesehen mit Angabe des Öffnungswinkels:

Helle Freude und Staunen bei Kindern (und bei Erwachsenen!), wenn sie ihre vorherigen Vermutungen überprüfen. Sie können gar nicht schnell genug neue Figuren ausprobieren . Auch Winkelspiegel gehören in die Mathe-Ecke. Von hier aus ist der Weg zum Kaleidoskop nicht weit. Im Handel bekommt man es schon für 4 DM bis 5 DM.

Spiegelspiel, Schubi

Kaleidoskop, Wehrfritz

Beobachtungen an Winkelspiegeln bereiten ein erstes Verständnis für Kaleidoskope vor. Ausführliche und bebilderte Hinweise zum Bau von Kaleidoskopen findet man bei Wiesner, H/Merenu, H (1988) mit dem Hinweis, daß "bastelgeübte" Kinder schon im 3. Schuljahr nach Vorübungen am Winkelspiegel ein Kaleidoskop bauen können.

Seit einigen Jahren gibt es auch hierzulande den in Kanada entwickelten "Mira-Spiegel" (im Friedrich Verlag, 3016 Seelze, Im Brande 15). Der Mira-Spiegel aus rotem Kunststoff ist durchsichtig.

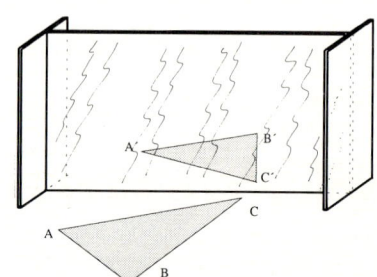

Dadurch wird das Arbeitsfeld hinter dem Spiegel einsehbar: Man sieht Bild und Spiegelbild zugleich und kann das Spiegelbild mit dem Bleistift nachzeichnen.

Diese besondere Eigenschaft des Spiegels kommt besonders Kindern entgegen, die gewisse Schwierigkeiten in der visuellen Wahrnehmung speziell in der visuomotorischen Koordination und in der Wahrnehmung der Raumlage haben. Auch Probleme mit dem visuellen Speichern werden gemildert, da das Spiegelbild sofort mitgesehen wird. Es entfällt das Hin- und Hersehen wie beim Taschenspiegel, um die genaue Lage des Spiegelbildes korrigierend auszumachen.

Setze dem Jungen mit Hilfe des Mira-Spiegels die Mütze auf, den Hut, ...

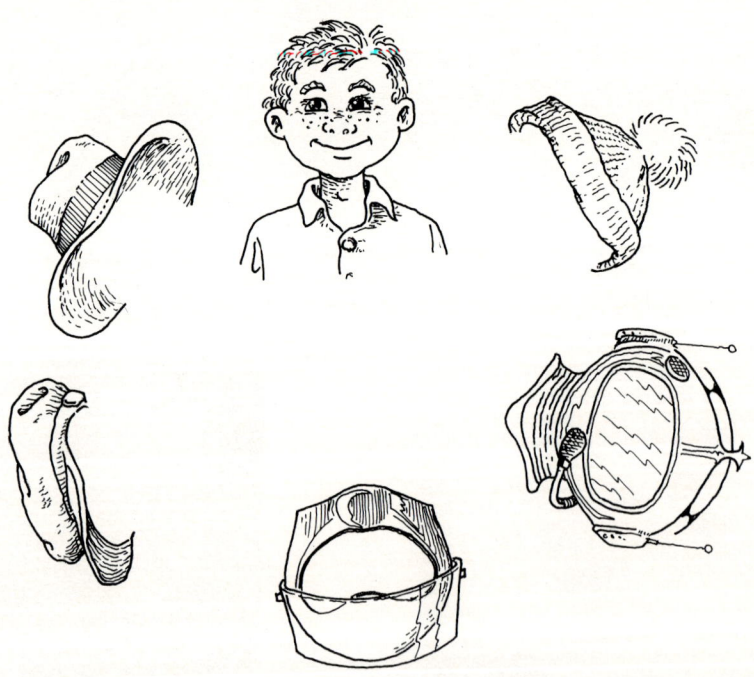

LERN- UND LEHRMITTELVERLAGE

Huesmann und Benz, (Schubi)
Postfach 569
7700 Singen (Hohentwiel)

Spectra
Beckenkamp 25
4270 Dorsten 11

Widmaier
Postfach 326
7300 Esslingen

Habermaaß GmbH
Postfach 1107
8634 Rodach

Nienhuis Montessori
Postfach 16
7020 AA Zelhem, Holland

Ratec
Körberstr. 15
6000 Frankfurt/Main

Arnulf Betzold
Schönauer Str. 10
7090 Ellwangen Rindelbach

Friedrich
Im Brande 15
3016 Seelze

Heinz Vogel (Invicta)
Postfach 1340
2940 Wilhelmshaven

Wissner
Postfach 167
6140 Bensheim

Heinz Späth
Ditzenbacher Str. 26
7342 Bad Ditzenbach - Auendorf

Georg Knickmann
Mittelweg 13
2000 Hamburg 13

Reinhard Hail
Eifelstr. 20
7410 Reutlingen 28

Wehrfritz GmbH
Postfach 1107
8634 Rodach bei Coburg

Dusyma
Postfach 1260
7060 Schorndorf - Miedelsbach bei Stuttgart

Schroedel Schulbuchverlag
Hildesheimer Str. 202 – 206
3000 Hannover 81

Literatur

Affolter, F. (1977). Wahrnehmungsgestörte Kinder: Aspekte der Erfassung und Therapie. Pädiatrie und Pädologie, 12, 205-213.

Albrecht, O.R.T. (1985). Diagnose und Therapie von Wahrnehmungsstörungen. Dortmund: Borgmann.

Albrecht, P. (1985[3]). Diagnose und Therapie von Wahrnehmungsstörungen. Dortmund: Bergmann.

Amm, L./Gottke, H.J./Siepmann, G. (1987). Mathematikunterricht in der Hilfsschule. Berlin: Volk und Wissen.

Andelfinger, B. (1976). Geometrie in der Grundschule. In: Zentralblatt Didaktik der Mathematik (8) 1, S. 5-9.

Andelfinger, B. (Hrsg.). (1988). Geometrie. Soest: Landesinstitut für Schule und Weiterbildung.

Arnold, B.H. (1964). Elementare Topologie. Göttingen: Vandenhoeck & Ruprecht.

Ayres, A.J. (1979). Lernstörungen: Sensorisch-integrative Dysfunktionen. Berlin: Springer.

Aytüre-Scheele, Zülal (1985). Origami-Papierfalten für groß und klein. Niedernhausen/Ts.: Falken.

Bauersfeld, H. (1967). Die Grundlegung und Vorbereitung geometrischen Denkens in der Grundschule. In: Ruprecht, H. (Hrsg.), Erziehung zum produktiven Denken. Freiburg: Herder.

Bauersfeld, H. u.a. (1971[2]a). Arbeitsblätter zum Formenspiel. Hannover: Schroedel.

Bauersfeld, H. u.a. (1971b). Wege zur Mathematik, alef 3. Hannover: Schroedel.

Bauersfeld, H. (1972a). Einführung in das Formenspiel. Hannover: Schroedel.

Bauersfeld, H. u.a. (1972b). Wege zur Mathematik, alef 3, Handbuch, Teil I und Teil II. Hannover: Schroedel.

Bauersfeld, H. u.a. (1972c). Wege zur Mathematik, alef 4. Hannover: Schroedel

Bauersfeld, H. u.a. (1973a). Körperspiel. Hannover: Schroedel.

Bauersfeld, H. u.a. (1973b). Begleitschrift zum Körperspiel. Hannover: Schroedel.

Bauersfeld, H. u.a. (1975 a). Wege zur Mathematik, alef 1. Hannover: Schroedel.

Bauersfeld, H. u.a. (1975 b). Wege zur Mathematik, alef 2, Handbuch zum Lehrgang. Hannover: Schroedel.

Bauersfeld, H. (1984). Computer und Schule - Fragen zur humanen Dimension. Bielefeld: IDM paper 56.

Bauersfeld, H. / Kleinschmidt, G. (1968) Formenspiel. Hannover: Schroedel

Becker, G. (1980). Geometrieunterricht. Bad Heilbrunn: Klinkhardt.

Bender, P. (1986). Contra LOGO. In: Grundschule (18) 4,

Besuden, H. (1973). Die Aufgabe der Geometrie in der Grundschule. In: Lebendige Schule 6/1973.

Besuden, H. (1973). Zur Raumgeometrie in der Grundschule. Westermanns Pädagogische Beiträge 1973, Heft 7.

Besuden, H. (1979). Die Förderung der Raumvorstellung im Geometrieunterricht. In: Beiträge zum Mathematikunterricht 1979. Hannover: Schroedel.

Besuden, H. (1984). Die Aufgabe der Geometrie in der Grundschule. In: Besuden, H.: Knoten, Würfel, Ornamente. Stuttgart: Klett.

Besuden, H. (1984). Knoten, Würfel, Ornamente. Stuttgart: Klett.

Besuden, H.: (1984). Quaderformen als Nachfolgeproblem zum Soma-Würfel. In: Besuden, H.: Knoten, Würfel, Ornamente. Stuttgart: Klett.

Besuden, H. (1988). Handbuch mit Handlungsanweisungen für die Verwendung von Arbeitsmitteln im Geometrieunterricht. Osnabrück: Wenner.

Besuden, H. (1989). Handbuch mit Handlungsanweisungen für die Verwendung von Arbeitsmitteln im Anfangs-Mathematikunterricht. Osnabrück: Wenner.

Bishop, A.J. (1981). Visuelle Mathematik. In: H.G. Steiner/B. Winkelmann (Hrsg.), Fragen des Geometrieunterrichts (S. 166-184). Köln: Aulis.

Bollerslev, P. u.a. (1985). matema 12 arbejdsbog. Copenhagen: gyldendal.

Bradford, J. (1987). Geoboard Teacher's Manual. Fort Collins: Scott Resources.

Breidenbach, W. (1964^8). Raumlehre in der Volksschule. Hannover: Schroedel.

Crowley, M.L. (1987). The van Hiele Model of the Development of Geometric Thought. In: Lindquist, M.M. (Ed.), Learning and Teaching Geometry, K-12. Reston: NCTM.

Daumenlang, K. (1969). Piagets Beitrag zu einer geometrischen Propädeutik. Lebendige Schule 1969, Heft 5.

Davidson, P.S: & Willcutt, R.E. (1983). Problem Solving with Cuisenaire Rods. New Rochell: Cuisenaire Company.

De Bono, E. (1970). In 15 Tagen Denken lernen. Hamburg: Rowohlt.

Degner, R. & Kühl, J. (1988). Würfelkabinett. Kiel: MNU.

Degner, R./Kühl, J. (1984). Kopfgeometrie. MNU 1984, Heft 6.

Del Grande, J.J. (1987). Spatial Reception and Primary Geometry. In: NCTM Yearbook 1987, Learning and Teaching Geometry, K-12. Reston, Virginia: NCTM.

Der Niedersächsische Kultusminister: Rahmenrichtlinien Niedersachsen 1984.

Dröge, R. (1987). Ein Grundschüler mit Lernschwierigkeiten. In: mathematica didactica, 10, S. 221-239.

Eidt, H./Kleineberg, K. (1989). Die überarbeiteten Mathematikpläne der 80er Jahre. In: Grundschule 12 (21), S. 36-38.

Ellroth, D. & Schindler, M. (1975). Reform des Mathematikunterrichts. Bad Heilbrunn: Klinkhardt.

Floer, J. (1982). Fördernder Mathematikunterricht in der Grundschule. In: Floer, J./Haarmann, D.: Mathematik für Kinder. Weinheim: Beltz.

Floer, J./Haarmann, D. (Hrsg.) (1982). Mathematik für Kinder. Weinheim: Beltz.

Forgbert, U. (1989). Erfahrungen zur Symmetrie. In: mathematik lernen, Heft 36, S. 15-21.

Freudenthal, H. (1973). Mathematik als pädagogische Aufgabe
Bd. 2. Stuttgart: Klett.

Freudenthal, H. (1981). Geometrie in der Grundschule. In: H.G. Steiner/B. Winkelmann (Hrsg.), Fragen des Geometrieunterricht (S. 87-98). Köln: Aulis.

Freudenthal, H. (1971). Geometry between the devil and the deep sea. In: Educational Studies in Mathematics, Volume 3, Nr. 3l4. Dordrecht: Reidel

Freudenthal, H. (1978). Vorrede zu einer Wissenschaft vom Mathematikunterricht. München: Oldenbourg

Fricke, A./Schwartze, H. (1983^7). Grundriß des mathematischen Unterrichts. Bochum: Kamp.

Fröhlich, A.D. (1986). Wahrnehmungsstörungen und Wahrnehmungsförderung. Heidelberg: Schindele.

Fröhlich, A.D. (1986^5). Wahrnehmungsstörungen und Wahrnehmungsförderung. Heidelberg: Edition Schindele.

Frostig, M. (1972). Wahrnehmungstraining. Dortmund: Crüwell.

Gardner, M. (1966^2). Mathematische Rätsel und Probleme. Braunschweig: Vieweg.

Garland, R. (Ed.) (1982). Microcomputers and Children in the Primary School. Barcombe: Falmer Press.

Geometrie in der Grundschule. (1976). In: Zentralblatt Didaktik der Mathematik, (8)1, 2, S. 1-18, 49-79.

Geometrische Formen. Hannover: Schroedel.

Giles, G. (1973). Mathematics Workcard Booklets, DIME Project, University of Stirling.

Glattfeld, M. (1975). Geometrisches Zeichnen in der Primarstufe. SMP 1975, Heft 8.

Goffree, F. (1983). Wiskunde & Didaktiek. Bd. 1, 2, 3. Groningen: Wolters-Nordhoff.

Haggard, G./Schonberger, A. (1977). The Game of Tri. The Arithmetic Teacher, Heft 4.

Huber, J./Claudius, Ch. (1983). Das lustige Papierfaltbüchlein. Ravensburg: Maier.

Hughes, M. (1986). Children and Number. Oxford: Basil Blackwell.

Immerzeel, F./Melvin, T. (1987). Ideas from the Arithmetic Teacher. Grades 1-4, Primary. Reston, Virginia: NCTM.

Kauer, H.A. (1981). Experimentelle Geometrie. Winterthur: Schubiger Verlag.

Kläger-Gärtner, E./Hausmann, K. (1987). Spiegelbilder. In: Grundschule, Heft 10, S. 27-31.

Kühl, R. (1983). Wir falten. Grundschule 1983, Heft 12.

Lietzmann, W. (1955). Anschauliche Topologie. München: Oldenbourg.

Lietzmann, W. (1969^{10}). Lustiges und Merkwürdiges von Zahlen und Formen. Göttingen: Vandenhoeck & Ruprecht.

Lorenz, J.H. (1985) (Hrsg.). Lernschwierigkeiten: Forschung und Praxis. Köln: Aulis.

Lorenz, J.H. (1989). Anschauung und Veranschaulichungsmittel im Mathematikunterricht. Göttingen: Universität (Habilitationsschrift).

Lorenz, J.H. (1989). Rechenstörungen - früh erkannt. In: Grundschule 12 (21), S. 33-35.

Lorenz, J.H./Radatz, H. (1986). Rechenschwäche. In: Grundschule, 18, S. 40-42.

Löthe, H. (1984). Einführung in Sprache und System LOGO. Ludwigsburg: Pädag. Hochschule.

Löthe, H. (1986). Pro LOGO. In: Grundschule (18) 4, S. 28-33.

McKillip, W.D./Cooney, T.J./Davis, E.J./Wilson, J.W. (1978). Mathematics Instruction in the Elementary Grades. Morristown: Silver Burdett.

Möller, M. (1984). Durchsichtige Spiegel. In: mathematik lehren, Heft 3, S. 42-45.

Müller, A. u.a. (o.J.,etwa um 1920/30). Ins Land der Formen. Dresden: Alwin Huhle Verlag.

Müller, A. u.ai (o.J.,etwa um 1920/30). Wege zur Form. Dresden: Alwin Huhle Verlag.

Müller, G./Wittmann, E. Ch. (1984). Der Mathematikunterricht in der Primarstufe. Braunschweig: Vieweg.

Müller, H. (1982). Optisches Differenzierungs- und Konzentrationstraining. Hamburg: Persen.

Müller, H. (1986). Arbeitsblätter zur optischen Differenzierung, Bd. 1-3. Horneberg: Persen.

Müller, K.P. (1986a). Raumvorstellung. Pädagogische Welt, Heft 1, S. 23-26.

Müller, K.P. (1986 b). Raumvorstellung im Unterricht Pädagogische Welt, Heft 1, S. 27-31.

Palzkill, L./Schwirtz, W. (1971). Die Raumlehrestunde. Ratingen: Henn.

Papert, S. (1980). Mindstorms. New York: Harvester (deutsch 1982 bei Birkhäuser/Basel).

Piaget, J./Inhelder, B. (1971). Die Entwicklung des räumlichen Denkens beim Kinde. Stuttgart: Klett.

Piaget, J./Inhelder, B./Szeminska (1974). Die natürliche Geometrie des Kindes. Stuttgart: Klett.

Radatz, H. (1989). Die Geometrie nicht vernachlässigen. In: Grundschule 12 (21), S. 17-19.

Radatz, H./Schipper, W. (1983). Handbuch für den Mathematikunterricht an Grundschulen. Hannover: Schroedel.

Reifert, H.P. (1984). Der Eckenspiegel. In: mathematik lehren, Heft 3, S. 48-51.

Reinartz, A./Reinartz, E. (Hrsg.) (1974). Visuelle Wahrnehmungsförderung. Hannover: Schroedel.

Reutersvärd, O. (1989). Unmögliche Figuren. Augsburg: Weltbild.

Rickmeyer, K. (1986). Handlungserfahrungen im Geometrieunterricht. Grundschule 1986, Heft 4.

Sackson, S. (1981). Spiele anders als andere. München: Hugendubel.

Schipper, W. (1981/a). Untersuchungen zur Stellung der Topologie im geometrischen Anfangsunterricht. Bad Salzdetfurth: Franzbekker.

Schipper, W. (1981/b). Stoffauswahl und Stoffanordnung im mathematischen Anfangsunterricht. In: Journal für Didaktik der Mathematik (3) 2, S. 91-120.

Schipper, W. (1986). Vom Abacus zum Computer?. In: Grundschule (18) 4, S. 20-24.

Schmidt, R. (1986). Denken und Rechnen 4, Ausgabe NRW. Braumschweig: Westermann.

Schmidt, V.G. (1983). Der Begriffsbildungsprozess im Geometrieunterricht. Frankfurt: Lang.

Schoemaker, G. (1984). Sieh dich ganz im Spiegel. In: mathematik lehren, Heft 3, S. 18-24.

Steiner, G. (1973). Mathematik als Denkerziehung. Stuttgart: Klett.

Steiner, H.G./Winkelmann, B. (Hrsg.) (1981). Fragen des Geometrieunterrichts. Köln: Aulis.

Stöcklin-Meier, S. (1985^2). Falten und Spielen. Ravensburg: Maier.

Streibl, H. (1976). Geo-Brett im Unterricht, Göttingen: Kallmeyer.

Thyen, H. (1960). Übungsbuch für den Rechenunterricht. Ausgabe Niedersachsen-Nord, Heft 5 (5. Schuljahr). Frankfurt: Diesterweg.

Treumann, K. (1974). Leistungsdimensionen im Mathematikunterricht. In: Roeder, P.M./Treumann, K. Deutscher Bildungsrat, Gutachten und Studien der Bildungskommission, Band 21,2. Dimensionen der Schulleistung. Stuttgart (Klett).

Treutlein, P. (1911). Der geometrische Anschauungsunterricht. Leipzig: Teubner.

van de Walle, J.A. (1987). Trackcards. In: Hill, J.M. (Ed.). Geometry for Grades K-6. Reston: NCTM.

Van Delft, P./Botermans, J. (1985^6). Denkspiele der Welt. München: Hugendubel.

van Hiele-Geldorf, D. (1958). De didaktiek van de meetkunde in de eerste klas van V.H.M.O. (nicht publizierte Dissertation, Universität Utrecht).

Vollrath, H.J. (1987). Didaktische Phänomenologie als Grundlage der Erforschung der Konstitution mentaler Objekte. In: Journal für Mathematikdidaktik. (8) 4, 247-356.

Walter, M. (1973). Annette. Wesel: Annette-Verlag.

Walter, M. (1973). Entdecke neue Bilder. Wesel: Annette-Verlag..

Watt, D. (1984). LOGO - Computersprache für Eltern und Kinder. München: te-wi-Verlag.

Weber, W. (1986). "Igelgeometrie" in der Arbeitsgemeinschaft. In: Grundschule (18) 4, S. 25-27.

Wheeler, D.H. (1970). Modelle für den Mathematikunterricht in der Grundschule. Stuttgart: Klett.

Wiesner, H./Merenu, H. (1988). Spiele mit Spiegeln. In: Die Grundschulzeitschrift. Heft 17, S. 61-70 und Heft 18, S. 49-58.

Winkel-Plättchen (LTZ-Plättchen) (o.J.). Stuttgart: Klett.

Winter, H. (1971). Geometrisches Vorspiel in der Grundschule. In: Der Mathematikunterricht (17), 5, S. 40-66.

Winter, H. (1976). Was soll Geometrie in der Grundschule? In: Zentralblatt Didaktik der Mathematik, (8)1, S. 14-18.

Winter, H. (1985). Sachrechnen in der Grundschule. Bielefeld: Cornelsen-Velhagen & Klasing.

Wittmann, E.C. (1984). Spiegel - Geometrische Grundlagen und Anwendungen. In: mathematik lehren, Heft 3, S. 4-11.

Wölpert, H. (1983). Materialien zur Entwicklung der Raumvorstellung im Mathematikunterricht. In: Der Mathematikunterricht, Heft 6, S. 7-42.

Sachwortverzeichnis

Abbildungen 10, 28, 81, 84, 90ff., 116
Abrollpläne 57, 58
Abstand 159f.
Achsensymmetrie 81, 90ff.
Anwendungsorientierung 18
Aufgaben des Geometrieunterrichts 7ff., 128f.
Auslegen 70ff.

Bandornamente 101
Baum 110
Baupläne 34ff., 42ff., 45, 47ff.
Begriffsbildung 11, 12
Begründung des Geometrieunterrichts 7ff.
Beziehungen zum Rechnen 17, 48, 128ff.
Bogen 103
Bruchteile 119ff.

Computer 121ff.

Diagnose-Tests 140ff.
Diagonalen 84, 150, 158
Differenzieren 18, 39, 40, 42, 43, 49, 57, 63, 74, 92, 94, 120
Drehpunkt 94ff.
Drehsymmetrie 81, 93, 94ff., 117
Drehung 94ff., 116
Dreieck 53, 62ff., 115, 120, 146, 148, 150, 157, 159, 160
Dreiecksgitter 44ff.
Dreierwürfel 40ff., 169

Ebene Figuren 10, 61ff., 70ff., 114f., 122ff., 154f.
Einstellung 8, 62, 170
entdeckendes Lernen 18, 62, 77, 113

Fallunterscheidung 40, 41, 55
Faltachse 85, 86
Falten 56ff., 81ff., 150ff., 159
Faltlinie 86, 159
Faltquadrate 54, 77ff.
Faltwinkel 53, 83ff., 150, 159
Figur-Grund-Diskrimination 15, 62, 63, 140
Fläche 70f.
Flächeninhalt (Flächengröße) 63, 69ff., 117ff., 171
Flächenmessung 72ff., 118ff.

Flächenmodell 56ff., 58
Flächenvergleich 70, 72ff.
Fördern 17, 18, 131ff., 140
Förderprogramme 140ff.
Formenkunde 63ff, 171
freihändiges Zeichnen 120, 139, 155f.

Gebiete 159, 161
Geo-Brett 113ff.
Geodreieck 159ff.
Geometrische Begriffsbildung 11ff.
Geometrisches Denken 13, 34, 145
Geometrische Größen 70
Größenvorstellung 73

handelndes Lernen 18, 33ff., 61ff., 79ff., 113ff.

Invarianz 70
Irrgarten 107ff.

Kaleidoskop 175ff.
Kantenmodell 53ff., 58
Knoten (Ecke) 103
Kognitive Entwicklung 7, 11
Kombinieren 103, 156ff.,
Kopfgeometrie 18, 36, 56ff., 73, 132, 144ff.
Körperformen 10, 31, 33ff.
Kreativität 19, 36, 39, 40, 62, 81, 103, 113, 120
Kreis 162
Kugel 60
Kurven 102ff.

Labyrinthe 107ff.
Lagebeziehungen 38, 49ff., 53, 81, 140, 144ff.
Legespiele 62, 64, 70ff., 75, 150, 168ff.
Lehr- und Lernmittelverlage 177
Lernziele 7ff., 113
Lineal 156ff.
Linien 115, 156
LOGO 121ff.

Massivmodell 53, 58
Maßeinheiten 70
Materialien 168ff.
Messen 43, 70, 72ff
Mira-Spiegel 176
Mittellinien 84

Mittelpunkt 92, 167
Muster 63, 67, 68, 94, 101, 130, 131, 139, 169

Netze 26, 52, 56, 58, 102ff.

Oberfläche 43, 54
offene Aufgaben 42, 49, 62, 171
offener Unterricht 18, 103
Ordnung eines Knotens 103

parallel 53, 159ff.
Parallelverschiebung 101
Parkettierung 101
Periskop 30
Präfiguration 70
Problemaufgaben 23, 24, 30, 39, 41, 51, 55, 64, 66, 68, 78, 93, 105, 119f., 151, 158

Quader 46ff.
Quadernetze 58ff.
Quadrat 53, 62ff., 114, 147, 160
quadratische Säule 48, 61
Qualitätsbegriffe (Eigenschaftsbegriffe) 9, 62, 140, 141

Raumanschauung 144ff.
Räumliche Beziehungen (Beziehungsbegriffe) 9, 15ff., 133ff., 137, 144ff.
räumliches (geometrisches) Denken 13ff., 81, 145
räumliches Orientieren 144ff.
räumliches Vorstellen (Raumvorstellung) 17, 34, 36, 43, 46, 56, 57, 62, 66, 81, 131, 132, 144ff., 170ff.
Rechenarbeitsmittel 132f.
Rechenschwäche 129f., 133
Rechnen 128ff.
Rechteck 53, 63ff., 148, 159
Rechts-links-Orientierung 137ff.

Schablonen 154
Schattenbilder 29, 54
Schattengeometrie 28f.
Schneiden 56ff., 84ff., 148ff.
senkrecht 53, 159ff.
Soma-Würfel 170ff.
soziales Lernen 36, 81
Spiegelachse 91ff., 116
Spiegelbild 116
Spiegelung 90ff.

Stoffverteilungsplan 165ff.
Strategie 40, 42, 49, 50, 55, 65, 72, 78, 103, 171
Strecken 115, 154, 156ff.
Streifen 160
Symmetrie 10, 30, 63, 67, 79ff., 90ff., 112, 116, 173ff.

Tangramm 171
Tests 140ff.,
Topologie 12, 102ff.

Üben 18, 58, 75, 83, 85, 96ff., 131, 137ff., 145ff.
Umfang 76ff., 115ff., 164
Umwelterfahrungen 7, 119ff., 32, 33, 61, 69, 79, 102
Umwelterschließung 8, 18, 19ff., 33, 46, 52, 61, 69, 79, 102, 144, 153
Unicursale Netze 105ff.
Unterrichtsprinzipien 18

visuelle Orientierung 135
visuelle Wahrnehmungsfähigkeit 15ff., 37, 46, 63, 128ff., 153, 160, 170
visuelles Differenzieren 135, 140
visuelles Gedächtnis 131ff., 149
visuelles Operieren 132ff.
visuelles Speichern 17, 131ff., 149
visuomotorische Koordination 15, 63, 176
Volumen 39

Wahrnehmung der Raumlage 16, 38, 46, 176
Wahrnehmung räumlicher Beziehungen 16, 46
Wahrnehmungskonstanz 16
Wege 104, 111, 119
Winkel 83, 94, 159, 161
Winkelspiegel 176
Würfel 33ff., 146ff.
Würfelnetze 56ff.
Würfelschnitte 53

Zahlbegriff 129
Zählen 132
Zahlenwürfel 39, 58
Zeichengeräte 153ff.
Zeichnen 10, 44ff., 140f., 153ff.
zerlegungsgleich 70, 171
Ziele des Geometrieunterrichts 7ff., 113
Zirkel 162ff.
Zweierwürfel 38ff., 169

Bildquellenverzeichnis

S. VI: Brockhaus' Conversationslexikon 13. Auflage (1882); S. VII: "Ski und Rodel ...", "Eine Schlüsselfrage", <Green> Comics, 3012 Langenhagen; S. VII: "Welches Teil fehlt ...", "Wie viele schwarze, ...", "Welcher der vier ...", ali press agency, Brüssel; S. XIV: M. Gardner "Rätsel und Denkspiele", S. 94/95 und S. 60/61, Ullstein 1981; S. 11 oben: O. Reutersvärd "Unmögliche Figuren", S. 50, Weltbild 1989; S. 11 unten: D. Ellrott/M. Schindler "Reform des Mathematikunterrichts", S. 64, Klinkhardt 1975; S. 16 unten: W. Oehl, L. Palzkill, H.- D. Rinkens u.a. "Die Welt der Zahl", S. 65, Schroedel 1986; S. 21: W. Oehl, L. Palzkill, H.- D. Rinkens u.a. "Die Welt der Zahl", S. 70, Schroedel 1984; S. 22 unten: "Verkehrstischdecke", Katalogt Wehrfritz; S. 34-36, Fotos 1-5: K. Rickmeyer; S. 82 und S. 89: R. Kühl "Werkbogen 1 und Werkbogen 3", aus "Praxis Grundschule", Westermann 12/83; S. 93 unten: U. Forgbert "Erfahrungen zur Symmetrie", aus "Mathematik lehren" 36/1989, Friedrich Verlag Seelze; S. 109 links: "Ausschnitt aus dem Liniennetzplan Hannover" mit freundlicher Genehmigung der ÜSTRA, Hannoversche Verkehrsbetriebe AG; S. 109 rechts: "Ausschnitt aus dem Liniennetzplan Göttingen u. Umgebung" mit freundlicher Genehmigung der Stadtwerke Göttingen AG; S. 113 oben und S. 128 oben: O. Reutersvärd "Unmögliche Figuren", S. 46 und S. 26, Weltbild 1989; S. 130 unten: H. Bauersfeld u.a. "alef 2, Arbeitsheft", S. 26, Schroedel 1971; S. 133.1: "Rechenkette" Katalog SPECTRA; S. 133.2: "Rechenrahmen" und S. 133.4: "Zehnersystem - Würfelsatz", Katalog Betzold; S. 135, S. 136 und S. 139 unten: H. Müller "Optisches Differenzierungs- und Konzentrationstraining - Arbeitsblätter zur optischen Differenzierung", Verlag Sigird Persen, Dorfstr. 14, D-2152 Horneburg/N.E., 1982; S. 138 unten: H.J. Press "Dezemberbuch", S. 27, Ravensburger Buchverlag Otto Maier, 1989; S. 140 oben: "Differix", Katalog Ravensburger Buchverlag Otto Maier; S. 151: H. Thyen "Übungsbuch für den Rechenunterricht", Diesterweg 1960; S. 168.1: "Bausteine", Katalog Widmaier; S. 168.2: "Sternbrettchen", Katalog Dusyma; S. 169 rechts: "Soma-Würfel", Katalog Ratec; S. 170 rechts: "Würfelpuzzle", Katalog Dusyma; S. 171 rechts: "Tangram" Katalog Habermaaß; S. 172 oben: "Geometrische Formen", Schroedel; S. 173 oben links: "Lochbrettchen", Katalog Wehrfritz; S. 173 oben rechts: "Geo-Nagelbretter", Katalog Invicta; S. 173 unten rechts und links: "Trapezlegespiel" und "Magisches Mosaik", Katalog Dusyma; S. 174 oben links: "Symmetrix", Katalog Ravensburger Spieleverlag; S. 174 oben rechts: "Legespiel Schmetterling", Katalog Wehrfritz; S. 174 unten links und rechts: "Spiegel-Symmetriespiel" und "Geometriespiegel", Katalog Betzold; S. 175 unten links: "Spiegelspiel", Katalog Schubi; S. 175 unten rechts: "Kaleidoskop", Katalog Wehrfritz.